国家社会科学基金青年项目（08CZX028）

环境正义的双重维度：
分配与承认

◎ 王韬洋 著

Huanjing Zhengyi De Shuangchong Weidu:
Fenpei Yu Chengren

上海著名商标市 华东师范大学出版社
ECNUP 全国百佳图书出版单位

序言：我们需要怎样的哲学世界观？

万俊人

　　环境正义是当代环境伦理中的核心问题，其要义是环境资源利用（作为一种权利）与环境资源保护（作为一种责任）之间的正义承认和公正分配问题。这显然超越了现代人和现代社会业已习惯的民族、国家乃至政治地缘的界限而成为了具有真实意义的全球化问题。具而言之，环境正义所涉及的权利与责任议题，包括不同群体、不同国家和不同区域之间的差异与争执，也包含了代际、群际和人际之间的差别和歧见，仅仅是这些问题已经足以让现代人头痛不已了，若再加引伸、衍化并追而问之，肯定会使我们生出不可承受之重！

　　王韬洋博士的《环境正义的双重维度：分配与承认》一书对这些错综复杂的问题已有相当深入的探究，其论其理，莘确坚实，令人印象深刻。但我还想借其论理思路向前追问：为何环境正义乃至整个环境问题竟然成为现代人类社会不可承受之重？现代人生活于其中的世界究竟是一个怎样的世界？现代人究竟该如何看待自身所处的这个世界？我的回答是，原因绝不仅仅是道德伦理的甚或国际政治的,而且更根本地说是现代性本身带来的,或者更彻底地说,是现代哲学本身的世界观问题。

世界的"膨胀"与哲学的"萎缩"

不知不觉,我们的世界变得越来越大,可我们的哲学却变得越来越小。而且更微妙的是,我们似乎并不清楚这一变化是从何时开始,又将在何时结束;仿佛我们不知不觉间丧失了某种曾经拥有的那种敏感而本真的世界观念。古人对我们生存于其中的这个世界的感受当然是敏感而真切的:无论是古埃及人基于宏伟高耸的金字塔所产生的关于日月星辰的非凡想象,抑或是古印度原始佛教关于梵天俗地、诸法空相的神奇洞彻,还是古巴比伦人构筑天城天梯的惊人壮举,或是中国远古先民所创造的羿射九日、女娲补天等充满空间想象的神话传说,文明古国的先民们关于我们这个世界的所有想象和寄托无不闪耀着智慧的光芒。即使仅仅就创造了哲学这一人类爱智学问的古希腊文明而言,其有关宇宙世界的想象已足够壮阔、敞亮,充满哲学的洞见。大海、风暴、星空,以及处处可观却又永远无法企及的天岸……让古希腊人产生无穷无解的"惊异"(wondering),也正是这无穷无解的"惊异"诱惑,成为了古希腊"智者"(sophists)诞生的温床,他们对置身其中的寰宇充满惊异、好奇、疑惑、追问……这是一个需要智慧并产生智慧的过程,更需要热爱智慧的智者永远持守和葆有一份惊异、好奇、疑惑和追问的智慧之爱,于是便有了哲学和哲人。古希腊哲人的哲学一如他们的心胸、智慧和想象一样辽阔、远大而悠然。正是他们建构了宇宙论和本体论,作为哲学的奠基和"基始"(即古希腊文中的arch)。

今天,我们眼底的世界较文明古国的先民们眼中的世界确乎更大、更清晰了,从人类可以眼见的银河系和可以凭借技术工具观察到的超银河系,到人类不可眼见的微生物界,以及人类通过计算机网络等高科技构筑起来的"虚拟世界",我们眼前或心中的世界不独风起云涌,而且变幻莫测、漫无边际。这的确是现代人的伟大发现和发明,也是现代人引以为自豪的所谓现代性奇迹,从迪亚士、达·伽马、麦哲伦、哥伦布相继发现新大陆开始,到比尔·盖茨缔造微软帝国、乔布斯开创苹果王国,甚至马云创造阿里巴巴神奇乐园,五百年弹指一挥间,人类眼前的地平线从此无限延展,漫无极至。

可是，相较于古典哲学，更不用说远古的智慧，今天的哲学却变得越来越小、越来越不清晰了：从古希腊哲人的宇宙本体论到中世纪建基于"地心说"之上的基督教神学本体论，哲学所及的世界悄然改变，开放无垠的自然世界变换为有始有终（基督教关于"千禧年"的预定）、有中心有边界（作为上帝创造作品的既定呈现），且被严格划定世俗与天国之边界的预定世界。进而，肇始于培根、笛卡尔的近代西欧哲学，仰仗着逐渐强大的近代科学技术，将哲学从天国拉回到地上，从宇宙本体论后撤至基于人类经验与理性的认识论和以人类自身为本位的世俗人道主义价值学。哲学所及和能及的世界一步步紧缩，近代哲人——也许，还远不止是近代哲人——将之视为哲学的"哥白尼式革命"和"知识论扭转"。哲学及其世界的紧缩似乎还在继续，进至现代，聚焦于知识论或认识论的哲学再次发生明显的"扭转"，如日中天的现代科学主义思潮将哲学逼到了知识的边沿；由于哲学既无法"逻辑地"或"经验地"证明其论断，又不能像数学、物理学那样提供任何新的"可以证成的"（justifiable）甚或是"可编码化的"（coded）知识，因而被剥夺了作为一门知识的资格，近代哲学的所谓知识论或认识论寻求，变成了没有意义的理论游戏，甚至是思想幻想。于是，哲学不得不放弃其知识论的寻求，转而聚焦于所谓方法论的探讨。现代人和现代社会似乎相信，目的或目标已然明确，无须重新确认，唯一需要的是实现既定目的的方法，或者，达成既定目标的方式或道路。

现代哲学的方法论转向与其说是哲学及其世界的紧缩，不如说是整个现代社会和现代人观念视阈的紧缩；乍一看，是强盛的现代科学主义思潮倒逼的结果，其实是现代社会日趋功利化、商业化和世俗化逼迫的结果。科技不过是现代社会和现代人创造出来用以实现最大功利和最大幸福的工具，基于无穷欲望所滋生的实利主义冲动，才是现代人放弃漫无边际的宇宙本体论探寻，并从知识论或真理论进一步转向方法论和价值论的真正动因。很显然，方法和价值的追求才被看作是最切合现代人和现代社会之需求的哲学意义；而无休无止的需求与不断满足需求的努力，才是商业化社会运转的根本动力！商业或者生意即便需要哲学或者智慧，也大多是"实际可操作的"工具化和技术（甚或技巧）化的管理哲学、技术哲学甚至是发财哲学。这类哲学离古希腊哲人心中的哲学理想已然很远很远了，或许，这也是现代哲学和哲学家的哲学乡愁罢?! 倘若封闭了曾经开辟的宇宙本体论通道，失去了对世界的惊异和寻求智慧的思路、言路、理路,哲学还能否回家?

现代人眼前世界的不断变大与现代哲学的不断变小,正好比我们今天所看到的"全球化经济"或"经济的全球化"景象,这就是时下经济学家和商人们议论纷纷的"通紧"之象。一面是我们所面对的世界越来越大、越来越复杂;另一面却是我们的哲学变得越来越小、越来越迷恋于知识、技术、技巧甚至是实利化的价值,哲学所关注和所能关注的世界越来越萎缩。无本体的哲学又怎能保持它曾经的"无用之用"呢? 以生态环境为例,如果失却其宇宙本体论,哲学还如何关注世界? 进而,如果失却其原本拥有且必须拥有的本体论世界观,哲学又如何关注生态环境? 须知,古希腊人发明哲学之初,所谓宇宙、世界、社会和人生,原本是同体贯通的,其所谓"大宇宙"与"小宇宙"之分与合,仅具有逻辑理论的分辨意义,而实质上和根本上它们是同心一体的;社会人生的"小宇宙"不过是世界"大宇宙"的一个内在构成部分,而非外在于甚或高于世界整体的独特部分。因此,哲学的世界观乃是社会历史观和个人人生观的当然大前提,或曰本体论"基始"。没有清晰完整的世界观,决不可言清晰完备的社会历史观和个人人生观。由是观之,遗失了宇宙本体论的现代哲学,实际上已然失去了关注和洞彻生态环境及其与现代人类之内在关联的反思能力。也许正因为如此,现代思想家们才会警惕人类中心主义的傲慢,也才会迷惑于非人类中心主义的茫然失据。

无世界观的哲学如何谈论生态?

现代人只喜欢现代化了的哲学,也就是高谈阔论价值或意义问题的哲学。因此,现代人和现代哲学都似乎淡忘了置身其中的自然世界,这使得现代人当下有关生态环境问题的讨论显得零碎、不切要害甚至有些漫不经心。我把这种哲学称之为无世界观的哲学。现代人的世界观遗忘症当然首先源自哲学及其思想世界的萎缩! 我指的不是实在的世界,而是现代哲学或哲学家眼中的世界。现代哲学似乎不屑于谈论自然,因此也就不再给所谓自然观和自然哲学保留空间,取而代之的是所谓"科技哲学",而"科技哲学"关注的重心只在现代科学技术的哲学方法论问题。同样,现代哲学也不再探讨形而上的本体论问题,甚至将之作为"无法证明的"、"无意义的"问题而加以"拒斥"。比如,20世纪占据主流的现代分析哲学就明确宣称"拒斥形而上学",因为在分析哲学看来,古典的哲学形而上学和本体论是"非科学的知识",因而是无法认知的,必须拒绝之,至少也该束之高阁。这种"非认知主义"的拒绝态度曾一度殃及伦理学、艺术哲学和政治哲学等人文主义经典学科,导致这些"哲学分支"深陷所谓"知识合法性危机",甚或危及哲学自身存在的合法性理由。总之,最近一百多年来的哲学一直都处在不断后撤其知识立场,不断放弃其理论领地,不断缩小其观察视阈的尴尬境地。这门曾经被尊奉为"科学之科学"的皇冠学科,几乎沦落为没有科学和知识身份证的"非法游民",一直在为自身的现代生存寻找理由,其情其境,让人何等唏嘘感叹?!

我感到疑惑的是,无形上本体论、无世界观的哲学如何谈论(更甭说研究)生态环境问题。

一种无形上本体论的哲学显然只会论"用"不论"体",因之在其视阈中,生态环境或自然世界便只能显露其作为"外部环境"、"物质条件"甚或"有用工具或条件"的手段性价值。如此一来,现代人和现代社会所坚信不疑的"通过认识自然"来"改造自然"的哲学信条便成为顺理成章的结论。相比较而言,一种无世界观的哲学更难将生态环境或自然世界见纳于其哲学视阈,就像一个囿于"知识逻辑"甚或居住在所谓"缸中之脑"的哲人,无法放眼原野天岸或惊异于风云寰宇一样。

这是现代哲学的一种前所未有的理论姿态,它的本质是后撤、缩小、降低!即使在近代启蒙运动中,比如在18世纪的伟大哲人康德那里,虽然哲学家们仍然遵循着苏格拉底的教诲,把哲学致思的重心紧紧扣住人、人性、人道这类人道主义的主题,但哲学的智慧本性仍使他们对一切"非人类的"或"超人类的"世界——譬如自然王国和宗教天国——保持着足够谨慎的尊重。理性主义哲学大师康德依旧保持着对"头上星空"的惊异和敬仰,当他勇敢地运用人类的理性——这正是他视之为"启蒙"(enlightenment)的根本意义之所在——将哲学的纯粹理性推演到极致时,他依旧能够清醒地意识到,自然世界作为实在本体并不是人类理性所能全然达到和洞穿的"物自体"。面对"物自体",我们的理性只能保持沉默,同时还必须保持足够的尊重和景仰。同样,即令是作为20世纪分析哲学的一代宗师,维特根斯坦在断定伦理、宗教等一切隐含着绝对价值或终极本体意味的非认知、非科学特性的同时,也依然保留着"只能景仰"、"不敢亵落"的智慧而开放的哲学姿态。然而,并非所有的分析哲学家都能像维特根斯坦这样,保留对"非科学"、"非知识"对象的有限"沉默"和内心景仰。而且,最最根本的问题是,仅仅是保持沉默的姿态,也远不是哲学看待自然世界的应有态度,毕竟,这样的哲学态度无法介入任何有关自然世界的哲学反思和考量。

运笔至此,我突然想起大约十余年前在《读书》杂志上读到的一篇文章,作者是郑涌先生,标题是《哲学也许并不像我们所说》。作者说,这是著名哲学家伽达默尔(G. Ga-damer)在他九十大寿的生日派对上说出的一句值得深思的话。伽达默尔显然是针对现代哲学而言的,倘若他不幸言中,那么哲学又该是怎样的呢?"轴心时代"的古希腊哲人早有定论,只不过现代哲学家们总是过于迷恋自己的现时代,而不太相信甚至不再相信古典。是啊,现代性的力量确乎太过强大,以至于所谓"现代性的祛魅"几无可能,市场与科技的魔力似乎无与伦比,因而所谓"商业和技术的祛魅",远远甚于马克斯·韦伯曾经感叹的"宗教祛魅",因为无论现代性还是商业和科技,都具有创造巨大财富的无限能量;而中世纪的西方宗教顶多也只有敛聚和占有财富的有限(时间的和空间的)权能。

可是,另一位现代哲人怀特海却在苦心建构其"过程哲学"之后谈到,即使是20世纪前叶的物理学成就也会让牛顿目瞪口呆,但在哲学和文化智慧上,直到今天我们却还是不得不重复佛陀、耶稣和苏格拉底(我想,至少还应该加上中国的老子和孔子)。这又是为什么呢?我们是否从来就没有好好想一想,为什么"轴心时代"的经典哲学和文化始终都不可复制、不可再现、不可超越呢?要想回答这些问题实在太过复杂,仅仅就哲学而言,表面看是我们"做哲学"(借用当今美国哲学界的流行说法 doing philosophy)的方式出了问题,而实质地看则是我们"做哲学"的心态出了问题。心态不正,心思自然不周。把哲学当作一门功课来做固然没有什么不妥,问题是,现代人"做哲学"的动机和心态总是超不出知识技术及其功用价值,巧妙一些的说辞是"做哲学的意义"。现代人和现代社会不论谈什么或做什么,都喜欢首先考究其"意义"如何。

因为注重知识技术和功用价值,所以现代哲学醉心于认知、方法和价值。可麻烦的是,任何一种只注重认知、方法和价值而缺少世界观和本体论关照的哲学,很难充分地阐明生态环境问题,即使勉为其难,也难以洞穿个中堂奥。很简单,生态环境首先是一种自然的客观存在,它不仅构成了我们人类生存的生态环境,而且拥有其自在的生命存在。即使仅仅从人类自身的立场看,自然世界也绝对不只是外在于人类生存的"另一种存在",人类作为生物或生命不过是整个宇宙世界的一个微小的构成部分,其生命意义如同万类万物一样享有生的尊严和命的价值。这一点早在两千多年前的中国道家学说中已然荦确无疑。只是近代以降,人类在仰仗科学知识奋力挣脱宗教"束缚"的同时,自信心过度膨胀,力图摆脱自然,甚至征服自然。的确,近代以来日新月异的科学技术给予了人类越来越多、越来越强大的认知自然和驾驭自然规律的能力。但是,即使是像培根和马克思这样极具科学雄心和现代性志向的思想家,在宣称"用杠杆撬动整个地球"的同时,也还保持着对自然宇宙之神奇的惊异和敬仰;马克思提示人们说,只有认识和把握了自然规律,才能认识世界和改造世界。问题是,认识和把握自然规律永远都只能是过程中的进步,从来没有,也永远不可能有穷尽规律、把握终极真理的时刻。

生态问题根本是我们自己的心态问题

其实,生态环境问题远不只是一个科学技术问题或哲学认知问题,根本上说乃是我们自己的心态问题。这种心态问题几乎是特属于现代人的所谓"现代性心态"(the mentality of modernity)。许多学者都对"现代性"有过相当深入的讨论,但究竟何为现代性心态?似乎尚待探讨。以我自己的直观,现代性心态至少隐含这样几个要素:有感于市场经济或现代商业主义的普世化力量及其无所不及的效应而滋生的市场附魅心态;基于现代科学技术普及化及其几乎无所不能的巨大能量而形成的唯科技主义理性崇拜心理;以及,由于前两股力量的催化作用,并受基督教末世说、历史主义目的论和达尔文进化论等多种学说之复合影响而逐渐建立起来的现代直线型进步主义价值取向。这三者当可视之为现代性心态的主要构成元素,它们与其他现代思想文化和价值观念因素一起,共同塑造着所谓现代性心态,并对现代社会和现代人产生着越来越深刻的精神—心理影响。

心态不正,认识必定不周,行动当然多有不逮;或者,有所认知和行动,也多半是围于人类、人群甚至是个人自我的有限立场而生发的。所谓环境正义问题,也就是环境资源与环保责任的分配问题,即是这种心态的衍生后果。环境正义问题凸显于20世纪90年代,在时间顺序上,它出现在环境伦理问题产生之后,应当被看作是环境伦理问题的特殊类型。20世纪五六十年代,因美国洛杉矶光化学烟雾事件、伦敦烟雾事件、日本水俣病等一连串环境恶化事件和70年代及尔后相继发生的沙漠化、酸雨、臭氧层破坏、物种多样性快速减少、全球性变暖等的刺激,促使环境伦理迅速演变为现代热门话题,甚至成为现代显学。

一般说来,环境伦理问题的基本主题是对人与自然关系的反省或反思。可是,随着有关环境伦理问题的探究不断深入,人们发现问题远不是这么简单。环境伦理的初始起点是人类如何保护自然环境,以提升人们对和谐均衡之人自关系的尊重和保护意识,并采取切实有效的社会行动,防止其遭受现代工业化污染和破坏。可环境伦理的这一出发点完全是抽象的、人类中心主义的,它实际上是以"无差别人类主体"作为其出发点来讨论环境问题的。然而,真实的事实却是,造成环境问题的并非所有人类,而仅仅是一些运用现代工业技术从事工业化大生产,诸如化工、纺织印染等等的现代企业,也就是现代社会生产的那些所谓的"先进代表"。这样一来,便产生了一个十分尖锐而麻烦的问题:凭什么或以什么理由让人类全体来分担原本是由一部分人群所造成的环保责任? 按照西方流行的自由主义价值观念,责任与权利必须对等,世界上绝没有无权利分享的义务承诺,也没有无义务承诺的权利分享。因之,基于一种"无差别主体"的环境伦理实际上是不可能的。

基于"无差别人类主体"的环境伦理强调的是普遍化了的"人类我们",可是,究竟谁是"人类我们"? 或者,谁能代表"人类我们"? 社会生态学家默里·布克钦(Murray Bookchin)诘问:"谁是这生命世界要被保护的'我们'? ……是'人性'吗? 还是人这一物种? 还是人民? 或是我们的社会、文化以及等级制的社会关系? ……当然,这种自私的'物种中心'的思考方式的问题之一是它谴责受害者。……你实际上是在让一个人逃脱责备而却污蔑了另一个无辜者。"[①]这就是环境伦理的多重吊诡:部分人群或地区所造成的环境灾难却要人类全体来承受,而人类全体所应分享的自然资源却因种种原因而仅仅由部分人群或地区垄断独享。更不合理的是,上一代人所造成的环境污染却要让

---

① [美国]戴维·贾丁斯:《环境伦理学——环境哲学导论》,林官明、杨爱民译,北京大学出版社,2002年版,第279页。

下一代人甚至未来数代人来承受;一代人或几代人便可以肆无忌惮地挥霍我们这个星球上的所有资源,而我们的后代却只能偿还由他们的前辈造孽所遗留的生态环境恶果,诸如矿产资源枯竭、水土流失和水土污染、生物多样性毁坏、物种灭绝……环境正义问题由是产生。更严重的是,由于人类世界本身是一个存在诸多不平等的差异化世界,这种出自"无差别人类主体"所演生的所谓普世主义环境伦理,却又以冠冕堂皇的伦理理由,将当下的环保责任强加给全体人类。最最麻烦的是,面对当今日趋严重和广泛的生态环保问题,任何人或任何机构似乎都不好以"差异化人类主体"的名义,仅仅把环保责任当作部分人群或部分地区的责任。因为,一个近乎无理数式的事实是:环境问题、生态危机一旦出现,其后果的确是所有人类都不得不承受的。简而言之,在生态环保问题的成因与责任之间,并不存在某种直接对应的因果关联,因而其中的责任承诺必然会因为行为主体与责任主体之间的非直接对应而出现模糊,进而无所附丽。从一种积极的立场来看,即便我们清楚,造成生态环保问题的行动主体只是一部分人群或地区,人们也不能因为自身没有介入其中而逃脱生态环境的影响,更不用套用原有的基于因果关系推理的责任承诺与责任追究机制,而卸脱自己对生态环保应尽的一份责任。

在这里,我们仿佛又回到了前面辩驳的那种基于"无差别人类主体"的环境伦理而逃避了环境正义问题。果真如此,那就不仅仅是环境伦理的理论尴尬,更是我们现代人的道德尴尬。究其原因,还由于现代人的世界观问题,或者说,是现代哲学的哲学世界观问题!

遗失了宇宙本体论,哲学便失去了关照自然世界的自觉意识和思辨能力,也就没有了哲学曾经拥有且作为其发源地的哲学的自然观世界或哲学的世界观。一种无世界观或无宇宙本体论的哲学当然只会从"利益关系"或"利害关系"出发,用功利主义的价值学方法而非真正的普遍道义论方法,来考量和评判生态环境问题。然而,仅仅限于无世界观的哲学——更不用说仅仅凭借一些无论是多么先进的科学技术手段——根本无法解决诸如环境正义一类的现实问题,更遑论解决所有现代生态环保问题! 君不见"京都(环保)协议"的长期搁浅? 一次又一次国际性甚至是联合国主导的全球性环保大会的众声喧哗与无奈收场,以及那些最发达国家的最消极环保态度? 作为伦理学家,我们所能做的仅仅是基于环境正义和环境伦理的道义呼吁。作为哲学家,我们的确最多只能谈论如何认识世界。然而，如果我们的哲学对于曾经孕育她自身的宇宙世界无所关照，又怎么能够帮助人们认识世界呢？或者换句话说，一种本身缺少本体世界观的哲学又能帮助人们认识怎样的世界呢？

我想，这样的哲学一定看不到"寂静的春天"。但我相信，一俟哲学找回其世界并重新打开其宇宙本体论哲学视阈，她便能重新极目天边，洞穿无边无际的风云宇宙，进而便能重新帮助我们认识世界，不只是人类的生活世界，而且是人类置身其中的自然世界，最终帮助我们找到改善世界而非仅仅是"改造世界"的方式。作为一种理性的生物，人类的认知足以改变其心态，进而改变其行为本身，这是古典哲学和古典哲学家的原始信念，它像银河星座一样闪耀着永恒的光芒。

关于生态环境与哲学，我想说和能说的大概就是这些了。可掷笔之前总有一丝不忍和牵挂，却又说不清究竟何由。我突然想到，至此所说的一切几乎都只是针对人类同胞的，面对头上被雾霾遮蔽的天和脚下很可能已经被无数次污染过的地，我是否还需要说点什么？

面对自然一如面对将来世代的人类同胞，纵有千言万语也不知道应该从何说起。更让我们茫然的是，即使我们有所诉说，沉默的自然又是否能够听见？能否打破沉默而有所回应？进而，若自然宇宙果真有所回应，同人类展开对话，它又会说些什么？我们又是否能够或如何能够领悟自然的诉说？也许，我们还应该思考一个我们未曾意识的问题：在现代人与其置身其中的自然世界之间，所缺少的不单是彼此尊重的态度，还需要嫁接一种独特的话语桥梁。而所有这些都需要哲学的智慧，但绝不是作为一门科学知识的哲学，而是拥有宇宙本体论反思智慧和世界观观照的哲学。这也就是说，现代哲学如果想要承诺诸如环境正义和环境伦理的学术职责，就不得不回归古典，找回她曾经拥有的那种开放而超迈的哲学世界观。让我欣喜的是，韬洋博士告诉我，这正是她接下来想要继续的研究，而我则允诺，待到她的探究有了新的成果，我一定再为之作序，而让这篇有些仓促的文字变成我们共同寄予未来环境伦理的哲学留言。

目录

第三编　作为承认正义的环境正义

第一编

环境正义:谁之环境？何种正义？

第一章　环境正义：谁之环境？

在当代环境伦理的发展过程中，存在着一个吊诡的现象：一方面，是普通民众对环境危机的强烈关注推动了环境伦理的发展；而另一方面，环境危机所导致的普通民众生存环境恶化，却未能进入环境伦理的中心视域，环境伦理倾向于仅仅将人与自然的关系作为其言说的主题。进入 20 世纪 90 年代，环境伦理这种缺乏现实关注的倾向受到挑战，一种强调环境问题中人与人之间关系的思想，特别是正义关系的思想，逐渐成为环境保护理论的突出主题。

第一节　"有差别的主体"：环境伦理批判

环境伦理产生的直接契机是 20 世纪六七十年代愈演愈烈的环境危机。现代意义上的环境危机最早出现在西方工业革命之后。二次世界大战之后，环境问题已经成为发达国家所面临的最严重的问题之一，并且随着世界范围的大工业化而表现出前所未有的广泛性和危害性。20 世纪五六十年代著名的洛杉矶光化学烟雾事件、伦敦烟雾事件、日本水俣病，70 年代以后日益明显的沙漠化、酸雨、臭氧层的破坏、全球性气候变暖和物种多样性的减少，在整个西方社会引发了全面的反思。最初，人们从人口增长、社会经济发展和技术行为的失当等方面去理解环境问题,但是许多研究者认为,无论是从以上哪个角度来审视生态危机,最终都会涉及其背后的文化价值观念的问题。因为人总是凭借某种观念,按照一定意图去行事的,所以要理解人的行为,就必须理解其行为背后的观念;而要改变人的行为,也必须改变其价值观念。这正是当代环境伦理的基本预设。于是,随着西方环境保护主义运动的逐渐深入,从西方社会文化的深层寻找环境危机的原因,形成了一种强大的趋势。在这种背景下,西方环境伦理于20世纪70年代应运而生。它认为,环境危机是人与自然关系的恶化的一种表现,而人们如何认识自然,如何认识人与自然的关系,以及由此导致的人们如何对待自然,才是环境危机的真正根源。它以探讨人与自然的伦理关系为己任,希望为保护生态环境提供一个恰当的道德根据。

西方环境伦理一直是当代环境保护思想的理论主干。环境伦理认为,传统的人际伦理从根本上是人类中心主义的。为了斩断与人类中心主义思维方式的联系,环境伦理试图抛开以往的伦理思维传统,以及这个传统之下人们所熟悉的伦理话语,拓展自己的思想疆域,建立一块独立的理论研究空间。到了20世纪80年代,以西方环境伦理思想为主体的环境伦理已经形成了初步的体系,而且它所倡导的保护自然的观念也在日益被更多的人所接受。具体而言,这一时期的西方环境伦理研究主要在以下几个方面展开:(1)重新反思西方文明对待大自然的态度,探讨了西方的主流价值观与环境主义价值观是否相容的问题,如现代人类中心主义;(2)把道德关怀的对象从人扩展到了动物,如动物解放论和动物权利论;(3)系统地阐释了人对所有生命所负有的义务,如生物中心主义;(4)系统阐释了人在自然界中的位置,以及人对物种及生态系统所负有的义务,如大地伦理学、深层生态学和自然价值论。① 同时,西方环境伦理还围绕着人类中心主义和非人类中心主义、自然价值论、自然权利论等问题展开了激烈的争论,对环境伦理的性质、对象和内容进行了全面的探讨。在这些理论的支撑之下,西方环境伦理在环境保护实践中发挥了积极的作用。

但是,进入20世纪90年代,西方环境保护运动从类主体的角度出发,认为每个人都同等地承受环境退化、每个人都对环境破坏负有同等责任的普遍主义诉求开始受到普遍质疑。诚如马克·杜威(Mark Dowie)所言:"在环境保护运动的早期,为了得到最广泛的支持,环境主义者常常将环境问题描述成一个同样影响每一个人的问

---

① 雷毅:《生态伦理学》,西安:陕西人民教育出版社,2000年版,第44页。

题,这是可以理解的。我们都居住在同一个生物圈中,呼吸着同样稀薄的空气,以同样的土壤中生长出来的食物为食。我们使用的水汲取自同样的蓄水层,而酸雨既落在贫民区,也同样侵蚀着富有者的庄园。"①这就要求我们采取共同的行动来保护我们的环境。但是,通过进一步考察我们会发现,事实并非如此。有足够的证据表明,对环境风险的知觉,特别是对环境风险的承受,向最不具有支付能力来保护自身的群体倾斜。正如地震这样的自然灾难,总是造成更多的穷人死亡和被伤害——并且受到很少的保护,因此,人为造成的环境灾难总是给穷人带来最大的打击。因此,"尽管人人生而平等,但是并非所有人都遭受同样的环境退化的负担。"②而在理论上,这一质疑的矛头直指环境伦理论述中常常作为无差别主体而使用的"我们"、"人类"这样的全称名词。批判者指出,面对环境问题和环境保护中出现的不正义现象,谁是"人类",谁是"我们"?

一、普遍化的环境危机:环境伦理无差别主体的建构

用"我们"、"人类"等全称名词来言说人与自然的伦理关系,是以西方环境伦理为主体的当代环境伦理论述的一个重要特征。我们可以以"人类中心主义"这个出现频率极高的概念为例,作一简单的分析。当环境伦理在反思导致当代环境问题的深层根源时,使用了狭隘的"人类中心主义"的概念;人类中心主义框架内的环境伦理理论在提出解决环境问题的主张时,使用了弱式或开明的人类中心主义的概念;而认为环境伦理必须走出或超越人类中心主义的环境伦理理论,则使用了非人类中心主义的概念。很显然,在这些与人类中心主义相关的概念中,关键的词语是"中心"——这包括是否应该以人类为"中心",在何种层面上或何种程度上可以以人类为"中心",或者,如何能够不以人类为"中心",人类就被作为一个不可分割的整体概念来使用。当代环境伦理想要表达的,就是站在人类这个"类主体"的角度上,对以往的价值观念展开自省、批判和前瞻。

从目前环境问题所表现出的整体性特征来看,当代环境伦理中的这种全称命题

---

① Mark Dowie, *Losing ground*: *American environmentalism at the close of the twentieth century*, (Cambridge: MIT Press, 1995), p. 141.

② Ibid.

的表述形式,主要建立在环境伦理对环境危机普遍化的体认之上。当代环境伦理对环境危机普遍化的认识主要表现在以下几个方面[①]:

首先,由于地球生态系统是一个整体性的有机结构,所以在生物与非生物直接构成的有机整体中,生物无法离开各种非生物因素所构成的环境而独自生存;同样,在各种生物之间以食物关系构成的相互依赖的食物链或食物网中,如果其中任何一个环节出了问题,也都会影响整个生态系统的稳定。基于现代生态学所提供的这种认识论基础,当代环境伦理认为,环境危机一旦发生,就会具有普遍化的特征,相应地,它所造成的影响也是没有国界、不受时空限制的。其次,由于利用自然界的自然资源是人类普遍的生存方式,所以无论何时,人类必须依赖自然才能获得生存和发展的基础和条件。当代环境伦理认为,随着人们对这一认识的加深,同时也随着人类对自然界依赖性的加强,人类对环境危机普遍化的认识成为可能。事实上,环境伦理的出现这一事件本身也可以被看作是人类对环境危机普遍化认识的结果。最后,由于人类的生活方式和利益要求总是有某些相似之处,所以"超越阶级和民族利益的人类共同利益是一直存在着的,只是在不同历史时期表现的清晰度、范围大小、数量多少不同而已。"[②]环境伦理认为,环境问题就是目前人类共同利益的表现之一。

基于这些认识,当代环境伦理在提及环境危机时,倾向于将它看作是对整个人类的威胁。即使在承认环境破坏具有特殊性的情况下,环境伦理依旧认为,建立在普遍化环境危机基础上的环境伦理必然会内在地包含"不同国家和民族的独特生存方式和价值评价机制",因此,"生态问题的普遍性特征在客观上要求生态伦理学应当具有普遍性的价值关怀,即要真正体现出'类'道德要求"。[③] 这样,人作为一个类整体的表述在环境伦理中取得了合法的地位。而这一地位在作为当代环境伦理主体的一贯以西方为中心的思维方式的西方环境伦理中得到了巩固和加强。

---

① 此处主要借鉴和采用了李培超对环境危机普遍性问题的一些观点,具体参见李培超:《自然的伦理尊严》,南昌:江西人民出版社,2001年版,第195—199页。
② 蔡拓等著:《当代全球问题》,天津人民出版社,1994年版,第568页。转引自李培超:《自然的伦理尊严》,南昌:江西人民出版社,2001年版,第198页。
③ 李培超:《自然的伦理尊严》,南昌:江西人民出版社,2001年版,第200页。

二、"谁是我们":对环境伦理无差别主体的批判

进入 20 世纪 90 年代,越来越多的人对这种无差别主体的论述产生怀疑:面对当今的环境危机时,人类真的是一个实在的共同主体吗?"谁是我们"?

首先,许多事实让我们看到,环境伦理所强调的环境危机后果的普遍性在现实生活中并不总是正确的。现实的问题是,破坏环境的人往往并不承担环境恶化的后果,同样,掠夺自然资源、对自然环境造成毁灭性破坏的强势人群也往往并不需要担负生态危机与自然反扑的后果(至少不需要立即担负)。环境破坏的恶果常常会落到处于弱势地位的国家、地区或群体的头上。[①]

其次,虽然利用自然资源是人们普遍的生存方式,但是对自然资源的利用,却在目的上存在着维持生存和攫取财富的根本不同,即:存在着满足基本需要和非基本需要、基于生存的需要和基于欲望的需要的不同。环境伦理将人类视为一个不可分割的整体,而无视来自不同种族、地域、性别、阶级群体的不同需要,其结果是:一方面发达国家中的多数人继续消耗全球大量资源与能源来享受奢华的生活;而另一方面多数的欠发达国家的人们仍必须被迫以危害生态的消极方式来达到基本生活需求的满足。

最后,怀疑者认为,环境伦理所强调的人类在环境问题上的共同利益,更多地表现为强势国家、地域或群体的利益。在当今的社会现实之下,将人类特别是当代人视为一个整体的做法,将会借由"共同的需求与命运"、"共同的目标"的名义,掩盖或忽

---

① 以气候变化为例,人为的温室效应主要由二氧化碳、氯氟化合物(CFCs)、卤素、甲烷、氮氧化合物以及碳氢化合物的排放所引起。据估计,全球释放到大气中的二氧化碳有 90% 来自最富有的工业化国家。在西德,主要的能源消耗在 1960 年至 1980 年之间增长了 85%。美国一个公民每年的二氧化碳释放量相当于一个印度人的 25 倍。而且除了造成气候变化之外,氯氟化合物和卤素还会破坏臭氧层。臭氧层是地球周围的保护层,它能够过滤掉阳光中的紫外线。大部分氯氟化合物产品也是由工业化国家产生的。1991 年,由非洲产生的氯氟化合物只有 1.2 万吨,而与之相比,美国产生的氯氟化合物则达到 9 万吨。但是与主要影响环境变化的北方国家相比,气候不稳定和臭氧层破坏对大多数严重依赖农业生产的南方国家的影响更大,因为,轻微的天气变化都有可能完全摧毁当地农村的生计。此外,气候变化更加威胁着诸如马尔代夫和巴巴多斯等低地岛屿国家的生存。[印度]范德纳·希瓦:《处于边缘的世界》,[英]威尔·赫顿、安东尼·吉登斯编:《在边缘:全球资本主义生活》,达巍、潘剑等译,北京:生活·读书·新知三联书店,2003 年版,第 158—159 页。

视了利益主体的差异性及利益主体之间的相互对抗性,使环境保护成为一句美丽的空话或一种不公正的暴行。

再以野生动物保护为例。在印度,野生动物保护主要受到五种社会力量的推动,他们分别是前来游乐的都市居民与外国游客,视野生动物保护为维护国家尊严的重要工具的管理阶层,带有背负神圣使命的心情、以教育第三世界国家的人民与政府官员有关环境保护为职责的国际环境保护组织,承担国家赋予的环境保护责任的国家森林或野生动物保护的相关机构,以及基于"科学"的理由相信自然保护工作的生物学家。① 这五个社会群体在主张野生动物保护之外的另一个共同之处就是:联合起来敌视居住在当地的农民、放牧者、猎人和采集者。在野生动物保护者们看来,这些人是生态保护的敌人,而他们自己的环境保护工作,则是为全人类谋求长久福祉的神圣职责。可见,在环境保护的实践中,强势群体与弱势群体之间存在着根本性的利益冲突。

另外,从享有权利与承担义务的角度来看,单纯强调人类在环境问题上的共同利益,也掩盖了当今的环境危机主要是发达国家工业化发展以及全球范围内生态扩张的结果这一事实,淡化其对解决环境危机和补偿对欠发达国家所造成的损失这些问题上应该承担的义务。实际上,无论是 1993 年召开的里约会议,还是 1999 年召开的京都会议,我们都可以看到,发达国家在提出自己环境保护主张(保护生物多样性、防止全球变暖)的同时,极尽所能地将欠发达国家歪曲丑化为导致环境恶化的首要责任者,从而逃避对欠发达国家的经济援助或环境补偿。正如社会生态学者默里·布克钦(Murray Bookchin)指出:"谁是这生命世界要被保护的'我们'……是'人性'吗?还是人这一物种? 还是人民? 或是我们的社会、文化以及等级制的社会关系? ……当然,这种自私的'物种中心'的思考方式的问题之一是它谴责受害者。……你实际是在让一个人逃脱责备而却诬蔑了另一个无辜者。"②

基于上述论证和反思,有批评者指出,在现实生活当中,并不存在相对于所有人的环境问题。"所谓的环境问题,对于不同的人群有不同的影响,这当中,一部分人是

---

① Ramachandra Guha, "The Authoritarian Biologist, or the Arrogance of Anti-humanism," paper presented at workshop on nature conservation and human rights in Asia, Oslo, Norway, September, pp. 26—28,1996.

② [美]戴维·贾丁斯:《环境伦理学——环境哲学导论》,林官明、杨爱民译,北京大学出版社,2002 年版,第 279 页。

受害者,但也存在着一部分受益的人。"①而环境伦理在使用这些单一、全称的名词的同时,实际上谋取了与他们有差异的种族、阶层或性别团体的代表权,使之被湮没在无差别主体的抽象论述之中。正是出于对这一举动的严厉批评,台湾学者纪骏杰指出:"我们没有共同的未来"②,一个埃塞俄比亚或印度的穷人和美国中产阶级白人的未来绝对是不一样的:对前者而言,他的未来可能仅仅是下一餐或明天的粮食在哪里。此时,我们不得不问:"环境伦理代表的是谁的声音?是衣食无忧者的闲适无着的感叹,还是食不果腹、生计难维者的愤懑?是为可持续发展辩护,还是为可持续的不发展执言?"③

需要指出的是,以上对无差别主体提出的质疑和批评,环境伦理自身很难做出回答;而无差别主体论述下所掩盖的环境不正义的事实,显然也无法进入以单单强调人与自然伦理关系为指导的环境伦理作为理论基础的主流环境保护运动的视野。于是,为了寻找解决问题的途径,一场来自底层的、强调环境问题中有差异的主体的环境正义运动应运而生,它不但提出了"环境正义"的理念,并且成为了环境正义研究的现实契机。

第二节 环境正义运动:环境正义理念初识

一、美国环境正义运动与"环境正义"问题的提出

进入 20 世纪 80 年代,美国的环境保护阵营内部开始出现分化。一方面,随着西方发达国家环境的总体状况日益改善,作为主流环境保护运动中坚力量的中产阶级受到新的环境议题的吸引,不再关注污染、公害等主题,而转向自然生态的维护,如鲸、海豚、白头鹰、犀牛等大型哺乳动物的保护等。许多大规模的非政府环保组织也将主要的人力与物力投注于此。但是实际上,许多污染等问题与其说是被解决,毋宁

---

① 洪大用:《社会变迁与环境问题——当代中国环境问题的社会学阐释》,北京:首都师范大学出版社,2001 年版,第 242 页。

② 纪骏杰:《我们没有共同的未来:西方主流"环保"关怀的政治经济学》,《台湾社会研究季刊》,1998 年第 9 期,第 141 页。

③ 李培超:《自然的伦理尊严》,南昌:江西人民出版社,2001 年版,第 160 页。

说是被转移到低收入阶层和有色人种居住的社区之中。① 而环境问题由于环境保护中的这一不正义行为呈现进一步恶化的趋势。"环境正义"的概念正是美国环境保护运动发展到这一特定阶段出现的产物,它被用来概括美国底层环境运动中两个相互重叠的部分:反对有毒废弃物运动和反对环境种族主义运动。

我们可以把"洛夫运河"事件看作是反对有毒废弃物运动的起点。洛夫运河(Love Canal)位于美国纽约州尼亚加拉瀑布市附近,19世纪90年代为修建水电站挖掘而成,20世纪20年代又因干涸而被废弃。1942年,美国胡克化学公司购买了这条大约1 000米长的废弃运河,并在之后11年的时间里,向河道内倾倒各种化学废弃物800万吨,其中包括致癌废弃物4.3万吨。1953年,这条已被各种有毒废弃物填满的运河被胡克公司掩埋覆盖好后,转赠给当地的教育机构。此后,纽约州政府在这片土地上陆续盖了600多套住宅和一所学校及幼儿园,并因其房价低廉吸引了一批来自美国中下层的居民。厄运从此降临在居住在这些建于昔日运河之上的建筑物中的人们身上。

从1977年开始,这里的居民不断患上各种怪病,孕妇流产、儿童夭折、婴儿畸形、癫痫、直肠出血等病症也频频发生。1978年,这里的地面开始渗出一种黑色液体,引起了人们的恐慌。经有关部门检验,这种黑色污液中含有多种有毒化学物质,对人体健康会产生极大的危害。这件事激起了当地居民的愤慨,当时的美国总统卡特颁布紧急令,允许联邦政府和纽约州政府为洛夫运河小区660户家庭实行暂时性的搬迁。

---

① 当前许多"解决"环境问题的方式实际上不过是一种"转移",这一观点在J·德赖辛克(J. Dryzek)那里得到了详尽的论述。德赖辛克以酸雨这一典型的环境问题为例,来考察环境问题的处理方式。他指出,当前通过建造高大的烟囱来"解决"二氧化硫泄漏问题,事实上只是在转移其"影响后果"。"二氧化硫将会以酸雨的形式落在农村地区,而不是污染乌拉尔地区的炼钢厂和俄亥俄州的燃煤发电厂附近的地区。"德赖辛克指出,这种"转移"方式主要有三种。首先,是空间转移。有毒废弃物从一个垃圾场转移到另一个垃圾场,从一个国家转移到另一个国家,污染和损害环境的工业被转移到那些环境评价标准较低的国家,事实上都是在将环境问题进行空间转移。其次,是介质转移,即通过将问题转移成另一种媒介来解决问题。例如,禁止Brent Spar将石油钻塔沉入海底的替代方式,而是将其弃置,这实际上是将问题从海洋转移到陆地上解决。最后,是时间转移,即将问题转移到未来解决。一般而言,核测试、核废料处理等都涉及这一转移。德赖辛克认为,无论环境问题的总和是否已经超过地球作为一个整体的生态负荷,都存在一个持续的、环境影响分配(the distribution of impact)的问题。美国的环境正义运动是一种将问题进行空间转移的典型。有学者指出,这种转移,作为"不均衡发展"的一个方面,并不是某种失范行为,而是在资本主义发展动力学(支配)下的常态。Nicholas Low and Brendan Gleeson, *Justice, Society and Nature: An Exploration of Political Ecology*, (London; New York: Routledge, 1998), p. 34.

有研究表明,洛夫运河大部分居民处于相对贫困的状态,他们居住在有毒环境之上与此有着直接的联系:"有毒物的受害者是那些穷人或普通的劳动人民。他们的环境问题与他们的经济状况密不可分。如果人们处于经济上比较困顿的群体中,那么他们也就更可能居住在污染工厂选址的附近。"①

而沃伦县抗议的爆发,使另一种形式的环境不正义——"环境种族主义"问题进入到美国公众的视野。1982年,美国政府在北卡罗来纳州以非裔美国人和低收入白人为主要居民的沃伦县,修建了一个掩埋式垃圾处理场,计划用于掩埋从该州其他14个地区运来的聚氯联苯(PCB)废料。这项决议遭到当地居民的抵制,在一次大规模的抗议活动中,由几百名非裔妇女和孩子,还有少数白人组成的人墙封锁了装载着有毒垃圾卡车的通道,并与警察发生了冲突。在冲突中,当局逮捕了400多人。② 沃伦县抗议激起人们对歧视性使用社区土地的关注,因为有迹象表明,美国政府之所以选择沃伦县作为有毒垃圾处理的地点,与这一地区的居民主要由有色人种和低收入人群构成有着密切的联系。

1987年,美国联合基督教会种族正义委员会(United Church of Christ Commission for Racial Justice,简称UCCCRJ)发表了一篇题目为"有毒废弃物与种族"的研究报告,正式将长久隐藏于美国社会底层的环境正义问题推到了环境保护关注的前沿。这份对有毒垃圾掩埋点的选址和该选址周围社区的种族与社会经济状况的关系所做的统计评估报告表明,美国境内的少数民族社区长期以来不成比例地被选为有毒废弃物的最终处理地点。③ 这份报告立刻震惊了少数民族社区及许多环境学者与环保运动者,并引发了许多地方的抗议事件。

此后,各种官方、非官方的研究也一再印证了这个结论:种族、民族以及经济地位总是与社区的环境质量密切相关,有色人种、少数民族和低收入阶层遭受各种现代物质文明的废弃物——有毒废料、垃圾、核废料等毒害的机会要比白人和富人大得多,他们承受着不成比例的环境风险。例如,根据一项研究显示,在美国南部8个州,尽

---

① A. Szasz, *Ecopopulism: Toxic Waste and the Movement for Environmental Justice*, (Minneapolis: University of Minnesota Press, 1994), p. 151.

② Troy W. Hartley, "Environmental Justice: An Environmental Civil Rights Value Acceptable to All World Views," *Environmental Ethics*, Vol. 17 (Fall 1995), pp. 277—278.

③ Troy W. Hartley, "Environmental Justice: An Environmental Civil Rights Value Acceptable to All World Views," *Environmental Ethics*, Vol. 17 (Fall 1995), p. 279.

管黑人只占总人口的约20％,但是到80年代末期,美国南方所有的有毒废物处理容量中,有63％都是在黑人社区。① 美国《国家法律杂志》研究结果也表明:向少数民族社区倾倒废料的人要比向白人社区倾倒废料的污染者少交54％的罚款。②

同样的,美国的印第安土著也往往是环境破坏的直接受害者。由于垃圾处理场愈来愈难寻觅,全美各地的印第安人保留地便被物色为大型掩埋场所在地,包括1991年一个在南卡罗来纳州Rosebud保留区的6 000英亩垃圾场计划。③ 从研究中暴露出的越来越多的事实,使"环境正义"的观点日益成为环境保护研究与运动的一个焦点。

1991年10月,"第一次全国有色人种环境领导高峰会"(The People of Color Environmental Leadership Summit)在华盛顿召开,有300多个代表团参加了会议。会议的目的是要突出有色人种环境保护组织的自主性和为自己发言的权利。在大会上,"环境正义"被列入社会的和环境的日程之中,并经过激烈辩论达成了协议,正式宣告了"环境正义"者们的立场。著名的环境正义者黛安娜·阿尔斯顿(Diana Alston)说,他们希望的是建立在"充分平等、充分尊重、充分利益和公正基础上"的关系,必须由"我们自己来解释生态和环境上的各种问题"。④ 此次会议还提出了环境正义的十七项基本原则,引起了广泛关注。⑤

作为美国环境正义运动的重要成果,1994年,克林顿总统颁布了名为"联邦政府针对少数民族与低收入人民的环境正义议题之行动"的行政命令(即:12898号执行命令),将环境正义设定为全国优先施政重点,以加强维护少数族群及低收入人民的环境正义。依照该执行命令之规定,所有联邦机构均应把维护环境正义列为其主要工作任务。

美国环境正义运动将以往那些通过批评环境伦理所表现出来的环境正义的思想冲

---

① Robert D. Bullard, *Dumping in Dixie*:*Race*,*Class*,*and Environmental Quality*,(Boulder Co:Westview Press,1990),转引自"U. S. Environmental Justice",http://www. ciesin. org/docs/010-278/010-278. html.
② 洪大用:《环境公平:环境问题的社会学视点》,《浙江学刊》,2001年第4期,第68页。
③ Jane Kay, "Indian Lands Targeted for Waste Disposal Sites," *San Francisco Examiner*, April 10,1991.
④ 侯文蕙:《20世纪90年代的美国环境保护运动和环境保护主义》,《世界历史》,2000年第6期,第15页。
⑤ "第一次全国有色人种环境领导高峰会"提出的环境正义的十七条基本原则参见附录。

动,以行动和文献的形式揭示出来,有着非常重要的现实意义。由于环境正义所强调的环境负担和利益在社会不同部分之间的分配问题,以及与环境保护相关的歧视问题,一直以来都是主流环境保护论述缺乏关注的领域,所以一经产生,就在西方国家得到广泛传播和应用,成为反对环境问题以及环境保护中的种种不正义现象的重要思想武器。

二、"穷人环保主义"与"环境正义"主题的扩展

尽管"环境正义"的概念源于美国,并与美国社会的特定状况密切相关,但是"环境正义"的议题却并不仅仅存在于美国和西方国家。事实上,许多第三世界以及各地原住民进行的环境保护斗争,都具有"环境正义"所传达的反对环境问题中的不平等现象的内涵。而且,在这些国家和地区,"环境正义"的议题也不仅仅局限于废弃物处理或少数民族的议题。

1994 年,印度生态主义者 R. 古哈(Ramachandra Guha)在一篇题为《激进的美国环境保护主义和荒野保护——来自第三世界的评论》的文章中,基于第三世界的立场,对美国环境保护主义中的深层生态学倾向提出了尖锐批评。同时,古哈所介绍的印度的环境斗争,具有明显的"环境正义"的色彩。[①]

与深层生态学强调环境运动必须实现由人类中心主义向生态中心主义转换的看法不同,古哈认为,环境问题实质上是由两个更为基本的问题所引起的:一个是工业化国家和第三世界国家城市特权阶层的过度消费;另一个是不断增长的军事化,包括短期的(如无休止的局部战争)和长远的(如军备竞赛和核毁灭思想)。西方激进的环境保护主义思想中人类中心主义/生态中心主义的区分,不但对理解第三世界环境退化的原因收效甚微,而且也给第三世界国家的环境保护实践带来恶果。例如,一直为西方环境保护团体所关注的印度原始荒野保护和野生动物保护,实际上导致了自然资源从穷人向富人的直接转移,加重了社会不公的程度。

古哈指出,印度的环境运动从两个方面表现出与西方环境运动的不同。首先,在印度,忍受环境退化带来的各种问题最严重的社会群体是穷人、无地的农民、妇女和

---

① 关于古哈的观点,参见 Ramachandra Guha, "Radical American Environmentalism and Wilderness Preservation: A Third World Critique", in Andrew Brennan, ed. *The Ethics of the Environment*, (Aldershot, Hants: Dartmouth, 1995), pp. 239—251.

部落,他们面临的是生活和生存问题,而不是生活质量的高低问题。其次,在印度,环境问题的解决涉及平等问题以及经济和政治资源的重新分配。所以,印度的环境保护运动所要求的,是从国家和工业部门那里夺回自然的使用权,把它交回到真正生活在自然环境中,却正日益被排挤在自然之外的农村社区。正如印度环境保护主义的领导人所强调的:环境保护在其最低限度上至少要关心到大多数群体,而后者主要关心的是谁在使用自然和谁从中获利。

古哈的观点表达了第三世界要求实现"环境正义"的呼声,引起了西方环境伦理界和第三世界国家的环境保护主义者的广泛关注。秘鲁前农民领袖雨果·布兰科曾用充满反诘的语气指出,与那些认为穷人无法保护环境的观点相反,第三世界存在着自己的环保主义:难道曾多次与因采矿而导致的水污染进行英勇斗争的班巴马卡(Bambamarca)村民不是真正的环保主义者吗?难道正被南秘鲁铜业公司所污染的国际劳工组织所在的城市和周围的村庄的人们在反对污染的时候不是环保主义者吗?当皮乌拉(Piura)的大坛坡(Tamb Grande)村民奋起反抗并准备为保护他们的山谷不受铜矿带来的污染去死的时候,难道他们不是环保主义者吗?同样,看见他们的小绵羊死于来自拉奥若亚(La Oroya)公司熔炉的浓烟和废物的孟答罗村庄的人们不亦是如此吗?亚马逊河流域的人们全都是环保主义者,他们誓死捍卫他们的森林不被毁坏;当抱怨沙滩上的水被污染时,利马的穷人也是环保主义者。① 通过以上的论述,我们可以看出,贫穷国家和地区同样存在着环境保护运动。这些被称之为"穷人环保主义"②的环境保护运动,在第三世界、第四世界以不同于西方主流环境保护的形式进行着,并且在一定程度上表现为与环境正义运动的某种重合。

从某种意义上,我们甚至可以认为:对于第三世界、第四世界而言,并不存在西方发达国家那种对环境保护主义和环境正义的区分,前者不会认为环境正义只是环境保护主义的一种附属性存在,因为在他们看来,"环境正义思考的起点,不仅仅是环境

---

① [西班牙]琼·马丁内斯-阿里埃:《"环境正义"(地区与全球)》,[美]弗雷德里克·杰姆逊、三好将夫编:《全球化的文化》,马丁译,南京大学出版社,2002年版,第276页。
② 同上书,第279页。"穷人环保主义"是指"保护生活和取得自然资源的权利不受到政府或市场的威胁,反对因不平等交换、贫穷、人口增长而导致的环境恶化"。

正义的出发点,也是环境保护主义自身的出发点。① 劳拉·普利多(Laura Pulido)用
"庶民的环保主义"(subaltern environmentalism)②来形容发达国家环境正义与发展
中国家环境保护主义之间的联系,可能是对这一问题的比较权威的观点。以亚马逊
土著居民反对跨国公司为例。由于跨国企业在亚马逊及东南亚雨林砍伐树木及采矿
所造成的土壤流失、水污染、动植物死亡及其他的生态破坏,是以牺牲当地土著居民
的健康与生存条件为代价的,所以当地居民反对跨国公司的斗争,就具有保护环境和
维护环境正义的双重含义。

　　由此可见,在全球的环境保护实践中,实际存在着"富裕的环保主义与生存的环
保主义"的对立,"提高生活质量的环保主义与维持生存的环保主义"的对立。③ 所以
当第三世界、第四世界的环境保护运动被纳入"环境正义"的视野,那么"环境正义"就
不仅涉及了更广泛的地理范围,而且它的议题也从仅仅关注对有毒废弃物的不平等
处理,发展为关注对不发达国家和地区的掠夺、对全球土著人的迫害、跨国企业撷取
全球的资源,以及丧失文化多样性的种种现象。环境正义运动中所涉及的命题涵盖
广泛的社会个人及群体,地区、国家乃至国际间的环境议题都是其关注的对象,为环
境正义研究提供了丰富的分析素材。④

第三节　西方环境正义研究:实证与理论

　　在上文的讨论中,围绕着对"谁之环境"的追问,我们探讨了环境伦理对有差异的
主体的忽视和环境正义运动对不同主体的环境诉求的重塑,借此引出了环境正义理
念。而伴随着美国环境正义运动的开展,涌现出一大批"环境正义"的相关研究。这
些研究大体可以分为实证研究和理论研究两种范式或两个阶段。

---

① Andrew Dobson, *Justice and the Environment : Conceptions of Environmental Sustainability and Theories of Distributive Justice* , (Oxford: Oxford University Press, 1998), pp. 17—18.
② Laura Pulido, *Environmentalism and Economic Justice : Two Chicano Struggles in the Southwest* , (Tucson: University of Arizona Press, 1996), p. xv.
③ [西班牙]琼·马丁内斯-阿里埃:《"环境正义"(地区与全球)》,[美]弗雷德里克·杰姆逊、三好将夫编:《全球化的文化》,马丁译,南京大学出版社,2002年版,第278页。
④ 纪骏杰:《环境正义:环境社会学的规范性关怀》,"第一届环境价值观与环境教育学术研讨会"论文,台南:成功大学,1996年11月。

一、实证研究

作为环境正义研究初期主要形式的实证研究,主要以对危险废弃物处理设施所带来的环境风险的不公平分配问题为主题,在地方和全国两个层面展开。

其中,地方性研究中最经常被引用的,是沃伦县抗议之后,由美国国家审计署(The Government Accountability Office,略作 GAO)主持的调查。具体而言,美国国家审计署以美国西南部①的 4 座大型危险废弃物掩埋场为对象,对掩埋场周边社区居民的种族和社会经济特征进行调查分析。调查结果表明,在被选择建立危险废弃物掩埋场的 4 个社区中(以方圆 4 英里的区域为界限),有 3 个社区在 1980 年主要是非裔美国人聚居区。3 个社区中,非裔美国人分别占人口总数的 52%、66% 和 90%,相比较而言,在这些设施所在各州,非裔美国人(仅)占人口总数的 22%—30%;与此同时,调查结果还表明,4 个被选中的社区有 26%—42% 的人口还生活在贫困线以下,而这些设施所在各州的贫困率(仅)在 14%—19% 之间。② 因此,美国国家审计署认定,在危险废弃物处理设施的选址与种族因素和经济因素之间存在着高度关联。另一项经常被引用的地方性研究是由社会学家罗伯特·D. 布拉德(Robert D. Bullard)主持的,这项研究构成了他的《看不见的休斯敦》③和《在南部倾倒废弃物:种族、阶级与环境公平》④两部著作的主要组成部分。布拉德发现,在 1980 年,尽管非裔美国人仅占休斯敦人口总数的 28%,但休斯敦市的 8 个焚化炉(含小型焚化炉)中的 5 个,17 个垃圾填埋场中的 15 个,都设在以非裔美国人为主要居民的社区。显然,在以休斯敦为代表的美国南部地区,危险废弃物的堆置、填埋、焚烧以及污染工厂都高比例地

---

① 确切来说,是处于美国环境保护署(U. S. Environmental Protection Agency,略作 USEPA)划分的第四区东南部的 8 个州。

② The Government Accountability Office (GAO) *Siting of Hazardous Waste Landfills and their Correlation with Racial and Economic Status of Surrounding Communities*, The Government Accountability Office, 1983, p. 4.

③ Robert D. Bullard, *Invisible Houston: The Black Experience in Boom and Bust*, (College Station, TX: Texas A & M University Press, 1987), pp. 60—75.

④ Robert D. Bullard, *Dumping in Dixie: Race, Class, and Environmental Quality*, U. S. Environmental Justice, http://www.ciesin.org/docs/010-278/010-278.html.

靠近少数族裔和穷人居住的社区。①

　　而美国联合基督教会种族正义委员会主持了第一个全国性研究。1987年,美国联合基督教会种族正义委员会发表了题为"有毒废弃物与种族"的研究报告。研究报告指出,通过对415个仍在使用和18 164个已经关闭的有毒废弃物处理商业设施周边居民的种族和社会经济特征的横向研究,我们可以看到,在美国国家和州政府所确定的危险废弃物掩埋点中,有40%集中在3个地区:阿拉巴马州的埃默尔、路易斯安那州的苏格兰维尔和加利福尼亚州的凯特勒麦市,而这3个地方都是少数族裔的聚集区。美国国内的少数族裔社区所承担的危险废弃物带来的环境负担,远远高于白人中产阶层社区。另外,家庭经济收入因素尽管表现得没有种族因素直接,但也同样是影响有毒垃圾掩埋点选址的一个重要变量。②

　　有研究者将上述研究概括为环境正义实证研究的"第一波"浪潮。③ 这一时期研究的一个重要特征在于:不但提供了运动所需的科学证据,更直接地介入了运动的推

---

① 布拉德是实证研究中将环境正义问题"种族化"的代表性人物。从20世纪70年代中叶开始,布拉德就一直站在与污染和有毒废弃物相关的健康与安全风险分布的相关研究的前沿。自1990年出版《在南部倾倒废弃物:种族、阶级与环境公平》一书后,布拉德还于1993年编著文集《正视环境种族主义:来自草根的声音》,把对环境种族主义的考察范围从美国南方扩大到全国,甚至其他第三世界国家,涉及了从印第安人保留地到城市贫民窟的有毒废弃物、废弃物处理设施选址、城市工业污染、儿童铅中毒、杀虫剂对农业工人的危害、废弃物出口等环境问题,并把环境种族主义的形成追溯到了殖民过程中的种族征服和帝国式环境思想。参见Robert D. Bullard, ed. *Confronting Environmental Racism: Voices from the Grassroots*, (Boston: South End Press, 1993). 1999年,布拉德提出了(美国)政府要确保环境正义实践应该采取的五个步骤或原则:第一,应该依据公民权利法案(Civil Rights Acts)制定国家法律,确保公民受环境保护的权利,并认定任何不成比例地危害少数民族地区的行为为不合法;第二,采取"预防"原则,将环境破坏所带来的伤害减至最少;第三,将由受害者举证污染者污染环境的责任转换为由受指控污染者负举证责任;第四,避免纠缠于污染行为是否有歧视性意图的论证;第五,移除现存的环境不正义设施,并对其所造成的不平等予以纠正。参见 Robert D. Bullard, "Environmental justice challenges at home and abroad", in Nicholas Low, ed. *Global Ethics and Environment*, (London; New York: Routledge, 1999), pp. 33—46.

② United Church of Christ (UCC), *Toxic Wastes and Race in the United States*, (New York: United Church of Christ), 1987.

③ W. M. Bowen, *Environmental Justice through Research-based Decision-making*, (New York: Garland Pub), 2001. Bowen观点的介绍还可参见黄之栋、黄瑞祺:《环境正义论争:一种科学史的视角——环境正义面面观之一》,《鄱阳湖学刊》,2010年第4期,第29—32页;黄之栋:《环境正义的"正解":一个形而下的探究路径》,《鄱阳湖学刊》,2012年第1期,第84—89页。

广,为环境正义运动提供了政治动员和社会动员。① 但是随着实证研究"第二波"浪潮的到来,上述实证研究至少在下面两个方面受到挑战,陷入争论和困境。

1. 邮政区域还是人口普查区域?

马萨诸塞大学社会与人口研究所(Social and Demographic Research Institute,简称 SADRI)的道格拉斯·安德森(Douglas Anderson)等人在题为《危险废弃物处理设备:大都会地区的"环境平等"问题》的报告中,对美国联合基督教会种族正义委员会的调查报告提出了挑战。② 同样是以危险废弃物处理设备选址问题为主题,同样在国家层面进行抽样,安德森团队却得出与种族正义委员会完全不同的结论。种族正义委员会的研究认为,在调查所测量的变量中,种族因素被证明是与危险废弃物处理设备选址最为相关的因素,少数族裔社区更多地与危险废弃物处理设备比邻而居。而安德森等人的研究则认为,在已有的危险化学废弃物处理设备选址地区,非裔居民的百分比并没有特别高于其他地区。之所以两项针对同一问题的研究会得出如此不同的结论,是因为二者使用的研究单位不同:种族正义委员会使用邮政区域(zip code)作为研究单位,而安德森研究的单位则是人口普查区域(census tracts)。③ 这样,这一事件就带来了两个相关问题:其一,美国联合基督教会种族正义委员会证明的环境种族主义是否真实存在? 其二,究竟哪种研究单位以及研究方法,才是在实证层面进行环境正义研究最为适当的单位和方法? 围绕着这两个问题,社会学领域的学者展开了旷日持久的争论,其直接后果是,研究的焦点开始更多地转向对社会学自身研究方法的讨论,却越来越远离环境正义问题本身。④

---

① 值得关注的是,虽然这个时期的研究显示,收入(income)与种族(race)都有可能是影响环境风险分配的变量,不过此时的环境运动却把种族当作运动推行的标语,当时的环境正义运动者创造了"环境种族主义"(environmental racism)来说明环境风险沿着族群来分布的现象。普利多把这种仅从种族的角度来理解环境正义运动的现象称作"环境危险的种族化"(racializing environmental hazards)。参见 Laura Pulido, "A Critical Review of the Methodology of Environmental Racism Research", *Antipode*, Vol. 28,(Issue 2,1996),p. 145。
② D. L. Anderson, A. B. Anderson, et al. "Environmental Equity: The Demographics of Dumping", *Demography*, Vol. 31 (Issue 2, 1994), pp. 229—248.
③ Gerald R. Visgilio and Diana M. Whitelaw, eds. *Our Backyard: A Quest for Environmental Justice*,(Lanham: Rowman & Littlefield Publishers, 2003), pp. 12—13.
④ 事实上,这一争论(特别是第二个问题),直到今天仍未有定论。

2. 结果取向还是过程取向?

在这一时期,纽约大学法学教授维姬·比恩(Vicki Been)也对第一波浪潮中的论证思路提出了反驳。由于第一波研究浪潮的诉求在于揭露废弃物及其处理设施所带来的环境风险的不公平分配,因此又被称为"结果取向的研究路径"(outcome-oriented approach)。而比恩则试图通过所谓的市场动力(market dynamics)理论,提出"过程取向的研究路径(process-oriented approach)。"①

按照市场动力理论的假设,在危险废弃物处理设施②选址和定址前后,是外部的市场力量(market power)塑造了附近地区的种族和社会经济特征,比恩将其称为"市场动力"(market dynamics)理论。具体而言,比恩认为,建立一个废弃物处理设施可能会通过两种方式影响周边社区的特质。首先,它会导致社区中有支付能力的人因不满意这里的环境而搬离。其次,它会使社区的房产价格降低,使房子更适合低收入者。这两个影响的最终结果就是,在废弃物处理设施选址确定后,附近社区居住的居民可能比选址之前的居民更为贫穷。而且,这个社区也更可能变成有色人种的聚居区。不论有色人种的收入水平如何,由于房屋出售和出租中存在的种族歧视,有色人种(尤其是非裔美国人)被视为最不受欢迎的邻居。此外,一旦一个社区成为有色人种社区,分区和环境保护法的颁布和执行、市政服务的提供以及银行贷款业务中存在的种族歧视,都可能会造成社区品质进一步下降。反之,社区品质的进一步下降,又会使得那些能够搬离社区的人——比较富裕并且较少受到歧视的人——加快搬离。因此,比恩的观点是,不管危险废弃物处理设施所在社区的人口构成最初如何,住房市场的动力学很可能会促使穷人和有色人种搬入或留在有危险废弃物处理设施的社区。而"只要市场仍然以现行的财富分配方式来分配商品和服务,那么,如果危险废弃物处理设施最终没有给穷人施加不成比例的负担,那才会让人觉得惊讶。同样,只要市场中继续存在种族歧视,那么,如果不可欲的土地使用最终没有给有色人种施加

---

① R. W. Williams, "Getting to the Heart of Environmental Injustice: Social Science and its Boundaries", *Theory and Science*, Vol. 16 (Issue 1, 2005).

② 在这里,比恩使用的是更一般的"不可欲的土地使用"的表述,即 Locally Undesirable Land Uses,简称 LULUs。但为与第一波浪潮实证研究的对比更明确,本书将继续使用建立"危险废弃物处理设施"这一表述。

不成比例的负担，那才会让人觉得不可思议。"①简言之，根据比恩的观点，到底是选址决策将危险废弃物处理设施带到了社区附近，还是选址决策将社区带到了危险废弃物处理设施附件，两者之间存在着巨大的差别。比恩认为，如果是社区（主动）靠近环境恶物，那么是驱动有色人种群体在一个竞争性的市场中作出经济决策的市场力量，比种族主义更能解释这一差别。

环境正义主义者对比恩的观点提出了强烈的批评。彼得·温茨（Peter Wenz）首先通过"双重效应学说"（the doctrine of double effect）对市场动力学的论证逻辑进行了恰当的描述。在双重效应学说中，所谓"双重效应"，指的是一个行动可以产生两种后果：一个是行动者想要通过行动来获得的后果；一个是行动者并不想要，但他预料到会产生的后果。② "坏的结果既不是作为一个目标本身来追求的，又不是作为实现一个好的目标的手段来追求的"③。而温茨指出，"（市场动力学论证）的支持者们认为，……与双重效应学说相一致，（选址）实践中的种族效应不应该受到指责，因为它们既不是寻求以（环境种族主义）自身为目的，也不是到达一个可欲目标的手段。它们仅仅是那些不成比例地将穷人暴露于有毒物质的经济和政治实践的、可以预期的负面结果而已"。④ 总之，市场动力学论证强调的是，因为是经由经济的考量而不是种族的考量来说明有色人种群体不成比例地承担着环境影响，那么当前的选址实践就并非有意为之，所以既不是种族主义的，在道德上也是没有异议的。而温茨的观点是，市场动力学论证即使能够回避种族主义的问题，但是它仍然要对"穷人不成比例地承担着环境负担"这样的"有意为之"所导致的在道德上成问题的结果负责。温茨认为，如果环境负担对于穷人的不平等分配在道德上是应该受到谴责的，那么，市场动力学论证就无法规避道德责任，而当前的实践需要作出改变来矫正这种不正义。

为了矫正这种不正义，温茨引入了一种基本的分配原则：负担与利益相称的原则（the principle of commensurate burdens and benifits）。按照温茨的观点，这一原则

① Vicki Been, "Locally Undesirable Land Uses in Minority Neighborhoods: Disproportionate Siting or Market Dynamics?" *The Yale Law Journal*, Vol. 103, No. 6 (April, 1994), p. 1390.
② 徐向东：《自我、他人与道德——道德哲学导论》，北京：商务印书馆，2007 年版，第 848 页。
③ 同上书，第 844 页。
④ Peter S. Wenz, "Just Garbage", in Laura Westra and Peter S. Wenz, eds., *Faces of Environmental Racism: Confronting Issues of Global Justice*, (Lanham, Md. London: Rowman & Littlefield, 1995), pp. 57—58.

可以这样来表达:在其他条件相同的情况下,那些获得利益的人应该承担相应的负担。温茨认为,这一原则对于大多数分配过程而言是基本的、共同的。具体到环境问题,温茨认为,物质产品的生产产生了需要倾倒的有毒废弃物,而当那些最不可能从物质物品的生产中获益的群体却承担着环境负担时,那么基本的分配原则就受到了侵犯。即使我们认为,这种指向穷人的分配上的不相称是由市场力量达成的,但是正是这些人最不可能享受物质产品带来的相称利益。因此,在穷人居住区倾倒垃圾是对这一原则的公然侵犯。根据温茨的这一原则,我们看到:"在其他条件相同的情况下,那些从废弃物的生产中获益最多的群体应该承担与废弃物的处置相关的最大份额的负担。我们的社会高度评价物品的消费,这种消费构成了与有毒废弃物生产相关的基本利益。这种消费通常与收入和财富相互重叠。所以,在其他条件相同的情况下,正义要求人们(的居住地)距离有毒废弃物的远近应该与他们的收入和财富不应处于正相关的状态。"①

二、理论研究

随着环境正义理论研究的深入,一些研究者开始超越实证层面,着手从理论(正义理论)层面切入,对环境正义之"正义"可能具有的内涵进行分析。目前,这一理论研究大致沿两种进路展开。

第一种研究进路是从正义理论与环境论述的外在联系思考环境正义。例如,戴维·哈维(David Harvey)在《正义、自然与差异地理学》中指出,在当前的环境论述与传统的正义观念之间存在一种大致对应的关系:自由市场资本主义的环境理论与功利主义正义理论相对应,生态现代化理论与罗尔斯的社会契约论相对应,明智利用运动与自由至上的正义理论相对应,而来自底层的环境正义运动与一种混合了社群主义和平等主义的正义观念相对应。

第二种研究进路则是从正义理论内部出发去界定环境正义。安德鲁·多布森(Andrew Dobson)是这一进路的代表人物。多布森的研究则是以"环境可持续与社

---

① Peter S. Wenz, "Just Garbage", in Laura Westra and Peter S. Wenz, eds. *Faces of Environmental Racism: Confronting Issues of Global Justice*, (Lanham, Md. London: Rowman & Littlefield, 1995), p. 62.

会正义"为主题。在《正义与环境：环境可持续与分配正义理论》一书中，多布森从传统的社会正义理论内部寻找保证环境可持续的资源。① 具体而言，多布森大量地运用类型学的方法，对环境可持续、分配正义理论以及二者之间的关系进行了细致的辨析。首先，多布森根据对什么可持续、可持续多久、为谁可持续、在什么条件下可持续等问题的不同回答，提出了三种不同的环境可持续概念：必要的自然资本的可持续、不可逆的自然的可持续和自然的价值的可持续；而后，多布森又对政治理论和社会理论领域中出现的构成分配模式的各种要素——包括正义共同体（分配者和接受者）、分配的内容、分配的原则（效用、需要、应得、权利等），以及分配理论是强调公道（impartiality）还是实质，是坚持程序主义还是主张结果主义（proceduralist or consequentialist），是普遍主义还是特殊主义的——进行了详尽的分类考察。最后，多布森通过比较各种分配正义理论与各种环境可持续论述之间可能存在的关系，试图在环境可持续框架内，建立一种多元的环境分配正义体系。

"环境可持续与社会正义"这一主题在多布森主编的《公正与未来——环境可持续与社会正义论文集》中得以延续。在文集的《序言》中，多布森指出，虽然正义强调的是利益与负担的分配，而可持续强调的是生活支持系统的维持，从这方面来看，二者的确是非常不同的，但是至少在以下三种情况下，二者可以进行对话。第一，就二者之间的功能性联系而言：一方面，由于主体差异性的存在，追求环境可持续的政策往往具有分配的内涵，因此，应该用分配的结果来衡量可持续政策的有效性；另一方面，特定的分配模式和关系可以更好地促进环境可持续性。第二，从美国的环境正义运动可以看出，为正义而斗争和为环境可持续而斗争是相互联系的。例如，这一运动分享了可持续发展所反对的"穷人生活在恶劣环境中"的信念。第三，环境正义运动使下列观点清晰起来，即我们可以用许多不同的方式来分析"自然"环境，其中之一就是使用"分配对象"的术语。关于这一点，环境正义运动的支持者和环境保护主义者之间的观点既存在分歧也具有共识。分歧在于，环境保护主义者总是避免将环境仅仅看作是某种分配的对象；而共识在于，至少在代际范围内，可持续的争论和"分配环境物品"可以共存。这是因为，对于环境可持续理论而言，最重要的问题是"保存什么"（what is to be sustained）；而对于正义理论而言，最重要的问题则是"分配什么"

---

① Andrew Dobson, *Justice and the Environment：Conceptions of Environmental Sustainability and Theories of Distributive Justice*，(Oxford：Oxford University Press，1998).

(what is to be distributed)。从这个角度来看,环境可持续就是要求我们思考如何将环境善物保存至未来,而正义理论就是要求我们思考在现在和未来之间分配环境善物。因此,在这里,"被保存的"就是"被分配的"。①

特别值得注意的是,以上对环境正义的研究——无论是实证研究还是理论研究,都是从分配正义的视角切入进行的,分配正义被理所当然地看作是环境正义之"正义"的主要内涵。多布森就曾明确表达过这样的观点:所有的正义都是分配正义,因此,所有的环境不正义也就是环境善物和环境恶物的不公平分配问题。而温茨也有过类似的表述:"与环境正义相关的首要议题涉及分配正义。……环境正义不是聚焦于惩罚和其替代性选择上,它的焦点在于,在所有那些因与环境有关的政策与行为而被影响者之间,利益与负担是如何分配的。它的首要议题就包括了我们社会中穷人和富人之间进行环境保护的负担分配,同样,也要在贫国和发达国家之间,在现代人与后代人之间,在人类与非人类物种尤其是濒危物种之间,对自然资源如何配置。"②

但是近年来开始有学者指出,仅仅从分配正义的角度不能完整把握环境正义之"正义"的全部内涵。美国环境政治学家戴维·施劳斯伯格(David Schlosberg)曾通过考察"环境正义运动"所提出的各种主张指出,至少在政治实践的领域,环境正义的概念不应仅仅局限于分配正义,因为当遭遇到环境正义问题时,人们除了会因为环境利益和负担的不公平分配而激发不正义感之外,同样也会因感到自身的尊严和价值没有得到应有的承认或被扭曲的承认,而激起对于正义的渴望。③ 故而,虽然要求分配正义的主张占据着显赫的位置,但是仍然无法遮蔽一些环境正义运动参与者要求

① Andrew Dobson, ed. *Fairness and Futurity*:*Essays on Environmental Sustainability and Social Justice*, (Oxford: Oxford University Press, 1999), p. 5.
② [美]彼得·S. 温茨:《环境正义论》,朱丹琼、宋玉波译,上海人民出版社,2007 年版,第 4 页。
③ David Schlosberg, "The Justice of Environmental Justice: Reconciling Equity, Recognition, and Participation in a Political Movement," in Andrew Light and Avner de-Shalit, ed. *Moral and Political Reasoning in Environmental Practice*, (Cambridge, Mass.: MIT Press, 2003), pp. 77—106. 戴维·施劳斯伯格认为,我们可以通过对文献的考察看到,许多以环境正义运动为主题的著作和文集,虽然都不曾就如何定义"环境正义"进行过系统性尝试,但是往往不会将视野局限在分配正义的范围之内。事实上,就实质性正义而言,这些文献中始终贯穿着从分配和承认两方面对环境正义的理解。例如,在罗伯特·D. 布拉德主编文集《正视环境种族主义:来自草根的声音》中,就将关于环境恶物分配问题中对分配的论述和承认种族尊严与文化独特性的论述,都纳入到环境正义的理解框架之中。

得到承认和尊重的正义呼声。故而,施劳斯伯格提出,对公平分配的要求和对承认的要求,两者都是"为环境正义而斗争"的社会运动的目标,相应地,环境正义应该包含分配正义和承认正义两方面的内涵。但是,施劳斯伯格在提出这一睿见后满足于从社会现实的角度进行论证,而没有试图从正义理论自身寻找两种环境正义的意蕴。施劳斯伯格对当前环境正义之"正义"研究现状的质疑,以及他所提出的环境正义具有分配和承认两个维度的观点,乃至他对两种环境正义理论论证上的不足,正是本书研究环境正义的起点。

第四节 本书的研究思路与结构

本书在研读正义基本理论和分析国内外环境正义研究文献的基础上,尝试从正义的缘起这一问题入手,对如何理解环境正义提出自己的见解,即任何实质性环境正义,不但具有分配正义的内涵,而且还具有承认正义的向度。

全书共分为三编:

第一编第一章是研究的背景部分。在这一部分,笔者从理论和现实两个方面对环境正义问题的提出进行了梳理,并以此作为本书研究的背景。从理论方面来看,本书指出,对环境伦理中所使用的"我们"、"人类"这样的无差别主体表述的批判,可以被视为环境正义思想出现的理论渊薮;从现实方面来看,一场来自底层的、强调环境问题中有差异的主体的环境正义运动则是"环境正义"理念提出以及环境正义研究的现实契机。在这一背景下,本书通过对国内外相关研究文献的分析,提出了研究的逻辑起点。

第一编第二章是本书的基础理论部分。在某种意义上,人们对环境正义的理论研究正是基于对正义本身的理解。换言之,对环境正义问题的研究需要以对正义的"环境"的研究,亦即对正义的缘起问题的研究为前提。本书首先梳理了休谟的有条件正义之"道德心理学"以及从康德到黑格尔的无条件正义之"道德心理学"这两种分析正义缘起的路径,以此作为对环境正义的理解的一种深层次的道德心理学的前提;而后结合环境问题中所表现出来的地球有限性和承认的缺乏,将对正义的一般性说明应用于环境问题的具体情境,指出环境正义具有环境利益和负担分配即"作为分配正义的环境正义"和相互承认即"作为承认正义的环境正义"两种诉求。

第二编和第三编可以看作是对第一编第二章的进一步拓展，主要通过对环境正义的理论研究与环境不正义现象的反思，沿上述两个维度对环境正义展开具体深入的分析。

第二编是沿环境正义的分配维度的分析。根据对"在哪些人中间进行分配"、"分配什么"和"如何分配"三个问题的回答，本书将环境正义问题分解为环境正义共同体的问题、环境正义分配对象的问题和环境正义分配原则的问题，并在这三个问题共同构成的分配正义分析的框架下，从环境问题中正义问题的呈现、分配正义理论在理解和分析环境正义问题时所面临的困境，以及研究者为解决这些困境所进行的理论尝试三个层面，展现"作为分配正义的环境正义"所具有的理论张力和思想内涵。

第三编则沿环境正义的承认维度进行分析。从承认正义的视角来看待和分析环境正义及其相关问题，以此来展现不承认和扭曲的承认所导致的道德蔑视，也应该是环境正义研究的重要内容。本书借鉴查尔斯·泰勒（Charles Taylor）和阿克塞尔·霍耐特（Axel Honneth）这两位黑格尔承认思想在当代的继承者的观点，将一般承认理论中对"承认平等"和"承认差异"的划分应用于环境问题的具体情境，提出"承认平等尊严"和"承认环境理解差异"这两种作为承认的环境正义的基本类型，并对那些由于承认的缺乏所导致的环境不正义现象进行了细致的呈现。

在结语部分，通过简要回顾本书的主要思路和主要观点，本书特别指出，对于"作为分配的环境正义"和"作为承认的环境正义"的划分，主要基于理论分析的需要，在现实中，二者并不是截然对立和二分的。而环境正义问题究竟在何种程度上服从分配正义的逻辑，又在何种程度上服从承认正义的原则，这似乎是个经验问题。环境正义的理论研究将为我们理解二者在实践中的关系提供重要的基础。

环境正义的研究是一个多学科关注的现实问题，单纯的"说明"（explanation）在实践中似乎并不能解决问题，而只强调"理解"（understanding）似乎也不能将问题的解决推进多少，甚至不能适应研究本身的要求。但是，离开对问题本身的理解也无济于事。因此，对环境正义的研究既要"说明"，又要"理解"。理解不仅关系到某种说明的理论，而且关系到遵循规则乃至标准等问题；这些又必然涉及与人密切相关的生活方式、行为方式、社会体制、习俗乃至文化传统等等问题；这样，对环境正义的理解就不仅仅是一个理论问题，更重要的还是一个实践问题。所有这些问题，必然要涉及价值，从来就没有任何一种能够真正做到价值中立的、客观的研究，对于环境问题研究更是如此。因此，对环境正义的研究，一方面，本书重视实证研究的经验性成果；另一方面,本书也强调规范分析的重要作用与地位,力求在论述的过程中做到实证研究方法与规范分析方法的有机结合,做到历史与逻辑研究方法的统一。

此外,本书在分析时较多地使用了案例法,这是由环境正义问题自身所具有的现实品格决定的。本书希望通过对具体案例的分析,展示环境不正义现象自身的复杂性,并概括出环境正义的更一般问题。具体而言,本书对案例的使用可分为直接引用和文章中插用两种。前者旨在对案例进行详细的分析,以论证作者的观点;后者起着对本书的某些观点或结论进行例证的作用。案例的来源具体包括:(1)在文章中插用其他文献中的案例,并对其作出自己的分析,如第三章"世界银行备忘录"的案例,第四章"救生艇伦理"的案例;(2)直接引用其他文献中的案例,并对其作出自己的分析,如第四章"马赛人"的案例;(3)通过对一些材料的综合编写的案例,提出自己的分析和解释,如第四章的"绿色和平组织"的案例。

第二章 环境正义:何种正义?

　　人们对环境正义研究范围及其内涵的理解,有一个不断明晰和深化的过程。在某种意义上,人们对环境正义的理论研究正是基于对正义本身的理解。换言之,对"环境"的正义的研究,我们还需要研究正义的"环境",亦即正义的缘起问题。本章试图首先分析休谟的有条件正义之"道德心理学"以及从康德到黑格尔的无条件正义之"道德心理学",在对产生两种不同正义之道德心理学的比较分析的基础上,指出诠释正义缘起的两种路径,以期对环境正义的理解提供一种深层次的道德心理学的前提。

第一节 环境正义之正义:研究范围的界定

　　最初,"环境正义"一词往往被认为包含"种际正义"的内涵。例如,温茨在以"环境正义"为名的著作中,就将"人与自然之间的正义原则"也纳入到环境正义研究的范围。①在我国环境正义研究中,也有研究者将环境正义称之为"人地公正",意指"人类在实现和满足自己的利益过程中,要公

---

① Peter S. Wenz, *Environmental justice*,(Albany: State University of New York Press, 1998).

正地对待自然。"①直到美国的"环境正义运动"爆发之后,"环境正义"一词才越来越多地被用来指"由环境因素引起的社会不公正"。但真正在理论上将"环境正义"同所谓"人与自然之间的正义"的关系廓清的,是尼古拉斯·洛(Nicholas Low)和布伦丹·格利森(Brendan Gleeson)对"环境正义"和"生态正义"所作出的区分。

洛和格利森认为,为正义而斗争是以我们如何理解我们自身与他者之间的适当关系为基础的。在界定这一关系时,我们界定了"我们是谁"以及"他者"是谁。而"我们是谁"中的"我们"具有两重含义:"我们人民(人们)"和"我们人类"。"我们人民"总是由人类具有社会和地理共同性的某一地方所决定,所以存在着分配问题,即谁得到什么样的环境,以及因何理由而得到。而"我们人类"则是指我们作为一个物种所分有的各种特性,而且我们人类现在必须思考我们与非人自然界之间的关系。因此,环境保护中的正义问题包含着两个相关的方面:(1)人们之间的环境的分配正义(在人们中间对环境进行分配的正义);(2)人类与非人类自然之间的关系正义。洛和格利森将其分别称之为"环境正义"和"生态正义",并认为它们事实上是同一关系的两个方面。②

虽然对于"环境正义"是否只包括分配正义,存在着不同的观点,但是洛和格利森用"环境中的正义"(justice in environment)与"对环境的正义"(justice to environment)来区分环境正义与生态正义的方式,在国外的环境正义研究中已经被广泛接受,并且成为环境正义概念外延界定的一个重要前提。本书正是在这一区分的意义上来使用环境正义这一概念的。

基于这一外延界定,不同的研究者对环境正义的概念和类型提出了不同的观点。许多环境正义活动者赋予环境正义非常广泛的内涵,认为环境正义是指所有人,不分世代、种族、文化、性别或经济、社会地位,都同样享有一个安全、健康、富有活力和可持续的环境的权利;它包括生物性、物理性、社会性、政治性、美学性及经济性环境。环境正义要求上述权利能够通过自我实践和增强个人和社区的能力的方式被自由地行使,借此个体和群体的特性、需要和尊严得到维护、实现和尊重。③ 美国学者布尼

---

① 李培超:《论生态伦理学的基本原则》,《湖南师范大学社会科学学报》,1999年第5期,第31页。
② Nicholas Low and Brendan Gleeson, *Justice, Society and Nature: An Exploration of Political Ecology*, (London; New York: Routledge, 1998), p. 2.
③ 参见彭国栋:《浅谈环境正义》,《自然保育季刊》,1999年第28期。

安·布赖恩特(Bunyan Bryant)主张,环境正义是有关"由文化规范与价值、法则、规则、行为、政策以及决断力来支持的可持续社区,在此社区里的居民可以放心地在一个安全的、滋养的与有生产力的环境之下互动"。①

除以上概括性的定义之外,大部分研究者倾向于从实质正义和程序正义两方面对环境正义进行界定。②

环境正义包含程序性正义和实质性正义两个组成部分。通常,程序性环境正义被理解为要求机会,所有人,不管种族、人种、收入、民族血统、受教育程度,都能够"有意义地参与到"环境决策当中。程序性环境正义,像更一般意义上的民主一样,可以被看作是具有内在价值的。但是,人们通常假定,程序性环境正义最重要的价值在于它对实质性环境正义所作出的贡献。如果每个人都有机会参与到环境决策的过程当中,那么,每个人就有机会为她自己的以及其他任何人的实质性环境权利进行辩护。从表面来看,通过一个公正的程序造成一种实质性的不正义要比通过一个不公正的程序造成一种实质性的不正义困难得多。在本书中,笔者想要集中讨论实质性环境正义。③

罗伯特·D. 布拉德从美国国内的环境正义问题出发,将环境正义划分为程序正义、地理正义和社会正义三种形式。程序正义指的是公平问题,即社会管理的法律、法规、评价标准和执法活动以不歧视的方式实施的程度;地理正义是关于有色人种和穷人社区选择危险废物处置场所的问题;社会正义,是关于社会因素,例如种族、民族、阶级、政治权力怎样影响和反映到环境决策上的问题。④

美国学者希拉·卡佩克(Sheila Capek)提出,个人、社区或少数民族在面对可能

---

① Bunyan Bryant, ed. *Environmental justice: issues, policies, and solutions*, (Washington, D. C.: Island Press), p. 8.

② 程序正义是指按照某些普遍的规则而行动,即全社会人人普遍地遵守某些程序,不必过多地考虑人们行为的后果。而实质正义则强调社会体制或环境的正当与否及合理性问题,如确立某种特定的分配标准。参见顾肃:《自由主义基本理念》,北京:中央编译出版社,2003年版,第493页。

③ 关于程序性环境正义的讨论,参见 Derek Bell, "Sustainability through Democratization? The Aarhus Convention and the Future of Environmental Decison Making in Europe", in John Barry, Brian Baxter, and Richard Dunphy eds. *Europe, Globalization and Sustainable Development*. (London: Routledge, 2004).

④ Robert D. Bullard, "Environmental justice challenges at home and abroad", in Low, Nicholas, ed. *Global Ethics and Environment*, (London; New York: Routledge, 1999), p. 35.

的环境不正义时,应有的四个基本权利:充分信息的权利,公开听证的权利,民主的参与与社区团结的权利,赔偿的权利。这些基本权利的提出,既重点保障了居民的自主权、信息权与参与权的程序正义,也同时兼顾了万一居民受害时应得到的补偿之实质正义。①

日本学者户田清认为,如果说国际体制上的不平等、国内的阶级差别、社会财富的分配不公、少数人独裁以及监督体制不完备是环境问题上出现不公正的原因,那么这些因素的一个共同点在于少数强者的支配,即"精英主义"(elitism)。要实现"环境正义"必须要克服"精英主义"。从这一点出发,户田清这样定义"环境正义":所谓"环境正义"是指在减少整个人类生活环境负荷的同时,在环境利益(享受环境资源)以及环境破坏的负担(受害)上贯彻"平等原则"(equity principle),以此来同时达到环境保全和社会公正这一目的。从这一定义来看,"环境正义"的前提是社会公正和民主主义。所谓社会公正就是尽量缩小贫富差别,消除人支配人的不平等构造,实现"分配上的正义";所谓民主主义就是在制定环境政策时,尽量做到情报公开,充分听取广大群众的意见,做到"手续上的正义"。②

台湾学者纪骏杰认为,环境正义的观点表达了下述主张:其一,人类社会在大量的剥削大自然以创造更多的物质文明,产生交换价值及累积资本之余,其所产生的社会"不可欲"物质(如垃圾、有毒废弃物、核废料等),往往被社会中(或国际上)的强势群体及资本家以各种手段强迫弱势群体接收和承担。其二,由于生产与消费的无止境扩张,各种资源逐渐匮乏,弱势群体于是被限制或禁止使用这些资源。然而这些弱势群体本来就已经是社会资源分配不均的受害者(实质不正义),他们对各种环境危害也最缺乏认识和最不具抵抗力。如今却仍得在非自愿的状况下遭受各种由生活环境的毒害所带来的威胁以及资源的限制使用(程序不正义),可说是双重的社会不正义。然而,也正是因为强势群体可以恣意地、廉价地解决废物与取得资源,他们便可不须立即面对及有效地处理这些废物与资源匮乏的问题,地球环境也就一天天地遭

---

① Sheila Capek, "The Environmental Justice Frame: A Conceptual Discussion and an Application", *Social Problems*, Vol. 40 (No. 1, 1993), pp. 5—24. 台湾学者纪骏杰对这一环境正义理解进行了补充,认为让政府或污染者、破坏者承担起生态恢复的责任也是很重要的。只有这样当地居民的长久环境安全也才能得到保障。所以,污染清除与被破坏环境复原的权利也是公民应享有的。参见纪骏杰:《环境正义:环境社会学的规范性关怀》,"第一届环境价值观与环境教育学术研讨会"论文,台南:成功大学台湾文化研究中心,1996 年 11 月。
② 转引自韩立新:《环境价值论》,昆明:云南人民出版社,2005 年版,第 176—177 页。

受破坏。基于此,环境正义的基本主张包括少数民族和弱势群体有免于遭受环境迫害的自由,社会资源的平均分配,资源的可持续利用,以及每个人、每个社会群体对干净的土地、空气、水和其他自然环境平等享用的权利。①

国内学者杨通进认为,环境正义就是在环境事务中体现出来的正义。从形式上看,环境正义有两种形式,即分配的环境正义和参与的环境正义。前者关注的是与环境有关的收益与成本的分配。从这个角度看,我们应当公平地分配那些由公共环境提供的好处,共同承担发展经济所带来的环境风险;同时,那些污染环境的人或团体应当为污染的治理提供必要的资金,而那些因他人的污染行为而受到伤害的人,应当从污染者那里获得必要的补偿。而后者指的是每个人都有权利直接或间接地参与那些与环境有关的法律和政策的制定。杨通进认为,我们应当制定一套有效的听证制度,使得有关各方都有机会表达他们的观点,使各方的利益诉求都能得到合理的兼顾。所以,参与正义是环境正义的一个重要方面,也是确保分配正义的重要程序保证。②

从上述几种比较重要的环境正义概念中我们可以看到,程序正义和实质正义构成了环境正义的主要内容。这其中,程序性的环境正义往往强调参与性正义,而实质性环境正义则主要是指分配正义。

本书对环境正义概念的界定在两个方面表现出与以上概念不尽相同。一方面,出于突出论证的需要,本书将对环境正义的讨论集中在实质正义方面;另一方面,与以往对实质性环境正义的理解不同的是,本书认为,分配正义并没有穷尽实质性环境正义的全部内涵,事实上,实质性环境正义还应包括承认正义的维度。下面,本书就将通过对正义之缘起的分析,来论证环境正义所具有的分配正义和承认正义的内涵。

第二节　正义的"环境":正义之"道德心理学"

环境,顾名思义是环人之境,我们从环境的英文 environment 和德文 umwelt,都

---

① 纪骏杰:《环境正义:环境社会学的规范性关怀》,提交给"第一届环境价值观与环境教育学术研讨会"的论文,台南:成功大学台湾文化研究中心,1996 年 11 月。
② 杨通进:《环境伦理与和谐社会》,《光明日报》,2005 年 7 月 5 日。

可以看出这一含义。尽管不可想象,没有环境,而会有真正合乎本质的主体,然而环境毕竟是环人之境,没有人这一主体,也就无所谓环境。作为本质的环境乃是作为本质之主体的生活世界。就此而言,作为环境的正义毕竟还是作为主体的人在生活世界中的正义。

因此,环境正义是一种特殊的正义。而要求得特殊的东西,就不能不先返回普遍性领域。特殊不仅是相对普遍而言的,而且也必须通过对普遍的理解来获得其解释。尽管正义通常被看作是具有"一张普洛透斯的脸,变幻无常,随时可呈现不同的形状,并且具有极不相同的面貌"的东西,①然而,何谓正义? 正义的本质如何? 它如何产生? 何以必要? 又如何可能? 这一切当然都是普遍性的正义不能不予以回答的问题。不过,鉴于本书的主题,本书无意对所有的问题都展开详尽的论述,而只是将所有这些问题集中于一点:在哲学人类学的意义上,正义的人性论基础是什么? 在我们看来,对这一问题的回答将向所有先前问题的回答敞开门户。

人性是正义缘起的基础。诚如休谟所言:"在我们的哲学研究中,我们可以希望借以获得成功的唯一途径,即抛开我们一向所采用的那种可厌的迂回曲折的老方法,不再在边界上一会儿攻取一个城堡,一会儿占领一个村落,而是直捣这些科学的首都或心脏,即人性本身,一旦被掌握了人性以后,我们在其他各方面就有希望轻而易举地取得胜利了。"②正义之人性论基础构成了正义作为本质之"环境"。

虽然正义现象具有复杂的多种面相,可就其本质而言,我们也许可以从慈继伟的著作《正义的两面》中得到某些启发。慈继伟认为,所谓"正义的两面"是指,"正义有两个相反相成的侧面:一方面,作为利益交换的规则,正义是有条件的;另一方面,作为道德命令,正义又是无条件的"③。至于"正义的两面"区分的可能性,慈继伟认为,是来自广义的作为"道德"的"心理学",④这与休谟之所谓"人性论"在概念上是完全一致的,因为所谓"人性论"的研究对象,就是人类心灵的本质。

---

① [美]博登海默:《法理学——法律哲学与法律方法》,邓正来译,北京:中国政法大学出版社,1998 年版,第 225 页。
② [英]休谟:《人性论》,关文运译,北京:商务印书馆,1991 年版,第 7 页。
③ 慈继伟:《正义的两面》,北京:生活·读书·新知三联书店,2001 年版,第 1—2 页。另参看该书的英文本:Ci Jiwei, *The Two Faces of Justice*,(Cambridge, Mass.:Harvard University Press),2006.
④ 慈继伟指出,区别于狭义的经验性的心理学,他在《正义的两面》中所涉及的主要是指哲学意义上的抽象的道德心理学。本章正是在慈继伟理解的意义上使用"道德心理学"一词的。

慈继伟从人性论上区分"正义的两面"可谓精到扼要。不过,如果正如他自己所指出的,这两方面"相反相成",那么对"正义的两面"之理解,就存在着两种可能性:一种可能是从"有条件的正义"一方看待"无条件的正义",将"道德命令"看作是达成"利益交换规则"的手段;另一种可能是从"无条件的正义"一方看待"有条件的正义",将"利益交换规则"看作是履行"道德命令"的结果。慈继伟的《正义的两面》显然着重考虑了前一种情况,而忽略了后一种可能。

事实上,关于"正义"之"道德心理学",现代西方本来就存在着两种思想传统,一个传统崇尚利益和功用,正如休谟自己所描绘的,它包括由"培根勋爵到英国晚近若干哲学家",即约翰·洛克、沙夫茨伯雷、曼德威尔、赫奇逊、拔特勒等人,当然还应该包括霍布斯和休谟他们自己;另一个传统则倡导责任和义务,虽然由笛卡尔开启,但只有经康德、费希特、谢林到黑格尔,才达其高峰。我们将以休谟为例,介绍"道德心理学"的第一种传统,即:正义何以毕竟是有条件的;再以黑格尔为例,介绍"道德心理学"的第二种传统,即:正义何以毕竟是无条件的。鉴于"无条件"毕竟对于"有条件"提出了更高的要求,在这两种传统之间,本书将通过康德的思想来说明,"有条件"之正义为何必须得到批判,尽管我们无意否认,休谟之"正义"仍然代表了"道德心理学"的一种伟大的传统。

一、休谟:有条件正义之"道德心理学"

休谟认为,正义是一种社会性的道德德性,而自然人性却是个体的。这一命题包含了很多有待质疑的问题,例如,什么是道德? 什么是自然? 为什么人性是个体的,或者,个体自然为什么必然是反社会的? 为了叙述方便,对于这些问题,我们暂且搁置,不作单独的论述,而只会在本书主题的论述展开中一一涉及。但只要我们把这一命题接受下来,正义是如何必要而且可能的,就同社会是如何必要而且可能的,紧密地结合在一起。

倘若如是,我们就需要首先提问:个体为什么会需要一个社会?

在休谟看来,其中一个主要原因就在于外部自然资源的相对匮乏。按照休谟的观点,大自然所提供的满足人的需要的物品,相对于人的欲望来说总是匮乏的。如果自然能够提供给人充足的食物,以及其他各种各样的满足人的所有需要的物件,人们可以在美好的自然乐园中幸福地生活下去,那么人们就无须结成社会,也就不存在所谓正义的问题。因此,休谟预设了一种自然资源中等匮乏的状态;而与这种中等匮乏的自然环境相对应的,是人之异于其他动物的一种特殊困难。休谟指出:"在栖息于地球上的一切动物之中,初看起来,最被自然所虐待的似乎是无过于人类,自然赋予人类以无数的欲望和需要,而对于缓和这些需要,却给了他以薄弱的手段。在其他动物方面,这两个方面一般是相互补偿的。……只有在人一方面,软弱和需要的这种不自然的结合显然达到了最高的程度。"①这种不协调的状况,构成了人类难以忍受的痛苦和缺憾。而这种缺憾,只有在社会之中才能得到弥补:自然个体力量单薄,社会协作增强其力量;自然个体才能粗糙,社会分工改进其技艺;自然个体总面临着难以预料的危险,社会互助则让所有人感到安全。在社会状态中,虽然欲望增多了,但是满足欲望的力量却得到了更大的增强。② 这样,在自然资源与人的欲望的紧张状态中,社会对于人的必要性得到彰显。

但是,社会是必要的,却并不意味着社会也是自然而然地就可能的。在休谟看来,社会的可能性并非来自理性知识,而是来自一种情人之爱、亲子之爱,并由其演变成为一个人数较多的社会。然而,社会之所以难以在爱的基础上发育完全,在根本上则是由于爱自身的局限性。休谟确信,就人性而言,爱是有限的:虽然不会有人完全爱自己,但是人们对自己的爱总是超过对其他人,对亲人的爱又总会超出对家庭以外的人。即便有人具有异乎寻常的慷慨,也总难以避免情感相互之间的冲突和矛盾,由此为基础的社会即便建立起来,也危险重重。

归结起来,在情感论上,爱之所以难以普遍,正是因为自我自身的存在。虽然自爱通常作为一个概念出现,但是对自我来说,本来毕竟无所谓爱或者不爱。对休谟而言,与爱恨同等构成情感基本类型的是骄傲与谦卑:如果说自爱是骄傲,自恨就是谦卑。虽然骄傲与谦卑的对象是自我,而爱与恨的对象则是他人,但是,既然使得自我与他人产生积极性结果的都是快乐,使得自我与他人产生消极性成果的都是不快,那么骄傲与爱、谦卑与恨就总是可能处于相互敌对的竞争状态中;自我是常在的,他人却总是变动的。事实上,虽然人们的心灵好像互相反射的镜子,但是比较而言,人们很容易由远及近,由对他人的爱或者恨转化为对自己的骄傲或者谦卑,但是却很难由自我过渡到他人;而在自我之中,骄傲的情感又比谦卑更加容易产生。恰恰在此意义

---

① [英]休谟:《人性论》,关文运译,北京:商务印书馆,1991年版,第525页。
② 同上书,第525—526页。

上，只有相对稳定关系的人才会比其他人得到更大程度的爱。不但如此，既然爱总会伴随着一种使得所爱者幸福的欲望，和反对他受苦的厌恶心理，而恨则总会伴随着一种使得所恨者痛苦的欲望，和反对他幸福的厌恶心理，因为想象总是把我们的心理从一种观念推向另外一种印象，又由这一种印象推向另外一种观念，它就使得人们虽然对于社会化存在着强烈的欲望，可是社会自身却总是难以完善地建立起来。

倘若以上分析不错，那么我们就必须说，个人和社会之间的矛盾，在心理上，实质上是欲望和欲望满足之间的矛盾。因为倘若人心没有欲求，也就无所谓满足欲求；如果欲求在个人身上就能得到满足，也就无需建立同样充满危险的社会：欲求及其满足就是福利。休谟将福利分为三个种类："一是我们内心的满意；二是我们身体的外表的优点；三是对我们凭勤劳和幸运而获得的所有物的享用。"①在这三者中间，只有最后一种，既易受他人的侵夺，又可以不至于遭受任何损失和变化的被转移，同时这种福利在数量上又不足以满足每个人的欲望与需求。因此，增进这类财富的供应是组成社会益处的首要任务；与此相应，这种福利之不足及其所有权之不稳定是社会的主要困境。

可是，对这一困境自身的认识却无助于困境的改善，仅仅认识到这一困境也并不会促成道德正义的形成；因为在休谟看来，道德自身不是由理性得来的，而是来自某种特定的令人快乐和令人痛苦的感觉。

休谟认为，道德之所以不是来自理性，这是由于，首先，从经验主义认识论出发，休谟断定，一切心灵知觉都是由感官得来，而一切心灵知觉在类别上也就无非是印象和观念。事实上，观念无非是弱化的印象。既然一方面，理性的作用是发现真和伪，而所谓真和伪是对于观念的实在关系或对实际存在的观念和事实关系的符合或不符合；另一方面，涉及道德判断的情感、意志和行为不过是原始的事实或实在，因此无所谓符合或不符合；而且，理性也不能借着赞美或者嫌恶某种行为而促使或者阻止某种行为的发生，所以道德就无所谓理性或不理性。其次，休谟认为，即便理性能够影响行为，那也只能在两个层面上：其一是把成为情感对象的东西之存在告诉我们，其二是为发挥某种情感而提供因果联系之手段。可是事实上的错误不足以构成道德的根源，而是非上的错误即便可以作为道德之源，也只能是在第二性意义上，也即必须以另外的实在的是非作为前提。最后，如果理性果真是道德之源，那么道德的本质就仅

---

① ［英］休谟：《人性论》，关文运译，北京：商务印书馆，1991年版，第528页。

仅在于对理性的符合或者不符合，从而就消解了对于行为本身善恶的判断，而且这种符合或不符合既然不允许有程度上的差别，那么所有的善恶就都是等同的了，在休谟看来，这些无疑都是荒谬的。

究其根本，这是因为在休谟的定义中，所谓理性不过是对于观念的比较和对于事实的判断。而理性证明之所以成立，也仅仅在于观念之间可能具有类似关系、相反关系、性质的程度和数量与数量的比例，可是这些关系本来不单适用于人，而且也适用于无理性的对象，而无理性物是不可能具有道德性的。且不必说理性自身不能产生普遍有效的约束力，如果道德来自理性，仅仅在心理上也就会发生不道德的事情了。恰恰在这一意义上，休谟提出了他著名的"是"与"应当"的区分，理性是对"是"也即事实的区分，而道德自身却总是同"应当"联系在一起——从"是"是永远无法向"应当"过渡的。

在休谟的知识谱系中，除了观念，就是印象，因此，既然道德不是来自理性的，则它必然来自感觉。所谓道德善就是使人愉快，并且让人赞美的某种特定情感；所谓道德恶则是让人不快，并且遭人责备的某种特定情感。简言之，道德善是基于某种善良的动机，而使得他人产生带有谦卑之情的爱；道德恶则是基于某种恶的动机，而使得他人产生带有骄傲之情的恨。在此意义上，休谟反对西方传统上将道德善和"自然"等同起来，而把道德恶和"不自然"等同起来的观念，因为在他看来，这取决于如何定义"自然"。他争辩说，在与"人为"对立的意义上，"自然"不仅仅可以指道德善，同样也可以指道德恶。当休谟把正义定义为一种非自然道德的时候，他正是在与"人为"对立的意义上使用"自然"这一概念的。

我们已经指出，正义作为一种人为的德性被创造出来，正是为了满足人们在自然资源和精神上的匮乏状态。可是，既然不存在一种作为自然的正义感动机，正义的动机到底来自何处？

我们马上还可以看到，正义作为一种人为德性之所以可能，其实是来自一种行为和动机相互之间的辩证法。因为休谟认为，虽然道德动机乃是善良之源，而行为在此意义上只被看作是动机的标识；但是久而久之，人们却也往往习惯了只关注行为，而忘记了动机。

休谟指出，一方面，慈善和慷慨显然不足以构成正义的动机，因为正如上述，慈善和慷慨只能是适用于有限范围的，不足以建立起社会，而且如果在慈善和慷慨的基础上建立起了社会，正义还有什么作用呢？可是，另一方面，贪得自利虽然并不是一种善良德性,而且在事实上也构成了福利困境的最大障碍;但是如果稍有反省,它却仍然可以被自身所克服(因此并不是被另外一种情感所压制)。因为只要稍微收敛,就会发现,这种情感在社会当中本来可以得到更大的满足;可全力放纵,那么每个人就只能都生活在悲惨状态之下。这样一种反思在一定程度上可以建立起对于公益的关切。鉴于对这种心理动机的认识,休谟说:"正义只是起源于人性自私和有限的慷慨,以及自然为满足人类需要所准备的稀少的供应。"①

既然道德不能由理性得来,休谟认为,正义就必然发生于人为的措施和协议。正义将产生一种不同于自然利益的人为利益。单独的正义行为表面看起来也许损害了私利甚至公益,但是从长期来看,坚决地贯彻相应的法规却可以使得所有人的利益得到补偿。当人们通过充分的经验观察到这一点的时候,正义协议和财产权就同时发生了。

因此,既然自利和有限慷慨构成了正义的起源,利益就构成了正义的自然约束力。不过,既然正义动机与正义行为并不一致,正义的道德约束力又由何而起呢?休谟以为,这只能是来自于对于公益的同情,或者称之为共同利益感。我们虽然不会经常感受到正义带来的利益,但是我们却总容易发现不正义给我们带来的利益损害,这就构成了义愤(resentment),它是我们的憎恨和鄙视之源,同时,与此相反的正直德性也就受到了尊重。

在此意义上,利益(自利)和道德(有限的慷慨)一起构成了正义的基础。"利益之所以成为这个基础,是因为人们看到,如果不以某些规则约束自己,就不可能在社会中生活;道德之所以成为这个基础,则是因为当人们一旦看出这种利益之后,他们一看到有助于社会的安宁的那些行动就感到快乐,一看到有害于社会的安宁的那些行动就感到不快。使最初的利益成立的,乃是人类的自愿的协议和人为措施;因此,在这个范围内来说,那些正义法则应当被认为是人为的。当这个利益一旦建立起来,并被人公认之后,则对于这些规则的遵守自然地发生了一种道德感。"②

综上所述,在休谟看来,"正义起源于人类协议;这些协议是用以补救由人类心灵的某些性质和外界对象的情况的结合所产生的某些不便的。心灵的这些性质就是自私和有限的慷慨;至于外物的情况,就是它们的容易转移,而与此结合着的是它们比

---

① [英]休谟:《人性论》,关文运译,北京:商务印书馆,1991 年版,第 536 页。
② 同上书,第 574 页。

起人类的需要和欲望来显得稀少"①。换言之,正义就是资源与欲望处于紧张状态,而人又不可能完全做到无私无我的情况下,人们为了过一种和平有序的社会生活而人为制造出来的。因此,正义是同利益紧密结合在一起的。这种人为的德性,具有一副自然的外表,可是在自然道德的表象之下,它具有一颗人为利益的灵魂。在这种条件下形成的正义的主要作用是分配"外在之物",是一种分配正义。

二、"从康德到黑格尔":无条件正义之"道德心理学"

1. 康德:纯粹正义批判

在德文中,recht 既有"法律"的意思,也具有"权利"、"正当"、"正义"的含义。② 德国唯心主义哲学都是在双重意义上来使用这一词汇的。他们虽然不反对 recht 会涉及经验的层面,但是对他们来说,recht 更是一个在实践道德门类下的纯粹概念。因而,康德在完成了《实践理性批判》之后,才将"正义的形而上学原理"和"善德的形而上学原理"并列,归结到一个以"道德形而上学"为名义的体系之下。"正义的形而上学原理"的前提是,纯粹理性自身对于非理性之正义观念的批判,而纯粹正义概念的批判前提是,纯粹理性对于自身的批判,也就是实践理性批判。本书将围绕此作简要的分析。

我们已经指出,休谟之有条件的正义,在很大程度上起源于休谟对理性主义的道德观念的否定。而这一否定,在更深的层面上,又起源于休谟否定理性认识自身。在休谟看来,不存在超出印象和观念之外的知识,理性只不过是对于观念的比较和对于事实的判断;而理性证明之所以成立,也仅仅在于观念之间所可能具有类似关系、相反关系、性质的程度和数量与数量的比例。至于为理性主义者所着力强调的因果关系,其实不过是一种由想象恒常建立起来的,以接近关系和接续关系作为必要条件的习惯性信念,因此只是具有相对的有条件的必然有效性,而并不具有普遍的无条件的必然有效性。休谟对于理性知识的怀疑,最终取消了传统理性的任何道德超越性,而把人深深地纳入了现代自然科学的机械自然体系之中。这一后果最为集中的表现,

---

① [英]休谟:《人性论》,关文运译,北京:商务印书馆,1991 年版,第 534—535 页。
② [德]伊曼努尔·康德:《法的形而上学原理——权利的科学》,沈叔平译,北京:商务出版社,2005 年版,第 4 页。

就是休谟对于自由意志的否定。休谟以为，无论主体如何感觉自我是自由的，旁观者都可以通过他的行为判断他的性格和动机，通过性格和动机来判断他的行动。也就是说，在两者之间总是可以建立起具有必然性的因果关系来。

而休谟的终点就是康德的起点，康德的实践理性批判首先就是对休谟的批判。康德认为，经验主义体系否定理性的实在性，是在以理性的存在来否定理性不存在，因此是自相矛盾的。主观的必然性不能取代客观的必然性，习惯也不能取代普遍有效的因果关系。事实上，即便休谟自己也不能把数学这样非经验的命题纳入其经验主义体系当中；反过来，经验反而必须以数学命题当作可靠的试金石。这就证明了，先天理性知识必须是可能的；由此也就暗示了，人类不仅是一个感性存在物，而且更是一个理性存在物，虽然只是一个有限的理性存在物。

恰恰在此双重意义上，康德区分了思辨理性和实践理性；虽然在理性是构建先天原则的能力上，康德也称这两者不过是同一实体在理论领域和实践领域的不同运用，但这毕竟为自然和自由、现象和本体的区分，提供了认识上的基础。在思辨理性所掌管的自然领域，虽然康德也把感性和知性同列为构成知识的能力之一，但感性毕竟只是作为直观对象的被动感受力，只有知性才是具有主动自发性的规则能力，能将感性对象纳入法则之中，变成为概念、判断和原则；虽然感性与作为广义理性能力之一的知性对于作为先天综合判断的真理性知识都是不可或缺的，但是只有狭义的理性才能将概念、判断和原则纳入思维的最高原则统一之下，因此理论知识是具有体现普遍必然性的因果关系的。不过，另一方面，康德断言，思辨理性所提供的原理都只能是规范性的，如果要作超经验的运用，就不可避免地陷入逻辑幻象，因此思辨理性只能认识到现象，对于物自体自身却无能为力。只有在实践理性所掌控的自由领域，人们才可以设想出自在之物本身，从而提供出建构性的具有普遍必然性的扩展原理，尽管对于自在之物不能具有任何直观认识。也恰恰在此意义上，这种按照自由概念建立起来的具有普遍必然的意志，才具有不同于按照自然概念，事实上也不是通过概念，而仅仅是通过机械作用而产生出来的意志，前者的因果必然性和后者的因果必然性之间存在着不可弥合的鸿沟。自由概念本来就是由纯粹理性批判证明其有正当理由，然而却无法以经验描述的因果性概念。这样，康德就一方面承认了具有普遍必然性的经验知识的可能性；另一方面又确立了自由意志的可能性，而自由意志则为道德提供了可能性。由此康德在理性内部基础上再现了"是"与"应当"的区分，而后者具有更为根本的意义。康德说："自由概念对于一切经验主义者都是一块绊脚石，但对于批判的道德学家却是打开最崇高的实践原理的钥匙,后者通过这个概念领会到:他们不得不以理性的方式行事。"①更进一步,康德以为,"自由概念的实在性既然已由实践理性的一条无可争辩的法则证明,它就构成了纯粹的,甚至思辨的理性体系的整个建筑的拱顶石。"②

对于休谟的那种自然主义趋向的正义理论乃至整个道德学说,康德给出了两种解释性的道德心理学反驳。首先,从自然目的上看,自然有机体的每一特定器官都是与特定的目的相互适合的,可是对于理性和意志而言,如果自然仅仅用来实现通过本能就可以满足的欲望和幸福,就未免太笨拙了。其次,充满悖论的是,对于个体来说,越是处心积虑地追求欲望和幸福的满足,幸福和欲望反而越发得不到满足;而且越是精明者,倒越发对理性充满了憎恨。由此,非功利性的义务论构成了康德的道德特质。事实上,道德法则和自由概念是相互对应、相互为用的。他说:"自然诚然是道德法则的存在理由(拉丁文,*ratio essendi*),道德法则却是自由的认识理由(拉丁文,*ratio cognoscendi*)。因为如果道德法则不是预先在我们的理性中明白地思想到,那么我们就决不会认为我们有正当理由去认定某种像自由一样的东西(尽管这并不矛盾)。但是,假如没有自由,那么道德法则就不会在我们内心找到。"③因此,在《实践理性批判》中就包含了双重的任务,一方面,设定唯有准则的单纯立法形式是意志充足的决定根据,则可发现那只有通过它才能被决定的意志的性质;另一方面,设定一个意志是自由的,则可发现唯一适宜于必然决定它的那个法则。而对后者而言,最重要的任务就是区分幸福论和道德论。

在康德看来,凡是把欲求能力的客体(质料)作为意志决定根据的先决条件的原理,都是经验的,不能给出任何实践法则;而一切质料的实践原则本身又都从属于自爱或个人幸福的普遍原理。他因此断定,如果一个理性存在者应当将其准则思想为普遍的实践法则,他只能将这些准则思想为这样一种原则,它们不是依照质料,而是依照形式所包含着意志的决定根据。由此,这条形式化的法则可以这样表述:要这样行动,使得你的意志的准则任何时候都能同时被看作一个普遍立法的原则。④ 这条法则更为简明的表述方式是道德自律,它是一切道德法则以及合乎这些法则的职责

① [德]伊曼努尔·康德:《实践理性批判》,韩水法译,北京:商务印书馆,1999 年版,第 6 页。
② 同上书,第 2 页。
③ 同上注。
④ 杨祖陶、邓晓芒编译:《康德三大批判精粹》,北京:人民出版社,2001 年版,第 303 页。

的独一无二的原则,它在消极意义上是指法则的一切质料(欲求的客体)的独立性,而在积极意义上则在于通过一个准则必定具有的单纯的普遍立法形式来决定意愿;与此相对,任何由质料所决定的意志都是他律的,因此都是不道德的。意志自律是无条件的绝对命令,意志他律则只是有条件的技艺规则。道德自律的另外一种表达方式就是:要以这样的方式来行动,永远不要简单地把人当作工具,而永远要当作目的,不论是对你自己还是对于他人。

针对休谟的问题,即理性何以可能是实践的,康德就不是由道德善恶的层面来获取道德法则的,相反,道德善恶倒是必须首先取决于无条件的道德命令。而人类行为全部道德价值的本质性也就取决于道德法则直接决定意志。倘若说有一种情感充当了道德法则决定意志的动力,康德以为,那并不是出于自爱心的义愤,而必然是敬重;可是敬重与其说是一种情感,不如说恰好是对一切情感的否定,它仅仅与道德法则的形式紧密相关。在一切情感、禀赋都是趋乐避害的意义上,敬重恰恰是一种不快和痛苦,它是一种具有强制性的道德义务。这样一来,康德就以无条件的绝对命令对休谟的道德观念(包括正义观念)予以了彻底批判。

因此,在康德看来,正义,作为权利,正如 recht 一词所表明的那样,它并不是基于一种有条件的道德情感,而仅仅是由道德义务发展而来。从意志自由的层面上来说,相对于道德德性,它是一种消极自由;与此类似,从道德法则上来说,道德自律在消极意义上可以演变为这样一条原则,即任何一个行为,如果它本身是正确的,或者它依据的准则是正确的,那么,这个行为根据一条普遍法则,能够和每一个人的意志自由同时并存。① 因为在概念上,正义仅仅涉及一个人对另一个人的外在和实践的关系,而与休谟见解更为相反的是,它也并不表示一个人对于另一个人的愿望或者纯粹要求的关系,也即与仁慈和慷慨无关,而仅仅关注意志行为关系的无条件之形式,当然与自爱也就更毫无关系。

2. 基于无条件性的正义"心理学"

黑格尔说:"法的基地一般说来是精神的东西,它的确定地位和出发点是意志。意志是自由的,所以自由就构成法的实体和规定性。"②下面,本书将通过对这一论断

---

① [德]伊曼努尔·康德:《实践理性批判》,韩水法译,北京:商务印书馆,1999 年版,第 40 页。
② [德]黑格尔:《法哲学原理》,范扬、张企泰译,北京:商务印书馆,1996 年版,第 10 页。

的解读,对黑格尔无条件正义之"道德心理学"进行尝试性分析。我们已经知道,"法"作为德文 recht,正是指既具有法律的含义,也具有正当和正义的含义。而自由意志,作为在康德那儿构成了正义之无条件性的东西,在黑格尔这里也同样如此。与休谟断定意志不自由一样,黑格尔同样斩钉截铁地说:"自由是意志的根本规定,正如重量是物体的根本规定一样。……因为自由的东西就是意志。意志而没有自由,只是一句空话;同时,自由只有作为意志,作为主体,才是现实的。"①是否具有自由意志构成了人和动物的重大区别。动物具有不可阻遏的冲动、情欲、倾向,人却能从中摆脱出来,凌驾于其上,并且还将其规定和设定为自己的东西。

那么,黑格尔的正义观念与同样强调自由意志的康德区别何在呢?针对康德的正义定义,黑格尔批评说:"……这一法(正当)的定义包含着自卢梭以来特别流行的见解。依照这种见解,其成为实体性的基础和首要的东西的,不是自在自为地存在的、合乎理性的意志,而是单个人在他独特任性中的意志;也不是作为真实精神的精神,而是作为特殊个人的精神。这一原则一旦得到承认,理性的东西自然只能作为对这种自由所加的限制而出现;同时也不是作为内在的理性东西,而只是作为外在的、形式的普遍物而出现。这种见解完全缺乏思辨的思想,而为哲学概念所唾弃。"②

因此,黑格尔和康德的区别对立首先在于"自在自为地存在的、合乎理性的意志"和"单个人在他独特任性中的意志"的区别对立,而"自在自为地存在的、合乎理性的意志"显然构成了黑格尔"自由意志"的本质。

"自由意志"不是"任意"。虽然康德也强调这一区分,并且指出,"任意"是指由禀赋欲望等它者充当了行为的实践动力,真正的自由意志却自为地是实践的,但黑格尔并不以为满足,实质上,正如上述,对黑格尔来说,康德的自由意志概念自身仍然是"任意"的。这种任意体现在作为"从一切中抽象出来的自由反思"和"对自内或自外所给与的内容和素材的依赖"两者之间的矛盾冲突之上。在形式上,意志可以通过决定而将多种多样的冲动及其满足对象和方法特定化;但是在内容上,意志固然不受这个或那个欲望之束缚,但是却不可避免地对欲望本身做出选择,而各种冲动和倾向彼此矛盾冲突,它们之间却不存在衡量的普遍化标准,这样一来,任何选择就都不可避免地是偶然和特意化的,因而是任意的。任意的自由是片面的自由,而内容和形式的

---

① [德]黑格尔:《法哲学原理》,范扬、张企泰译,北京:商务印书馆,1996 年版,第 37 页。
② 同上注。

真正统一,即黑格尔所谓"自在自为的意志",才是黑格尔所谓真正的自由意志。黑格尔说:"自在自为地存在的意志是真正无限的,因为它是它本身的对象,因而这个对象对它说来既不是一个他物也不是界限;相反地,这种意志只是在其对象中返回到自身而已。其次,这种意志不仅是一种可能性,素质、能力(拉丁文,*potentia*),而是实际无限的东西(拉丁文,*infinitum actu*),因为概念的定在,即它的客观外在性,就是内在的东西本身。"①例如,在内容普遍化的意义上,幸福就不仅仅是一个康德意义上可遇而不可求的渴望,不是道德的对立面,而是一个基于自在自为意志的现实目标。这一目标虽然并不是最高的,但是幸福作为欲望冲动的普遍化原则,因而作为对自由意志的教育和培养,仍然具有重要的意义。就此而言,当黑格尔说:"可是幸福的理想含有两个环节:第一,一个比一切特殊性更高的普遍物;但是第二,因为这一普遍物的内容仍然只是普遍的享受,于是这里又一次出现了单一物和特殊物,即某种有限的东西,因此必须回复到冲动。"②尽管完全是在相反的心理动机上,黑格尔在一定程度上肯定了休谟作为有条件之正义观念的合理性,但针对休谟式的基于情感而不是理智的正义心理学,黑格尔同样认为是"任意":"以为从感情感觉过渡到权利与义务似乎会丧失内容及其优点,这是愚蠢的,因为只有这一过渡才会使感情感觉达到其真理性。同样,认为理智对于感情感觉、心灵与意志是多余的,甚至有害的想法,也是愚蠢的;真理,或者同样说,心理与意志的合理性,唯有在理智的普遍性中才能够产生,而不是在感情感觉的个别性之内。这是问题的一方面。另一方面,与被思维的合理性相对立而固执于感情感觉与心,也是成问题的,而且的确比前一方面更成问题,因为在感情感觉与心中比在合理性中'更多'者,只能是特殊的主体性,空洞、自负与随意。"③

事实上,黑格尔以为,意志包含三方面的内容:"(甲)纯无规定性或自我在自身中纯反思的要素。在这种反思中,所有出于本性、需要、欲望和冲动而直接存在的限制,或者不论通过什么方式而成为现成和被规定的内容都消除了。这就是绝对抽象或普遍性的那无界限的无限性,对他自身的纯思维。"④"(乙)同时,自我就是过渡,既从无差别的无规定性过渡到区分、规定和设定一个规定性作为一种内容和对象。"⑤"(丙)

<hr>

① [德]黑格尔:《法哲学原理》,范扬、张企泰译,北京:商务印书馆,1996 年版,第 31 页。
② 同上书,第 30 页。
③ [德]黑格尔:《哲学科学全书纲要》,薛华译,上海人民出版社,2002 年版,第 287 页。
④ [德]黑格尔:《法哲学原理》,范扬、张企泰译,北京:商务印书馆,1996 年版,第 13 页。
⑤ 同上书,第 16 页。

意志是这两个环节的统一,是经过在自身中反思而返回到普遍性的特殊性——即单一性。这是自我的自我规定。在这里,它设定自己作为它本身的否定的东西,即作为被规定的、被限制的东西;它留在自己那里,即留在与自己的同一性和普遍性中;又它在这一规定中只与自己本身联结在一起——以上三事是合而为一的。"①康德之意志自由仅仅达到了第二个层面的内涵,因此还没有达到对于自由意志的最高理解。

不正确的理解来自不正确的认识。黑格尔反对休谟和康德将理性和意志机械地割裂开来的做法,尤其反对休谟将理性和意志区分为两个不同的器官,他认为,理论思维自身毋宁表现为一种意志形式,而意志也不过是一种特殊的思维方式。前者之所以成立,是因为思考本来就是褫夺对象的感性形式,使之普遍化,并将其转变为本质上为我之物的意志行动;后者之所以可能,是由于任何实践都是从思维开始,因此都不过是对我自身的一种规定性,都打上了作为思维之我的烙印。一方面,当意志规定自身的时候,必须使得希求的对象在想象中出现,这就是思维;另一方面,被思考的东西必须通过具有意志的活动才被设定出来,因此两者是一而二、二而一的关系,而自在自为的自由意志恰恰在两者的统一之中才能建立起来。因此,哪怕是如同康德一样,虽然也将实践和理论看作是理性的两个不同侧面,但是又认为两者之间有着根本的不同,且实践理性比之理论理性在联结上具有优先地位,它们之间的关系也是可截然两分的。事实是,康德设定界限,黑格尔则恰恰是要冲破界限。

理性和意志统一的基础是精神。正义哲学作为客观精神构成了黑格尔精神哲学由主观精神向绝对精神过渡的中介形态,而理论精神和实践精神作为在狭义上黑格尔之所谓精神,则构成了黑格尔由主观精神到客观精神过渡,尤其是由理性向正义过渡的中介形态。在黑格尔看来,这也正是当时所谓心理学所涉及的领域。可是,一方面,经验心理学(比如,休谟)将精神还原成为了自然,将自由意志归结为功利性;另一方面,康德的批判哲学却仅仅是划定了相关领域的界限,由此一来,"它依据上述态度对自己本身的状况并未改变什么,不过是附加了一节:就是在一般形而上学和哲学方面,以及在精神本身方面,放弃了对那种是自在自为东西的必然性的认识,放弃了概念和真理"。② 这都违背了精神之所以为精神的本质。

那么,精神的本质是什么?黑格尔说:"精神的本质是自由,是概念的绝对的否定

---

① [德]黑格尔:《法哲学原理》,范扬、张企泰译,北京:商务印书馆,1996年版,第17页。
② [德]黑格尔:《哲学科学全书纲要》,薛华译,上海人民出版社,2002年版,第271页。

性与自己的同一性。精神能够抽离一切外在的东西和它自己的外在性,抽离它的存在,它也能够承受它的个体直接性的否定,承受无限的痛苦,就是说,在这种否定性中能够自为地是同一的。这样一种能力是它的自我性的自在存在,它的单纯的概念或绝对的普遍性本身。"①

黑格尔对于精神本质的认识其实也就是对于人之本性的最终认识,一方面,人最高贵之处就是能够从一切中抽象出来,因此由自然人(mensch)而成为具有人格的人(person),而动物却只能是自然界中的主体;可是另一方面,它却又不能不像动物一样接受特定的规定性,这又是最为低微可鄙的——人就是处于这样的矛盾之中。在此意义上,康德的划界是在一定程度上反映了人作为精神的有限性的,但黑格尔争辩道,精神不仅仅是要设定界限,而且还要"通过扬弃这一界限自为地取得和认知作为它的本质的自由,精神活动的各个相异阶段就是它自由解放的阶段,在这种解放的绝对真理性内,现逢精神的世界作为一个假定的世界,创生精神的世界为一个由它设定的东西,并从这一世界那里自由解放,这都是同一件事情"。② 这样一来,黑格尔就超越了休谟、康德所坚持的是与应当的区分,而将两者所谓两个环节统一到了一起。

但是如果要对黑格尔之所谓精神,对于自由意志因而对于正义具有真正彻底的认识,则就必须回到精神现象学,因为黑格尔断言"精神的自然本性就是显示",回到所谓"主奴辩证法",因为"主奴辩证法"最为形象地揭示了作为理性之本源的自我意识的本质。

在自我意识层面,黑格尔又一次在某种程度上同意休谟,自我意识最直接的表现形式首先是欲望,欲望是自我意识的起点,欲望使得我确信我就是我,而欲望无疑是破坏性和自利的。但是黑格尔又认为,欲望满足起初仅仅是对于不具有自我性的对象的否定,但在欲望满足过程中,人一方面不可避免地确证到自身的力量。另一方面却也不可避免地意识到了同样具有否定性的另一个自我的存在。这样一来,在这一个自我和另一个自我之间就不可避免地发生矛盾冲突,这种矛盾冲突的解决方式只能是以斗争的方式才能予以解决;在斗争过程当中,相互承认,也只有在这一层面上,人们才可能真正达到自我意识。因此,自我意识不可能在个体当中得到实现,而只有在社会当中才能得到成全。

不过,为承认而作的斗争会受到生命的制约,对生命而言,承认斗争是生死之战,

---

① [德]黑格尔:《哲学科学全书纲要》,薛华译,上海人民出版社,2002 年版,第 233 页。
② 同上书,第 236 页。

但生死二分自身却破坏了承认的达成,因为生者固然不必要承认死者,可是生者也不会得到死者的承认。因此,最初的承认斗争以一种片面的方式而结束:斗争的一方保存了生命,但是却放弃了被承认;另一方既保存了生命,也得到了承认,但只是得到了屈从一方的承认。这就是"主—奴关系"的建立和产生。

但是这种关系显然并不是终结性的。表面上看起来,一方面,主人现在对于物和具有物性的奴隶意识都具有支配性,但是由于奴隶对于主人的承认只是部分的,因而主人的独立性就是有限的,甚至是有赖于奴隶的;另一方面,奴隶固然未必得到承认,但是在为承认进行的斗争中,他经历了具有否定性的恐惧,并且仍旧生活在对主人的恐惧当中;而劳动作为欲望的节制和限制,构成了作为劳动者的奴隶对于对象事物和对于恐惧的双重否定,因此反而实现了奴隶对于自身的否定之否定,从而有可能真正达成自我意识。这样一来,主人就在暗中反而成为了要被否定的群体,而只有在奴隶之间才可能达成真正的相互承认,这是普遍性的自我意识。黑格尔说:"普遍性自我意识是它自己在另一自我中肯定的知识,两个自我每一方都作为自由的个别性具有绝对的独立性,但是,通过否定其直接性就不会使自己和他方区别开来,而是普遍的和客观的,并且具有实在性的普遍性,因为它这时在自由的他方之道自己是被承认的,而且它之所以知道这点,是因为它承认对方,知道对方是自由的。"①

因此,普遍性的自我意识,或者说是自我意识的相互承认,蕴涵着自在自为自由的真正实现,因而也显示了作为精神之正义的真正意义。在普遍性的自我意识中,并不关涉自我与物之关系,因此与利益和欲望无关,而是仅仅关涉这一个自我与另一个自我的相互承认,因而其中唯一要涉及的,乃是人之为人(person)无条件的高贵尊严。

诚如黑格尔所言:"法(正当、正义,德文'recht'),就是在个人行为中同他人的关系,即他们的自由存在的普遍要素或者决定性要素,或者对他们的空虚自由的限制。我不打算构想或者提出这种对自我的关系或对自我的限制,相反,对象就是普遍而言法的创造过程,也就是承认关系。"②

---

① [德]黑格尔:《哲学科学全书纲要》,薛华译,上海人民出版社,2002年版,第267页。
② [德]黑格尔:《实在哲学》,转引自[德]阿克塞尔·霍耐特:《为承认而斗争》,胡继华译,上海人民出版社,2005年版,第48页。

第三节 环境的正义:分配与承认的双重维度

休谟和黑格尔为代表的理解正义之缘起的两种不同的理论传统,即:强调利益分配的有条件正义的传统和强调相互承认的道德命令的无条件正义的传统,为我们进一步理解环境正义何以可能提供了理论基础,笔者将在下文进行具体分析。

一、地球有限性与环境正义:作为分配正义的环境正义

西方工业革命以后出现的现代意义上的环境危机,在某种程度上,为休谟关于自然资源相对匮乏的论述提供了现实的图景。从观念史的角度来看,人们反思环境危机的过程,也正是人们逐渐"发现"地球资源稀缺和空间有限性的过程。

对于稀缺资源,不同的社会发展阶段有着十分不同的认识。以经济学的理解为例。在地理大发现的时代,经济学家们认为,拥有丰富的自然资源是一个国家实力和财富的象征。传统经济学的一个重要的假设性前提就是:假设环境资源是取之不尽、用之不竭的公共物品,不存在稀缺性,从而将环境资源作为一种外生的、可以无限供给的资源,不进入经济系统分析。但是工业革命以后,一些本来十分丰裕的自然资源(例如土地、森林)和一些新发现的自然资源(例如矿石、石油),由于社会需求的迅速增长变得日益稀缺。在今天,地球矿物资源的月开采量不仅已经大大超过产业革命以前人类所使用的矿物资源的总量,而且从主要矿务资源的储藏量和开采速度来看,银、铜、铅的可开采剩余年数仅为 30—40 年,石油为 40 年,天然气为 60 年左右。① 而且我们发现,即使是清洁的空气和水体等这些传统的自由取用物资,也在变成稀缺资源。诚如研究者所言,如果人类找不到可替代能源或者改变不了现有的生产和生活方式的话,那么人类早晚有一天会陷入资源枯竭的危险境地。

而 20 世纪中叶爆发的以环境污染为主要特征的环境问题让人们认识到,不仅是环境资源,而且地球上可供污染和破坏的空间也呈现出不足,人类的生产和生活所排出的废弃物已经接近地球净化能力的极限。著名的经济学家肯尼思·E.博尔丁(K.

---

① 该组数据转引自韩立新:《环境价值论》,昆明:云南人民出版社,2005 年版,第 151—152 页。

E. Boulding)对此进行了详细的分析。博尔丁指出,人类对于自身及周围环境的认知是一个漫长的变迁过程,"我们的祖先认为自己生活在一个无边无际的平面之上,他们认为在已知的人类聚居地之外似乎总存在着什么地方,并且远在人类出现之前就有这片未曾开拓的土地存在着。也就是说,在人类碰巧生活着的地方,不管是由于自然环境的恶化还是社会结构的恶化,一旦情况变糟人们总有其他地方可去。这种认知在人们的观念中根深蒂固"。① 但是渐渐地,人类开始接受球形的地球以及封闭的人类活动领域的概念。事实上,早在古希腊,就有人认为地球是一个圆形星球;而1492年以后的航海和地理大发现,使地球是个球体的事实开始为人们所知。但是到19世纪为止,人们的认识中仍有着混淆,一个典型的例子就是,当时的普通地图还在沿用16世纪的墨卡托投影:将地球想象成一个无限延伸的圆筒,更准确地说,是一个包裹着球体的平面。直到第二次世界大战期间航空领域的发展,人们才真正接受地球是一个球体的事实。② 基于这种从无边无际的平面到封闭有限的球体的理解的变迁,博尔丁将传统的经济学称为"牛仔经济学"。牛仔不仅是一望无垠的平原的象征,也与不计后果、糟蹋利用、暴力行为相联系。在地球有限空间的前提下,这种开放的、鼓励开拓的经济学必然导致资源枯竭、环境灾难。③

　　事实上,早在三十几年前,"罗马俱乐部"就曾经指出,有限的地球必然包含有限数量的不可再生资源,以及有限的净化生产活动所产生的废弃物的能力。但是地球资源和空间的有限性这一事实毕竟只为环境问题的出现提供了可能。诚如休谟所言,匮乏总是相对于人的欲望而言的。地球资源和空间的有限性唯有与人们无限膨胀的欲望相结合,才会爆发出今天的环境问题。休谟曾指出,人是自然界中最为悲惨的一种动物,它比其他动物具有更多的欲望和需要,却比其他动物有着更为薄弱的满足手段,这种不协调的状况使人们需要以社会的形式结合,这样即使欲望增多了,但是满足欲望的力量却会得到更大的增强。

　　而现实的情况是,工业革命以来,科技和经济的发展在增强人们能力的同时,也促进了人们欲望的更大膨胀。美国的生态政治学家丹尼尔·A.科尔曼(Daniel A.

---

① [美]肯尼思·E.博尔丁:《即将到来的宇宙飞船地球经济学》,[美]赫尔曼·E.戴利、肯尼思·N.汤森编:《珍惜地球——经济学、生态学、伦理学》,马杰等译,北京:商务印书馆,2001年版,第334页。
② 同上书,第334—335页。
③ 同上书,第340页。

Coleman)曾就此进行过简要的分析。科尔曼指出:"在历史上,科学技术实际上曾被某种伦理观念长期抑制,这一伦理观念的特点是不图积累,把经济与技艺置于社群(包括自然环境)的通盘考虑之中。经济活动及支撑经济的技术当时仅着眼于社群及其生活方式的存续绵延。"但是现代资本主义的崛起和市场经济的成长解开了技术发展的束缚,"释放了贪得无厌、物欲至上、自私自利这些力量"①。而在科技的支撑下,市场的"经济冲动力"更加推动了欲望的增长。

一方面,它促使企业追求无止境的大量生产。有研究者对此做过这样的比喻:"(这就像)医学上,为了病人的健康往往需要使用一些刺激性的药物。这些药物为数有限,又容易使人成瘾,故其用量仅限于治疗目的。当一个人仅仅为了使用刺激性药物本身而使用它时,由于失去了使用目的的制约,对药物的欲望就会无限膨胀。经济过程中产量的决定也是如此。"②失去了最终目标的生产,实际上是为了扩大产量而扩大产量,"为欲望而欲望",对产出的欲望也会变得没有止境。

另一方面,市场经济又使人们对利益的追求和欲望的满足正当化,并鼓励人们过一种大量消费、大量废弃的生活。艾伦·杜宁(Alan Durning)指出:"经济学家使用消费这个词一般是指'使用经济物品',但是《简明牛津词典》的定义对经济学家来说也许更恰当:'摧毁或毁掉;浪费或滥用;用光,用尽。'"③在二战后的美国,销售分析家维克特·勒博宣称:"我们庞大而多产的经济……要求我们使消费成为我们的生活方式,要求我们把购买和使用货物变成宗教仪式,要求我们从中寻找我们的精神满足和自我满足……我们需要消费东西,用前所未有的速度去烧掉、穿坏、更换或扔掉。"④可以说,人的欲望得到空前的膨胀。

因此,环境问题的现实情况是,一方面是人的无限的欲望,另一方面是能够满足人的欲望的有限的环境资源和空间。欲望与欲望满足之间的尖锐矛盾,使得人为了满足自己的各种各样的欲望和需要,就势必要采取某种方式来占有相对匮乏的资源

---

① [美]丹尼尔·A.科尔曼:《生态政治——建设一个绿色社会》,梅俊杰译,上海译文出版社,2002 年版,第 26—27 页。

② [美]杰拉尔德·阿朗索·史密斯:《财富的目的:一个历史角度》,[美]赫尔曼·E.戴利、肯尼思·N.汤森编:《珍惜地球——经济学、生态学、伦理学》,马杰等译,北京:商务印书馆,2001 年版,第 208 页。

③ [美]艾伦·杜宁:《多少算够——消费社会与地球的未来》,毕聿译,长春:吉林人民出版社,1997 年版,第 28 页。

④ 同上书,第 5 页。

和空间,使其成为自己可以支配、处分、享有的物品。这样一来,正义的必要性也就凸现了出来。

但是,正义是必要的,却并不意味着正义必然就是可能的。运用休谟的思想来看,我们至少还要考察正义产生的动机。

在休谟看来,人在本性上是自私的。这在环境问题上表现为,随着环境保护意识的提高,人们都希望居住在有着清新空气、清洁水源的环境,希望能够有机会亲近自然,满足自己的审美情趣;而同时又希望生产和生活所产生的废弃物、环境污染等尽量地远离自己,反对把垃圾焚烧炉和各种有害的工业企业等环境不可欲物建立在自己邻近的地区。而自爱的本性又使人们在面对可能的环境不可欲物时,提出了"不要在我家后院"(Not In My Backyard,略作 NIMBY)的主张。这一主张在客观上使得污染工业在处理垃圾时考虑到可能受到的抗议和反对,而采取"最小抵抗路径"的原则,亦即废弃物的制造者将废弃物丢弃在特定的地点及特定人群的生活领域。这些最小抵抗的特定地点,一般而言便是偏远地区,包括地理位置上的以及文化位置上的偏远地区;而特定人群,则常常是各种弱势族群和贫穷社区。① 而在全球范围内,发达国家迫于国内的压力,开始寻找向发展中国家转嫁生态危机,也可以被视为这一原则的体现。有统计表明:"在全球每年生产的 40 亿吨有毒垃圾中,有 90% 都是由工业发达国家生产的,而每年大约有 3 亿吨有毒废物都是通过跨越国境的方式从发达国家流入发展中国家。"②如果人的这种自利本性所表现出的"环境利己主义"倾向被贯彻到底,那么结果必然是会使环境污染从弱势地区移向更弱势的地区,最终由最不具有权力或者具有最迫切的经济需求的国家、地区、族群成为废弃物的最终承担者。

但是自私毕竟并非人性的全部,在休谟看来,在一个更大的社会范围内,伴随着自私的还有人的另外一种本性,那就是有限的慷慨。如果说利益构成了正义的自然约束力,那么有限的慷慨则构成了正义的道德约束力;而正是有限慷慨与自私、贪欲在与他人之社会中所达成的一种利益上的协调与平衡,即所谓共同利益感,构成了正

---

① Robert D. Bullard, "Environmental justice challenges at home and abroad," in Nicholas Low, ed. *Global Ethics and Environment*, p. 33.

② Lesile Paul Thiele, *Environmentalism for a New Millennium*, (Oxford: Oxford University Press, 1999), p. 126. 转引自李培超:《环境伦理学的正义向度》,《道德与文明》,2005 年第 5 期,第 21 页。

义的产生机制。

在环境问题的情境下,这种共同利益感表现得尤为明显。具体而言,每个人即使从自己的利益角度出发,也会不自觉地感觉到有一种近期环境利益和长远环境利益、近期环境负担和长远环境负担的比较。虽然人们总是希望拥有环境利益,远离环境负担,但是从长期来看,一方面,环境问题确实具有"飞去来器的效应"(乌尔里希·贝克语)①,那些破坏环境并从中受益的人毕竟迟早会受到环境破坏的报应,而那些环境不可欲物所带来的负面影响或通过累积效应或通过时间积累,也迟早会对那些最初远离它们的人们(或其后代)产生影响;另一方面,环境可持续对于其他人的福利和存在也和人们自己的福利和存在一样,是不可或缺的条件,且其他人对环境利益和负担也会抱有和自己同样的喜恶心理。因此,人们唯有达成正义规则,才能达成长远的更大的利益。

由此看来,上述在处理环境不可欲物时仅仅采取"不要在我家后院"的原则是远远不够的。罗伯特·D.布拉德结合美国的现实所描述的从"不要在我家后院"原则到"不要在任何人的后院"(Not In Anyone's Backyard,略作 NIABY)原则的转变,就体现出环境问题中的这种共同利益感。布拉德指出,向毒害有色民众社区的行为说"不"仅仅是基层的环境正义运动的第一步。"基层的环境正义运动寻求去除在环境决策中轻视种族主义和阶级压迫的意识形态屏蔽。从这个关键观察点,就可以看出解决环境保护不平等的办法在于为所有美国人的公正而斗争。不能允许任何一个社区,无论它属于穷人或富人、黑人或白人,成为生态'牺牲区'。"而布拉德又进一步指出,环境正义的最终目标还不止于此:"我们的远期目标必须包括以制度规定可持续和公正的环境行为,既满足人类的需要又不牺牲这片土地的生态完整性。如果我们希望取得胜利,我们就必须既有远见又富于战斗精神。我们的未来全在于此。"②这一既实现环境保护又实现社会正义的目标被称为"不要在地球后院"(Not On Planet Earth,略作 NOPE)。

综上所述,在有限的地球资源和空间与人的无限欲望处于紧张状态,而人又不可能完全做到无私无我的情况下,人们为了环境和人类社会的可持续,就会产生环境正

---

① [德]乌尔里希·贝克:《风险社会》,何博闻译,南京:译林出版社,2004 年版,第 39 页。
② [美]大卫·哈维:《环保的本质和环境运转的动力》,[美]弗雷德里克·杰姆逊、三好将夫编:《全球化的文化》,马丁译,南京大学出版社,2002 年版,第 308—309 页。

义的要求。而在这种条件下形成的环境正义的主要作用是分配环境利益和环境负担,是一种分配正义。

二、承认的缺乏与环境正义:作为承认正义的环境正义

但是人毕竟不仅仅是利益和负担的分配者。就人的欲望而言,人不但有着对外在之物的欲望,而且还有着对被承认的欲望,[①]诚如黑格尔所言,"自我意识只有在一个别的自我意识里才获得它的满足"。与休谟对正义之缘起的解释不同,从黑格尔的无条件正义的"道德心理学"来看,正义是一种相互承认的道德命令:"在承认中,自我已不复成其为个体。它在承认中合法地存在,即它不再直接地存在。被承认的人,通过他的存在得到直接考虑因而得到承认,可是这种存在本身却是产生于'承认'这一概念。它是一个被承认的存在。人必然被承认,也必须给他人以承认。这种必然性是他本身所固有的。"[②]

在当代,加拿大哲学家查尔斯·泰勒和德国哲学家阿克塞尔·霍耐特受到黑格尔承认(和承认正义)理论的深刻影响。[③] 二者都认为,承认乃是主体之所以成为主体的构成性要素:唯有在与他人的相互承认关系之中,主体方能形成主体性或自我意

---

① 法国哲学家保罗·利科(Paul Ricoeur)甚至认为,如果说霍布斯的政治哲学是以对暴死的恐惧为原始动机的,那么对于黑格尔而言,一种政治秩序则是建立在对被承认的欲望这一道德要求之上的——这种对被承认的欲望,正是人类群体生活的原始道德动机。参见[法]保罗·利科:《承认的过程》,汪堂家、李之喆译,北京:中国人民大学出版社,2011年版,第138—139页。

② [德]黑格尔:《实在哲学》,转引自[德]阿克塞尔·霍耐特:《为承认而斗争》,胡继华译,上海人民出版社,2005年版,第49页。

③ 在当代政治哲学中,承认作为一项公共生活里的机制或者理想,它的给予或剥夺,可以有三个层面的含义。"首先,它影响到当事者心里的感受。一个人无法获得承认,或者获得的承认不如预期,通常会造成心理的创伤,例如丧失自信与自我肯定。其次,承认的获得或阙如,有其社会整合的涵蕴,会影响到当事人的公共地位、公共机会,甚至于公共的权利,从而使他的存在与活动受到或有利或有害的影响。第三,也是最根本的,承认更涉及当事人的人格之构成,影响所及,当事人会成为什么样的人,是不是他自己所想成为的人,都跟着改变。在这第三个意义上,当事人的'自我决定'或者自主,直接受制于承认的影响。"因此,"承认并不是简单的心理-社会生活机制,而是具有深重道德意义的。上述承认的第三个层面,晚近主要由泰勒和洪内特加以铺陈发挥,视之为前面两种(不)承认之心理与社会后果的根本成因。"参见钱永祥:《动情的理性:政治哲学作为道德实践》,台北:联经出版公司,2014年版,第180—181页。

识。在这个意义上,承认的是否健全存在,可以决定当事人能不能自主地(健全、自由、完整地)形成他的主体性、他的自我意识,也就是他的自我认同。相应地,承认的被剥夺,对当事人造成的伤害不仅在心理层面和社会地位层面,更进入了认同之构成的层面。在这个思路的引领之下,承认议题的道德意义,涉及社会地位以及个人的人格构成,涉及个人生活的机会与权益,以及人格的面貌与尊重,更涉及正义。换言之,承认涉及个人的公共生活,并作为一种正义影响着人们共同生活的领域。①

具体而言,泰勒对承认正义(政治)的论证始于对承认与认同之关联的讨论。泰勒指出,如若将认同界定为"一个人对于他是谁,以及他作为人的本质特征的理解",那么对承认的要求就来自这样一个命题:"我们的认同部分地是由他人的承认构成的。"②泰勒对认同与承认关系的这一理解,依赖于他对人性的独特理解。在泰勒看来,人类生活的本质特征是其"根本性的对话特征"。也就是说,我们之所以能够成为人性的主体,在于我们的"对话"的品格。在这里,对话和人作为主体的关系是经两个步骤推导得出的。首先,泰勒强调语言③在我们成为人性的主体中的重要作用:"掌握了人类丰富的语言表达方式,我们才成为人性的主体,才能够理解我们自己,从而建构我们的认同。"④但是其次,由于语言在本质上即是对话性、公共性的,我们就须通过与他人的交往才能学会语言这一表达方式,也就是说,我们必须通过与自身有关的人——尤其是"有意义的他者"——进行互动交往,才能进入到对话关系当中,"我的认同本质性地依赖于我和他者的对话关系"。⑤

但接下来的问题则是,既然我们的承认既不是先验地存在的,也不是由社会地位决定的,它必须通过交往来赢得,那么要求被承认的努力就有失败的可能。他人可能拒绝接受你的自我认同(不承认),也可能赋予一种你无法接受的界定(扭曲的承认)。泰勒认为,"如果得不到他人的承认,或者只是得到他人扭曲的承认,也会对我们的认同构成显著的影响。所以,一个人或一个群体会遭受实实在在的伤害和歪曲,如果围

---

① 钱永祥:《动情的理性:政治哲学作为道德实践》,台北:联经出版公司,2014年版,第181—182页。

② [加]查尔斯·泰勒:《承认的政治》(上),董之林、陈燕谷译,《天涯》,1997年第6期,第49页。

③ 泰勒是在广义上使用语言一词的:语言不仅包括我们所说的词语,而且包括我们用以界定自身的其他表达方式,如艺术、姿态和爱的"语言"。参见[加]查尔斯·泰勒:《承认的政治》(上),董之林、陈燕谷译,《天涯》,1997年第6期,第52页。

④ [加]查尔斯·泰勒:《承认的政治》(上),董之林、陈燕谷译,《天涯》,1997年第6期,第52页。

⑤ 同上,第53页。

绕着他们的人群和社会向他们反射出来的是一幅表现他们自身的狭隘、卑下和令人蔑视的图像。这就是说,得不到他人的承认或只是得到扭曲的承认能够对人造成伤害,成为一种压迫形式,它能够把人囚禁在虚假的、被扭曲和被贬损的存在方式之中"。① 因此,"正当的承认不是我们赐予别人的恩惠,它是人类的一种至关重要的需要"。② 而承认的缺乏,会造成不公正的伤害。

而霍耐特在经验层面指出了承认(正义)在社会生活中的核心地位。③ 霍耐特认为,社会冲突的道德动机必须用"承认"(而非"分配")来理解和表达。④ 具体而言,首先,霍耐特提出,承认是正义的主要内容,社会不正义的经验与感知,都可以用承认之被剥夺来理解。这是他的道德心理学的论点。其次,霍耐特从历史和社会的发展中找寻承认的具体形式。他认为,近代资本主义社会由三个"承认领域"所构成,分由

---

① [加]查尔斯·泰勒:《承认的政治》(上),董之林、陈燕谷译,《天涯》,1997 年第 6 期,第 49 页。
② 同上,第 50 页。
③ 霍耐特围绕"承认理论的正义构想"展开的讨论,主要参见以下两个文本:[美]南茜·弗雷泽和[德]阿克塞尔·霍耐特:《再分配,还是承认?——一个政治哲学对话》,周穗明译,上海人民出版社,2009 年,第 84—149 页;[德]阿克塞尔·霍耐特:《承认与正义:多元正义理论纲要》,胡大平、陈良斌译,《学海》,2009 年第 3 期,第 80—87 页。而相关理论的梳理和概括,参见钱永祥:《动情的理性:政治哲学作为道德实践》,台北:联经出版公司,2014 年版,第 197—199 页。
④ 事实上,社会冲突到底根源于对集团利益的追求(分配要求),还是根源于对道德诉求的伤害(承认要求),以及两种社会冲突模式(及其动机)之间的关系,霍耐特对此的观点发生过明显的变化。在《为承认而争》中,霍耐特认为:"开始于集体利益的冲突模式,把社会斗争的发展进程归因于社会集团为获得或扩张再生产机会的控制权而作出的努力。……相反,始于受到不公正对待的集体情感的冲突模式,则把社会斗争的兴起和进程归因于社会集团的道德经验,他们掌握了社会承认或法律承认从自己身上被剥夺的过程。在始于集体利益的冲突中,我们分析的是争夺稀有产品,而在始于受到不公正对待的集体情感的冲突中,我们分析的则是为个人完整性的主体间条件而展开的斗争。但是,第二种承认理论的冲突模式不应该取代,而应当仅仅补充第一种功利主义的冲突模式。"参见[德]阿克塞尔·霍耐特:《为承认而斗争》,胡继华译,上海人民出版社,2005 年版,第 172 页。但是,在《作为承认的再分配:对南茜·弗雷泽的回应》一文中,正如文章标题所表达的,霍耐特认为:"分配不公必须被理解为社会蔑视的制度上的表达,抑或更好的说法,理解为承认的不公正关系。"参见[德]阿克塞尔·霍耐特:《作为承认的再分配:对南茜·弗雷泽的回应》,[美]南茜·弗雷泽和[德]阿克塞尔·霍耐特:《再分配,还是承认?——一个政治哲学对话》,周穗明译,上海人民出版社,2009 年,第 87 页。后一种观点在《承认与正义——多元正义理论纲要》也有表述。霍耐特认为:"有着广泛影响的正义观点在政治上……似乎被一种新的观点所取代,即起初有着非常明确的政治效应的观点所代替。不是消除不平等,而是避免羞辱或蔑视代表着规范目标;不是分配平等或物品平等,而是尊严或尊敬构成了核心范畴。"参见[德]阿克塞尔·霍耐特:《承认与正义:多元正义理论纲要》,胡大平、陈良斌译,《学海》,2009 年第 3 期,第 80 页。

爱、法律平等以及成就三种承认原则来节制。① 除了私人领域的爱之外,在公共生活中,每个人都期待自己受到法律的平等尊重,也期待能按照社会贡献而获得社会重视。这种被承认的期待若是遭到否认,就构成了不正义,甚至引发反抗。在这个意义上,这三项原则,构成了霍耐特心目中的正义原则。② 这是他的社会理论的论点。

霍耐特将不承认或扭曲的承认这样对承认关系的侵犯称之为"蔑视",并从蔑视对人的完整性所造成的伤害的角度,来分析这种承认的缺乏状态。霍耐特认为,"人的完整性,在其存在的深层,乃是归因于我们一直在努力辨别的认可和承认模式"③。因为,在那些认为自己未能受到他人善待的人们的自我描述中,"伤害"或"羞辱"这样的道德范畴占据主导地位,并和蔑视形式也就是拒绝承认的形式有着关联。而"蔑视,作为对应于承认关系的否定等价物"④,不仅有害于主体和限制了他们的行动自由,而且还伤害了他们在主体间获得的肯定的自我理解。

综上所述,我们可以看到,泰勒和霍耐特都将承认的缺乏(泰勒所谓的不承认或扭曲的承认,以及霍耐特所谓的"蔑视")视为某种不正义,并认为这种不正义给人们带来了实质性的伤害(认同或个人完整性)。而这种对不正义的解读,为我们理解环境不正义现象,开辟出一条不同于利益和负担分配的新的路径。⑤ 例如,有研究者指出,在沃伦县抗议建立有毒废弃物掩埋场的案例中,除了表现出不成比例地分配环境负担的主题外,还存在着一个象征性的维度,表现出一种对有色人种的扭曲的承认。

---

① "爱"作为承认的一种形式,泰勒也曾提到,不过他视之为私密领域内的事,与公共领域的承认有别,故未加讨论。本书也将采取泰勒这个态度。

② 也正是在这个意义上,霍耐特将自己的承认正义理论称之为"多元正义理论"。

③ [德]阿克塞尔·霍耐特:《为承认而斗争》,胡继华译,上海人民出版社,2005年版,第140页。

④ 同上书,第101页。

⑤ 关于环境利益和负担的分配与对人的承认(特别是人的尊严)之间的关系,慈继伟对斯多噶派哲学的分析,或许可以提供一种有益的思路。慈继伟指出,按照斯多噶派哲学的信念,人的自尊和人的发展与外在之物无关,因此,外在之物,是不值得引起冲突的东西,也就是说人没有必要为外在之物大伤脑筋,大动干戈;反之,斯多噶派哲学的逻辑仍然成立:如果人们为外在之物大伤脑筋,大动干戈,那就说明,外在之物并非单纯的外在之物,它至少在一定程度上同人的自尊和发展具有关联。参见慈继伟:《正义的两面》,北京:生活·读书·新知三联书店,2001年版。而具体到环境问题,面对有限的环境资源,有些人从中获益,却让另一些人承受负担;面对有限的地球空间,有些人的居所绿荫环绕,而另一些人住房的附近却是垃圾成堆。这种境遇上的差别,虽然表现为环境利益和负担的分配,但至少在一定程度上与那些承受环境负担的,或者居住在恶劣环境中的人们的尊严和价值是否受到同等的承认密切相关。

这种扭曲的承认通过只有被视作垃圾的人才能消化垃圾的逻辑,将有色人种的形象同污染、败坏、不洁、堕落挂钩,使其不但被刻板化,并且受到污蔑。① 而人类学家道格拉斯通过对污染的象征性分析这样诘问道,如果"一些污染被用作类别,以表达对社会秩序的一种普遍观点",如果"污染的确在有关地位问题的对话之中被用来针锋相对",那么就污染这个"不分地点的事"所提出的要求,就无法同那些"没有地位的人"所承受的污染物和危险所提出的要求截然区分开。② 这一思路使人们对污染的讨论从环境影响、健康的成本——效益分析这样的问题,进入到由于承认缺乏所导致的对他者的"殖民化"这样一个充满道德意义的领域,并指出这种被蔑视的道德体验,同有毒废弃物一样,会现实地对有色人种造成伤害。

这种由承认的缺乏所导致的伤害同样也会激起人们的反抗。泰勒就指出:"当代女性主义,种族关系和文化多元主义的讨论,全都建立在拒绝承认可以成为一种压迫形式这个前提的基础之上。"③而霍耐特则从社会对抗和社会冲突的角度进一步指出,蔑视这种对应于承认关系的否定等价物,可能迫使社会行动者认识到他们被拒绝承认。因此,社会运动的兴起与被蔑视亦即不被承认或扭曲的承认的道德经验之间,常常存在着内在联系。④

如果我们从这一角度来考察以"环境正义"为追求目标的社会运动,就会发现,虽然对分配正义的要求在运动中占据着显赫的位置,但是个体和群体在面对环境问题时所遭遇到的不被承认和扭曲的承认,以及由此产生的被蔑视的道德体验,也是其参与环境正义运动的重要动机。从某种程度上说,环境正义运动的兴起与这种被蔑视的道德体验密不可分。

普利多就指出,美国的主流环境组织成员和环境正义组织成员之间一个重要的区别在于,后者吸引那些已经以某种社会身份或者空间身份而存在的人们,例如工人阶层、种族群体、原住民群体等等。而这些群体坚持认为,他们现有的身份被歧视或自身的差异被蔑视,也是其遭受到的环境不正义对待的重要组成部分,因此,得到应

---

① [美]大卫·哈维:《环保的本质和环境运转的动力》,[美]弗雷德里克·杰姆逊、三好将夫编:《全球化的文化》,马丁译,南京大学出版社,2002 年版,第 304—305 页。
② Mary Douglas, *Purity and Danger: an Analysis of Concepts of Pollution and Taboo*, (London: Routledge, 1988), p. 3.
③ [加]查尔斯·泰勒:《承认的政治》(上),董之林、陈燕谷译,《天涯》,1997 年第 6 期,第 53 页。
④ [德]阿克塞尔·霍耐特:《为承认而斗争》,胡继华译,上海人民出版社,2005 年版,第 168 页。

有的承认是他们所追求的环境正义的重要内容。① 布拉德也认为："环境正义运动中有色人种的成员和他们的代表所关注的焦点，反映了他们在社会、经济和政治上被剥夺权利的生活经验。'为环境正义而斗争'包含在反对存在于更大的社会环境当中的压迫和非人性化的更大斗争中。"②因此，环境正义运动的参与者往往在他们对共同体认同的捍卫和他们对承认的诉求之间建立直接的联系。

对于许多环境正义运动的参与者，特别是世界范围内原住民环境正义运动的参与者而言，这种对共同体的捍卫被看作是一个文化生存事件。以美国为例，"美国原住民清洁环境运动"的领导人兰斯·休斯（Lance Hughes）这样解释他的组织强调环境问题的原因："我们并不仅仅是一个环境组织，这也不仅仅是一个环境问题。它事关我们的生存。"美国环境正义运动中杰出的原住民活动家威诺纳·拉杜克（Winona LaDuke）也认为，主权问题和文化生存问题是她参与环境正义运动的主要原因。此外，在一项对奇卡诺（Chicana）原住民妇女的采访调查中，被采访者认为对环境的威胁与对她们的家庭和共同体的威胁是可以等同的，强调她们的文化所面临的危险，将共同体所受到的有毒废弃物的污染视为系统性的种族灭绝。正如彭娜（Pena）所言："在我们建构地方认同的层面上，无论何时，当一个地方的物理条件受到威胁、削弱或者激烈的变革，我们会将这些变化视为对我们的认同和个人完整性的攻击。"③可见，这些原住民共同体常常就像濒危的物种，而对于他们而言，为环境正义而斗争也就是为保护故乡环境、地方性知识和共同体中所存在的地方感不被蔑视而斗争。

我们在世界范围的原住民环境正义运动中也能看到同样的观点。例如，要求停止在哥伦比亚原本属于原住民的土地上开采石油的 U'Wa 运动④，将可预见的环境损害与对 U'Wa 文化的破坏联系起来。而亚马逊流域原住民联盟（The Coordinating Body for the Indigenous People's Organizations of the Amazon Basin，略作 COICA）坚持认为，无论是政府还是非政府组织，都必须承认该地区原住民人口的存在。像 COICA 这样的原住民群体努力使政府和非政府组织理解，自然并不是空荡荡、没有

---

① Laura Pulido, *Environmentalism and Economic Justice: Two Chicano Struggles in the Southwest*, (Tucson: University of Arizona Press, 1996), p. 25.

② Robert D. Bullard, ed. *Confronting Environmental Racism: Voices from the Grassroots*, (Boston: South End Press, 1993), pp. 7-8.

③ 对上述观点的介绍可参见 David Schlosberg, "Reconceiving Environmental Justice: Global Movements and Political Theories", *Environmental Politics*, Vol. 13 (Fall 2004), p. 525.

④ 关于 U'wa 抗议运动，参见 http://www.ran.org/ran_campaigns/beyond_oil/oxy.

民族和文化的：一种只看到自然界而对其中居住的原住民族视而不见的观点，只会造成那些原住民文化的隐匿。①

最近，在原住民对经济全球化有可能带来的全球文化同质化批评中，也反映出对承认和尊重地方文化的要求。例如，印第安人在加入反对世界贸易组织全球行动（People's Global Action，略作 PGA）的声明中，明确表达了这种立场："世界贸易组织……破坏了我们多少个世纪以来发展起来的自然习惯、传统农业和其他知识体系，并且通过把我们转化为客体而开始破坏我们的文化多样性。"②这不仅仅是一种对单一的新自由主义全球化景象的批评，也是为当前和即将到来的多样文化的丧失而哀悼。在这种情境下，对正义的呼吁实际上是对承认和保护多样文化、多种身份、多重经济和多种认识方式的呼吁。

总之，在上述环境正义运动的主张和论述中，这种由承认的缺乏所导致的环境不正义不能被简单地归结为环境利益和负担的分配不公，它需要沿着黑格尔承认正义的思路才能被理解和克服。在这里，环境正义是一个承认的问题，而不仅仅是一个公平分配的问题。相应的，迈向正义的第一步是承认，而不是分配。

通过对正义缘起的两种理论传统的考察，我们可以这样认为，对环境正义的理解有利益和负担分配（即如何分物）与相互承认（即如何待人）两种思路，前者我们将其称为"作为分配正义的环境正义"，后者我们将其称为"作为承认正义的环境正义"。在接下来的第二编和第三编，本书将会沿着"作为分配正义的环境正义"和"作为承认正义的环境正义"两个路径，从不同的角度对环境正义进行具体而深入的学理分析。考虑到分配正义在主流正义理论和已有环境正义研究中占据的相对主导地位，因此，在"作为分配正义的环境正义"中，本书将侧重于分析将一般的分配正义理论应用于环境正义问题的分析存在着哪些可能性和困难。而在"作为承认正义的环境正义"中，考虑到承认正义在理论上尚无系统的论述，本书将侧重于透过承认的视角，去"发现"并分析那些由不承认或扭曲的承认，即承认的缺乏所带来的环境不正义现象。

---

① Ken Conca and Geoffrey D. Dabelko, eds. *Green Planet Blues*: *Environmental Politics from Stockholm to Kyoto*, (Boulder, CO: Westview Press, 1998), p. 338.

② David Schlosberg, "Reconceiving Environmental Justice: Global Movements and Political Theories", *Environmental Politics*, Vol. 13 (Fall 2004), p. 524.

第二编

作为分配正义的环境正义

分配正义是环境正义问题中最基本的维度。大致而言,分配正义的主要内容可从正义的共同体、分配的对象和分配的原则三个方面来理解。[1] 具体到环境正义,任何实质性的(作为分配正义的)环境正义的概念都必须回答三个核心问题:究竟谁是环境正义的"接受者"?[2] 到底分配什么? 以及如何分配?[3] 因此,本编将在借鉴国外研究成果的基础上,围绕环境正义的共同体、环境正义的分配对象和环境正义的分配原则三个基本问题展开讨论,力图揭示环境正义在分配正义的维度上所呈现出的理论张力与思想内涵。

① Andrew Dobson, *Justice and the Environment*: *Conceptions of Environmental Sustainability and Dimensions of Distributive Justice*, (Oxford: Oxford University Press, 1998), pp. 63—84.

② 关于正义的分配者和接收者之间的区分,可参见罗伯特·诺齐克的观点。诺齐克指出:"在考虑物品、收入等东西的分配中,他们的理论(注:那些诺齐克称之为"模式化"的正义理论)是接收者的正义理论,他们完全忽视了一个人拥有给予他人以某种东西的权利。"参见[美]罗伯特·诺齐克:《无政府、国家与乌托邦》,何怀宏等译,北京:中国社会科学出版社,1991年版,第173页。虽然诺齐克的这一区分旨在正义的"分配者",进而强调物品的获取和转让,但是正义的"接收者"的说法为学者思考环境问题特殊背景下的正义问题提供了重要的工具。例如,马塞尔·维森伯格(Marcel Wissenburg)就曾使用这一区分来说明他的观点,即非人自然物如何在社会正义的结构中占据一席之地:"自然不能被理解为一个分配者……我们必须将自然的概念限制……为接受者(的集合)。……相应地,尽管只有人类能够分配利益和负担,但是自然的其他部分可以被视为这些利益和负担的合法接受者。"参见 Marcel Wissenburg, "The Idea of Nature and the Nature of Distributive Justice", in Andrew Dobson and Paul Lucardie, eds. *The Politics of Nature*: *Explorations in Green Political Theory* (London: Routledge, 1993), p. 10. 鉴于我们将"对自然讲正义"的问题划归为"生态正义",而本书研究的重点在于"环境正义",故而,环境正义的"接收者"的讨论将暂时悬置"自然"作为潜在的接收者的内容,将潜在的接收者界定为人类。因此,"谁是环境正义的'接收者'的问题",在下文中将转而表述为"在哪些人中间进行分配"的问题。

③ Derek Bell, "Environmental Justice and Rawls' Difference Principle," *Environmental Ethics*, Vol. 26 (Fall 2004), pp. 287—306.

第一章　环境正义的共同体

正义共同体的本质和范围的问题,是社会正义理论中最重要的问题之一。① 正义的共同体是指人们在谈论社会正义时所默认或公开地设想着形成分配领域的人们的一个相互联系的共同体。② 这个具有确定成员的、有边界的共同体的存在,是分配正义的前提。也就是说,分配正义理论首先要回答的,就是"在哪些人中间进行分配"的问题。在作为分配正义的环境正义的讨论中,这一问题同样具有毋庸置疑的重要性。

长期以来,在提出分配正义理论的理论家那里,正义共同体的边界常常被视作是理所当然且不需明确指定的一个预定前提。例如,亚里士多德在谈论分配正义时,他心目中的分配可能不是把公共储备分配给贫穷的公职人员和公民,而是指在俱乐部和其他诸如此类的私人团体中对利益的分配;而阿奎那意义上的分配正义,则是指荣誉、财富乃至教职在一个政治社群内部的分配。③ 现代以来的大多数分配正义理论家则往往假定,他们是在政治地组织起来的共同体(用今天的话说,就是以"民族-国家"为边界的政治

---

① Andrew Dobson, *Justice and the Environment : Conceptions of Environmental Sustainability and Theories of Distributive Justice*, (Oxford: Oxford University Press, 1998), p. 64.
② [美]戴维·米勒:《社会正义原则》,应奇译,南京:江苏人民出版社,2001 年版,第 6 页。
③ 同上书,第 2 页。

共同体)之内讨论正义问题的。例如,当代西方最重要的政治哲学家约翰·罗尔斯(John Rawls)就曾表示,他所制定的正义原则是用来运用到一个封闭性的社会中的,这个社会"它自我包容,与其他社会没有任何关系。……我们只能通过生而进入政治社会,也只能通过死而离开它"。① 罗尔斯的假定就是,"一个自给的国家共同体的概念确定了这些系统的边界"。②

分配正义共同体这个一直被视为隐含前提的问题首先在米勒那里得到了明确的说明。米勒指出:"尽管一个分配正义的领域可大可小,可以是更大的社会中的正义,也可以是小群体如家庭和车间里的正义问题,但是民族国家在这里仍然具有特殊的地位,我们应把社会正义视作只在民族政治共同体的边界内适用。"③也就是说,米勒把民族国家视为正义的共同体,而分配正义主要在公民的范围内进行。而之所以作出这种界定,是因为民族国家具有以下三个特征:首先,民族认同倾向于在具有这种共同性的人们中间产生团结的坚固纽带,这种结合力量是如此强大,以至于能够压倒宗教、族性(ethnicity)以及其他的个别差异。这使得人们追问他们自己对所获得的资源的享用是否公平时,往往以这种方式形成的社群作为一个自然而然的参照群体。作为一个心理事实,我们常常是在一个有边界的社群中运用原则,而民族认同的整合力量又足够强大,从而使得民族共同体成为我们首要的分配领域。其次,民族政治文化包含着形成社会正义原则的根本背景所享有的理解范围。社会正义的观念预设了存在两个基本点的共识,一个基本点是人们可以根据它(这一共识)对资源提出正义要求;另一个基本点是关于有待分配的资源的价值。而只有在民族共同体内部,这样的共享理解才可能被视作理所当然。最后,社会正义作为一个指导人们日常行为的可操作的理想,必须使相关的人们确信,与他们在遵循公平原则和程序时受到的相类似的约束应对其他人有效。而民族国家不但可以鼓励相互信任,而且也是处罚违规者的现成手段。因此,民族国家具有独一无二的能力,可以通过由强制所支持的信任激发对社会正义原则的遵从。④ 总之,米勒指出,当一个国家是以这种方式形成,即其公民具有共同的民族认同时,这样产生的政治社群才能使正义原则可行。

---

① [美]约翰·罗尔斯:《政治自由主义》,万俊人译,南京:译林出版社,2000 年版,第 71 页。
② [美]约翰·罗尔斯:《正义论》,何怀宏等译,北京:中国社会科学出版社,1988 年版,第 459 页。
③ [美]戴维·米勒:《社会正义原则》,应奇译,南京:江苏人民出版社,2001 年版,第 19 页。
④ 同上书,第 19—21 页。

继米勒之后,迈克尔·沃尔泽(Michael Walzer)也明确将国家(沃尔泽称之为"政治共同体")界定为分配正义的共同体,他提出了三个理由:首先,"政治共同体可能是接近我们理解的有共同意义的世界。语言、历史和文化结合起来(在这里比在任何别的地方结合得更紧密)产生一种集体意识"。① 因而,建立在政治共同体基础上的社会关系类型才会更牢固。其次,"政治建立了它自己的共性纽带。……现在的政治是过去政治的产物,它为思考分配的正义设立了一个不能避免的背景。"②最后,也是非常重要的一个理由是,"共同体本身——大概是最重要的——就是一个待分配的物品……一种将人民包括在内才能分配的物品"。③ 沃尔泽指出,分配正义的思想假定了一个有边界的分配世界:一群人致力于分割、交换和分享社会物品,而且首先是在他们自己中间进行的。这就要求分配正义的接受者"必须是被实际上承认并在政治上被接受的",换言之,是具有共同体成员资格的。诚如沃尔泽所言,所谓分配正义,首先是政治共同体成员资格的分配,这是其他一切分配的基础。

　　事实上,在当代正义理论中,以国家边界作为正义共同体的边界,将国家作为分配正义原则适用的范围,已经成为一种代表性的观点。在接下来的两个部分,本书将环境正义的共同体限定为同一时代、单一国家的公民(即代内的、国内的环境正义),并在这一范围内讨论"环境正义的分配对象"和"环境正义的分配原则";而后,本书将在"国际环境正义和代际环境正义"这一章着重探讨将环境正义的共同体扩展到国际层面和代际层面的可能性及其限度。

---

① [美]迈克尔·沃尔泽:《正义诸领域:为多元主义与平等一辩》,褚松燕译,南京:译林出版社,2002年版,第34页。
② 同上书,第35页。
③ 同上书,第35—36页。

第二章　环境正义的分配对象

　　作为分配正义的环境正义,除了要对"在哪些人中间进行分配"(whom),即正义的共同体进行分析之外,还应该对"分配什么"(what),即分配的对象问题给予一定的回答。鲍勃·爱德华兹(Bob Edwards)对作为分配正义的环境正义的一般性描述,或许可以为我们思考这一问题提供启发。爱德华兹指出:"环境正义的观点一致承认,无论是污染的负担,还是环境保护的利益,都没有在我们的社会中得到平等的分配。对'社会可以接受的'环境危险以及它们对健康和生活质量的长期侵蚀的不平等分配,来源于社会经济和政治力量的不平等。……那些居住地或工作地靠近环境污染的源头、贮藏地或废弃物运输渠道的人们,承受着与他们的生产相关的最大的负担和风险。相反,生产所带来的经济利益则集中在比较富裕的群体当中,他们的社区远离他们日常活动(工作)的地点。谁为当代经济增长、工业发展和环境保护的政策付费,而又是谁从中受益,这一问题是环境正义运动的核心问题。"①从这一论述中,我们可以得到这样的信息:在作为分配正义的环境正义的背景下,

---

① Bob Edwards, "With Liberty and Environmental Justice for All: The Emergence and Challenge of Grassroots Environmentalism in the United States", in Bron Taylor, ed. *Ecological Resistance Movements*, (Albany: SUNY Press, 1995), p. 36.

"环境"就是分配正义问题中"分配什么"的空格中那个被省略的词。① 它具体表现为一个社会在其成员中分配的特殊形式的善物和恶物,以及由此而带来的利益和负担。

接下来,本章将根据环境正义运动中引起人们关注的先后,结合当前环境正义研究(主要是国外研究)中相应的论述,对作为环境正义分配对象的环境恶物(environmental bads)和环境善物(environmental gooels)进行简要的分析。在对环境恶物的分析中,本章将侧重指出,关注对"恶物"的分配,本身就是对传统正义理论分配对象的一种扩展。而在对环境善物的分析中,本章将侧重于论述将环境善物(或所有环境物品)纳入到传统分配正义理论的困难,以及一些研究者对于解决这一困难所作的理论尝试。

第一节 作为分配对象的环境恶物

对于分配正义理论而言,环境正义运动的一个重要意义在于,将对"恶物"的分配真正从正面的意义上纳入到分配正义的领域之中。多布森指出,正如社会正义是关于善物与恶物、利益与负担的分配,环境正义分配的对象也应该包括环境善物与环境恶物②(以及作为其影响的环境利益与环境负担)两部分,分别意指那些"可以被积极或消极地评价的任何环境特征"。③

从历史的脉络来看,环境正义运动之爆发,是由于"有毒废弃物"、"污染"、"环境风险"等不可欲物在社会中不成比例的分配。如果说经济正义是对"善"的分配,那么环境正义在最初的意义上主要是指对"恶"(或者"恶物")的分配。早期环境正义主义者一直坚持认为,现实中对环境"恶物"的分配是不公平的,一些社会群体——显然是

① Andrew Dobson, *Justice and the Environment: Conceptions of Environmental Sustainability and Theories of Distributive Justice*, (Oxford: Oxford University Press, 1998), p. 25.
② 笼统地说,凡是可以被消极评价为无价值甚至具有负面价值的环境特征,都可以称之为环境恶物,而环境恶物在健康、经济、心理等方面对人们造成的不良影响,我们称之为环境负担(environmental burden)。环境善物、环境恶物与环境利益、环境负担这两组概念的关系可以作如下描述:环境善物,因其为人所欲,而成为一种利益;环境恶物,因其不可欲,而成为一种负担。除特别说明之处,本书将在可替换的意义上使用这两组概念。
③ Andrew Dobson, *Justice and the Environment: Conceptions of Environmental Sustainability and Theories of Distributive Justice*, (Oxford: Oxford University Press, 1998), p. 74.

低收入群体和少数民族群体——更可能暴露在环境危险之中。① 除美国的研究之外,英国近来也有研究发现,英国66%的致癌放射物质都集中在地方权力被剥夺得最为严重的10%的地区,也就是说,低收入社群与有色人种社区不成比例地承担着国家污染问题的负担。② 而随着环境正义运动范围的扩大,人们发现,这种环境“恶物”分配的不成比例现象同样存在于国际范围。诚如普利多所言:“世界上的穷人和边缘化的群体常常首当其冲地成为污染和资源退化——有毒物倾倒,耕地的缺乏或全球气候变化——的受害者,仅仅因为他们更加脆弱,而且缺乏其他可能的选择。”③

下面,本章将从一般意义上的环境恶物和特殊形式的环境恶物(即环境风险)两个方面,来考察环境恶物这一特殊的分配对象在环境论述中的主要表现。

首先,让我们来看一般意义上的环境恶物。一般而言,环境恶物包括从空气和水污染、有毒废弃物污染、放射性和化学性污染到全球变暖、酸雨、臭氧层耗竭等的广泛内容。这些环境恶物给人们的生产、生活带来危险和干扰,因而为人们不可欲。在环境正义运动的历史上,生产上的不可欲物(如污染工厂的建立)和生活上的不可欲物(如垃圾处理)常常聚焦于同一个问题,亦即“不可欲的土地使用”(LULUs)问题。在污染工厂和垃圾处理设施选址的过程中,由于这些土地利用方式会给其坐落地点周围的居民带来各种环境上的不利,所以关于它们的分配问题就成了环境正义运动的焦点。具体而言,“不可欲的土地使用”至少会给周围的居民带来以下的负面影响:一是健康方面的负面影响,水污染、空气污染、有毒废弃物的处理方式等,会给周围居民的健康带来巨大的危险;二是经济方面的负面影响,这种土地利用方式通常造成附近居民不动产的价值贬损;三是心理方面的负面影响,这种土地利用方式,往往会通过产生相对剥夺感,而让周围的居民形成否定性的自我评价。因为从相对剥夺的观点来看,人的挫折感产生于相互比较之中,当人们在某一参照系下,感到自己与他人的需要满足之间产生了差距,就会产生心理上的挫折。

特别需要指出的是,不但环境恶物自身以及产生环境恶物的设施会给人们带来

① Mark Dowie, *Losing Ground: American Environmentalism at the Close of the Twentieth Century*, (Cambridge: MIT Press, 1995), p. 141.
② Derek Bell, "Environmental Justice and Rawls' Difference Principle," *Environmental Ethics*, Vol. 26 (Fall 2004), p. 291.
③ Laura Pulido, *Environmentalism and Economic Justice: Two Chicano Struggles in the Southwest*, (Tucson: University of Arizona Press, 1996), pp. xv—xvi.

负担,而且政府为减少环境恶物所颁布的环境保护政策,也可能会在整体上保护环境的同时,给境况较差者带来更多的负担。诺曼·法拉梅利(Norman Faramelli)曾这样论述道:"大多数为环境质量而提出的解决方案,会直接或间接地对贫困或低收入群体产生不利的影响。"具体而言,"如果控制污染的成本被直接在各个方面传递给消费者,那么低收入家庭将会不成比例地受到影响。如果新技术能够解决环境危机,而降低物质生产的速度是必须的,那么低收入家庭会再次承担这一冲击,因为他们中间越来越多的人将会加入到失业者的行列"。[①] 以北京市的大气污染治理为例,北京治理大气污染有两个主要措施:一是城区内污染企业搬迁;二是城区内冬季采暖取消燃煤,推广煤改电、气等清洁能源。而两项措施都会对城市贫困人口的生计有显著的影响。污染企业搬迁,总是伴随着要求企业产业结构升级、公司治理结构变化(如改为股份制)、技术更新换代等,其结果就是大量的产业工人不能适应新的岗位,或不符合新公司的要求,最终产生大量的下岗、失业人员。这些人员构成了城市贫困人口的一部分。而煤改电、气等清洁能源提高了冬季取暖的成本,很大程度上增加了贫困人口的开支比例,成为他们的沉重负担。[②]

以上我们讨论的是一般意义上的环境恶物及其给人们带来的负面影响。接下来,让我们来看一下特殊形式的环境恶物:环境风险。在环境恶物的列表中,环境风险因其自身的特殊性,而与已经大致明确会带来怎样负担的环境危险相区别,是环境恶物的特殊形式。本节将以乌尔里希·贝克(Ulrich Beck)的《风险社会》为主要文本依据,对作为环境正义分配对象的不同类型的环境风险进行简要的分析。

首先,是具有不确定性的环境风险。环境风险的不确定性主要来自科学技术的不确定性。文艺复兴以降,工具理性借助科学技术宣布,"确定性"已经成为现代文明的主要特征,因此,把一切都变成确定的、可以把握的,成为人们追求的目标。可是随着现代社会的发展,包括环境问题在内的一系列现实却表明,"不确定性"已经又回到了人类身边,"这些使人着恼的事的核心可以被描述为'不确定性回归到社会中'"。[③]

① Peter Wenz, *Environmental justice*,(Albany:State University of New York Press,1998),p. 1.
② 李小云、左停等主编:《环境与贫困:中国实践与国际经验》,北京:社会科学文献出版社,2005年版,第22—27页。
③ [德]乌尔里希·贝克等:《自反性现代化:现代社会秩序中的政治传统》,赵文书译,北京,商务印书馆,2001年版,第13页。

从某种程度上来看,现代社会的风险正是人为制造的不确定性,我们现在所面临的不确定性,许多恰恰是由于人类知识增长的结果。

其次,是具有不可感知性的环境风险。是否能够被直接感知,是区分环境危险和环境风险的一个重要标志。贝克曾用下述带着强烈嗅觉感的描述表明环境危险的可感知性:"在 19 世纪,掉到泰晤士河里的水手并不是溺水而死,而是因吸进这条伦敦的下水道上恶臭的和有毒的水汽窒息而死。走过一条中世纪城市的狭窄街道,就像让鼻子遭受夹道的鞭挞。"① 而在今天,环境风险是"完全逃脱人类感知能力的放射物、空气、水和食物中的毒物和污染物,以及相伴随的短期和长期的对植物、动物和人的影响"。② 它的存在和分配"只出现在物理和化学的方程式中(比如食物中的毒素或/和威胁)",必须通过论证来传递。但值得注意的是,在当前,环境危险与环境风险在可感知与不可感知上的区分变得越来越模糊起来。这具体表现在新近出现一些已经被证明的环境危险同样无法为受害者所直接感知,例如化学污染。这些危险往往需要通过科学的"感受器"——理论、实验和测量工具,才能够最终变成我们一般意义上可见和可解释的危险。而且在某些情况下,这些危险在它们所直接影响的人身上没有表现,而是到他们的后代才表现出来。③

最后,是具有预期性的环境风险。贝克指出,风险在本质上"与预期有关,与虽然还没有发生但存在威胁的破坏作用有关"。以一个环境风险为例:环境问题专家委员会注意到,"从氮肥中产生的高浓度的硝酸盐到目前为止很少(如果有的话)会渗透到我们汲取食用水的深层地下水中,硝酸盐在底土层就分解了。这如何发生,还能持续多久并不知道。我们没有理由不无保留地期望在未来这种保护层的过滤作用还存在。'应该小心的是,现有的对硝酸盐的过滤经过几年或几十年会发展到更深的地下水层,这对应于时间的流逝有一种延迟。'换言之,定时炸弹在滴答作响。在这个意义上,风险预示一个需要避免的未来"。④ 从这个角度来看,环境危险是面向过去的,是过去行为的现实结果;而环境风险是面向未来的,它预示着一个不可欲的、希望避免的未来。而某些在过去被视为环境风险的,例如水体的污染和减少,森林的破坏等,在今天已经成为环境危险的现实。

———————————

① [德]乌尔里希·贝克:《风险社会》,何博闻译,南京:译林出版社,2004 年版,第 18 页。

② 同上书,第 20 页。

③ 同上书,第 26 页。

④ 同上书,第 34—35 页。

那么作为一种特殊形式的环境恶物,环境风险当前在社会中又是怎样分配的呢?风险分配的历史表明,"像财富一样,风险是附着在阶级模式上的,只不过是以颠倒的方式:财富在上层聚集,而风险在下层聚集。就此而言,风险似乎不是消除而是巩固了阶级社会。贫穷招致不幸的大量的风险。相反,(收入、权力和教育上的)财富可以购买安全和免除风险的特权。依阶级而定的风险分配的'规律',以及因之而来的通过在贫穷弱小的人那里集中风险而形成的阶级对抗的'规律',早已被合法化,并且在今天仍适用于风险的某些核心的维度"。[1] 除此之外,环境风险也会给人们带来强烈的心理负担。例如,在三里岛的反应堆事故之后,放射性物质对人类基因可能造成的影响,将受害者抛入到专家的评判、错谬和争执之中,让受害者同时承受着可怕的心理阴影。[2]

以上,是本书对作为环境正义分配对象的环境恶物及其带来的环境负担的简要分析。在分析的最后,本书认为,还有必要在通过科学界定的环境问题与具有社会、政治和文化意义的环境负担之间进行一定程度的区分。一直以来,无论是有关空气、水和森林的污染和毒化问题的争论,还是对一般性自然和环境破坏问题的讨论,完全或主要是由自然科学界定的。这种完全由化学、生物和技术术语所引导的对环境问题的讨论中存在着一种危险,即将人仅仅归结为一个有机物,从而使讨论退化为一场忽略了人、忽略了科学界定中固有的社会、政治和文化意义的有关自然的讨论的危险。1989 年,以地球为年度风云"人物"的《时代》杂志就体现了这种讨论环境问题的倾向:"工业革命开始以来,烟囱向大气层吐出有毒气体,工厂向河流排放有毒废物,汽车吞噬不可再生的矿物燃料并污染空气……森林遭到砍伐,湖泊为杀虫剂所毒化,地下蓄水层被抽干。"[3]我们可以看出,在这一描述中,未涉及任何人:不但没有出现环境问题的行为主体或者决策主体,而且对环境问题的受害者也只字未提。而诚如贝克所言,这种由技术专家和自然主义者所引导的讨论,会通过"人口增长、能源消耗、食物需求以及原材料短缺等等的相对状况图表,来援引和发布空气、水和食物受污染状况的数据",但是却从未能够确定对人的污染程度:是

---

① [德]乌尔里希·贝克:《风险社会》,何博闻译,南京:译林出版社,2004 年版,第 36—37 页。
② 同上书,第 26 页。
③ 《时代》,1989 年 1 月 2 日,第 26 页。转引自[美]丹尼尔·A.科尔曼:《生态政治——建设一个绿色社会》,梅俊杰译,上海译文出版社,2002 年版,第 41 页。

谁以及在何种程度上呼吸受污染的空气,饮用受污染的水,吃着受污染的蔬菜,等等。① 而对于环境正义的讨论而言,除非涉及摄入或吸入那些污染的人,否则这些污染分析只能是对环境问题的自然科学式的分析,对环境负担分配的思考并没有太多的益处。

简言之,我们可以说,从科学界定的环境问题分析,进入对人们所承受的环境负担的社会和文化意义的分析,是环境正义看待环境负担或环境恶物的一个基本出发点。从这个角度来看,日本环境经济学家宫本宪一对环境问题所作的界定,更符合环境正义关注人们所承受的环境负担的视角:"环境问题可以分为两类,一类是与人类的广义的健康(公共卫生)直接相关的公害,另一类是使环境质量或舒适性恶化的问题(称为环境舒适性问题)。"②

第二节 作为分配对象的环境善物

随着环境正义运动和研究的进一步发展,人们对环境正义分配对象的关注不再局限于环境"恶物",而将环境"善物"也纳入环境正义分配的领域之内。学者们往往在尽可能宽泛的意义上来看待环境善物,它被用来指涉被赋予积极价值的环境的一切方面:"它可以是一种自然特性,一种动物;也可以是一个栖息地,一个生态系统,诸如此类。因此,无论是臭氧层的保护,河流免受污染,西伯利亚虎的继续生存;还是可为登山者利用的开阔山地,以及古代纪念碑的保护",③都可以算作潜在的环境善物。

而这里的一个问题在于,虽然环境正义论述中一直使用分配正义的语言,但对于传统的分配正义而言,将环境善物作为分配正义的对象却面临着相当大的理论困难,因为环境善物显然不是分配正义理论中"分配什么"这一问题的典型回答。那么环境善物是否能够以及如何能够成为分配正义之善物(goods of distributive justice)呢?当代政治哲学家米勒为我们提供了一种分析的思路:环境善物的范围如此之广泛,如果我们想要将环境善物纳入到分配正义理论之中,就不能对其进行笼统的考察,而是

① [德]乌尔里希·贝克:《风险社会》,何博闻译,南京:译林出版社,2004年版,第23页。
② [日]宫本宪一:《环境经济学》,朴玉译,北京:生活·读书·新知三联书店,2004年版,第108页。
③ David Miller, "Social Justice and Environmental Goods", in Andrew Dobson, ed. *Fairness and Futurity: Essays on Environmental Sustainability and Social Justice*, (Oxford: Oxford University Press, 1999), p. 152.

要对其进行分类,而后再进一步考察某一类环境善物进入分配正义理论的可能性。①借鉴米勒的思路,在本节将首先考察环境正义研究者们对环境善物的分类。

米勒根据人们对环境善物的评价是否能够达成社会共识以及可达成社会共识的程度,将环境善物划分为三种类型:基本能够达成社会共识的前提性的环境善物,通过协商能够达成基本共识的环境善物和属于个人偏好、基本无法达成共识的环境善物。②

马修·汉弗莱(Mathew Humphrey)将环境善物划分为对人类福祉具有基础性作用的环境善物(基本的环境善物)和对人类福祉并不具有抑或至少在当下仍不明显具有基础性作用的环境善物(非基本的环境善物)两种类型。③

多布森从三个不同的层面谈到环境善物的类型。首先,多布森将环境善物划分为人工的环境善物(例如金字塔、伦敦海德公园)与自然的环境善物(例如臭氧层、新几内亚的雨林)④;其次,多布森将对人类生存而言必不可少的环境善物称为前提性的善物(Preconditional goods);最后,多布森提到一种非常特殊的环境善物:Manna⑤。

----

① David Miller, "Social Justice and Environmental Goods", in Andrew Dobson, ed. *Fairness and Futurity*: *Essays on Environmental Sustainability and Social Justice*, (Oxford: Oxford University Press, 1999), pp. 159—160.

② 戴维·米勒对三种环境善物分类的表述主要有来自两个文本:一处可参见上注书,第159—160页;另一处可参见戴维·米勒:《社会正义原则》,应奇译,南京:江苏人民出版社,2001年版,第300页,注释20。本书的表述是在综合上述文本的内容后形成的。米勒对环境善物的论述,具体参见第二编第二章第四节。

③ Mathew Humphrey, "Nonbasic Environmental Goods and Social Justice", in Daniel A. Bell and Avner de-Shalit, eds. *Forms of Justice*: *Critical Perspective on David Miller's Political Philosophy*, (Lanham, Md. : Rowman and Littlefield, 2003), pp. 331—332.

④ 多布森本人也意识到这种区分本身是有争议的。因为有许多人认为,迄今为止人类活动的影响和范围使得我们已经无法想象完全不受到人类活动影响的自然界的存在。到处都是人类的"混合劳动",在这个意义上,所有的善物——包括环境善物——都是"人工的"。对于这一观点,多布森给出的说法是:"我只能说,对于我而言,似乎存在着某种区别,这种区别让我们可以在臭氧层和金字塔之间作出区分,而且这种区别也可以从自然的环境善物与人工的环境善物的区分中概括出来。Andrew Dobson, *Justice and the Environment*: *Conceptions of Environmental Sustainability and Theories of Distributive Justice*, (Oxford: Oxford University Press, 1998), p. 74.

⑤ Manna是政治哲学家布鲁斯·A·阿克曼(Bruce A. Ackerman)在1980年出版的《自由国家的社会正义》一书中提出的概念。阿克曼在探讨社会正义理论时做了这样一个思想实验:他要求我们想象自己正身处在一个宇宙飞船当中,将"我们从前的财富和地位"抛诸脑后,而后我们意外地遇到了一个星球。通过用设备扫描我们得知,这个星球上只有唯一的一种资源,Manna。Manna具有很多非凡的特性,而最为重要的是,Manna是无限不可分并且具有无限可塑性的,能够转化为我们想要的任何物体。在《自由国家的社会正义》接下来的部分,阿克曼致力于考察在这种超凡脱俗的情况下产生的各种正义原则。

德里克·贝尔(Derek Beu)结合英国当代环境正义研究的成果,把环境善物划分为三种类型(或称为环境善物的三种内涵):基本的环境善物(清洁的空气等)、优质环境(包括居住地和可参观访问的其他地区的优质环境)和环境资源(特别是食物和取暖原料)。①

从某种意义上来说,基本的环境善物可以被视为有毒物、环境危害、污染这些环境恶物的反面(或者称之为"在积极意义上的"替代性表述)——也就是说,如果我们将污染的空气、污染的水、受到污染的土地视为"环境恶物"的话,那么清洁的空气、清洁的水、未受污染的土地作为其反面就是"基本的环境善物"。②"基本的环境善物"是环境正义运动关注的主要内容。

而作为对环境正义运动早期仅仅关注基本环境善物的一种扩展,贝尔提出的第二种类型的环境善物指向了一般意义上的"环境质量"和"能够体验优质环境"的理念。在这里,体验环境品质的理念又包含了"家居"环境和访问其他地方的优质环境两方面的内容。

贝尔指出,影响一个社区居住环境质量的不仅仅是该地区受污染的程度。他引用英国研究者凯特·伯宁海姆(Kate Burningham)和黛安娜·思拉什(Diana Thrush)在一份报告中的调查结果指出,(在英国)处于不利地位的群体对环境的最初关注往往非常世俗化。例如,居住在苏格兰格拉斯哥市 Possilparkd 地区的人们在谈到环境时更关注的是:"街道和公园随处可见的狗的粪便,公寓楼里到处都是的人的排泄物和呕吐物,垃圾和废弃物……废弃的建筑物,荒芜的土地,到处乱窜的老鼠,堵塞的排水管,破裂的下水道,以及故意破坏行为的盛行……到处都是污垢却无人问津。"③他们所希望居住的环境,他们心目中的"环境善物"显然不会是这幅景象。就环境善物的这一概念而言,由低收入人群与少数族裔人群构成的不利地位群体居住在"一个肮脏、堕落的环境",而其他群体的居住环境并非如此,这是不公平的。④

与此相类似,贝尔还指出,低收入群体与少数族裔群体的成员没有真正的机会去访问现居住地以外的高品质环境,这也是环境不正义的表现。例如,朱利安·阿吉曼

① Derek Bell, "Environmental Justice and Rawls' Difference Principle", *Environmental Ethics*, Vol. 26 (Fall 2004), p. 295.

② Derek Bell, "Environmental Justice and Rawls' Difference Principle", *Environmental Ethics*, Vol. 26 (Fall 2004), p. 293.

③ Kate Burningham and Diana Trush, "*Rainforests are a Long Way from Here*": *The Environmental Concerns of Disadvantages Groups*, (York: Joseph Rowntree Foundation, 2001), p. 20.

④ Ibid.

(Julian Agyeman)就指出,在英国,少数族裔群体被排除在乡村之外:"现实情况是,英国的乡村代表一种排外的、生态的或白种人的空间,少数民族对乡村的靠近不但在物理空间上被拒绝,而且在精神上被禁止"①。就乡村而言,少数族裔不但缺乏"精神上的准入(即'是的,它为我而存在,我能够去那里')",而且缺乏"物理空间上的准入(即现实地到过那里,知道如何到达那里,并且感到安全)"。②

简言之,优质环境是贝尔概括的环境善物的第二种类型。③ 这里需要注意的是,贝尔并不是想要用对优质环境的描述取代或替代对基本环境善物分配的关注,而是对那种最初的关注进行补充。

此外,德里克·贝尔结合英国学术界在环境正义讨论中独特的关注点,提出了环境善物的第三种类型:环境资源。2001年,英国国家经济与社会研究委员会(ESRC)发表了一份"环境正义"简报。这份简报在"环境资源的使用:寒冷与饥饿"的小标题下提出:"环境正义提供了一种新的查看资源使用的方式,包括那些传统上不与'环境'思考相联系的资源使用的方式。"④简报指出,不但对环境资源的拥有会引发环境不正义,对环境资源的使用也会引发环境不正义。因为在很多时候,环境资源能否被充分使用,受到许多其他社会因素(有时是社会制度)的影响。特别吸引"环境正义"简报关注的资源使用问题,是与传统的"环境"思考关系似乎不那么紧密,却现实地影响着人们的基本生活的"燃料匮乏"(无法为取暖支付费用)问题和"食物匮乏"(买不起健康食品)问题。

---

① Julian Agyeman, "Constructing Environmental (In) justice: Transatlantic Tales", *Environmental Policy*, vol. 11 (Fall 2002), p. 38.

② Ibid.

③ 对这种环境善物的诉求与前文提到的日本学者宫本宪一的环境"舒适性"理念非常相似。英国的《公民舒适权法案》将舒适性定义为"The Right Thing in the Right Place",意指在适当的场合所应有的住宅、温暖、光线、清洁的空气、家庭服务等。而在宫本宪一看来,"所谓舒适性,是包含不能用市场价格进行评价的各种因素的生活环境,其内容包括自然、历史文化遗产、街道、风景、地域文化、社区团体、风土人情、地区的公共服务(教育、医疗、福利、防止犯罪等)、交通的便利性等"。环境舒适性的具体内容会因国家和时代的变化而有所不同,但是在宫本宪一看来,它就是构成"居住时感觉愉快的程度"或"舒适的居住环境"的复合性要素的总称。参见[日]宫本宪一:《环境经济学》,朴玉译,北京:生活·读书·新知三联书店,2004年版,第137页。

④ Carolyn Stephens, Simon Bullock, and Alister Scott, *Environmental Justice: Rights and Means to a Healthy Environment for All*, ESRC Briefing Paper No. 7 (London: Economic and Social Research Council), 2007, section 2. 转引自 Derek Bell, "Environmental Justice and Rawls' Difference Principle", Environmental Ethics, Vol. 26 (Fall 2004), p. 293.

这里所说的"燃料匮乏"并不是指燃料的绝对缺乏,而是指燃料的低利用率造成的供暖问题。简报的作者指出:"在英国,成千上万的住宅的能源利用率非常低,它们的供热系统的效率也非常低。房屋的居住者无法支付费用改善这种状况或者使他们的住宅保持温暖。而潮湿阴冷的住房增加了肺病和心脏类疾病的发病率。燃料匮乏也与较高的冬季死亡率存在关联,平均每年冬季有超过 3 万人因燃料匮乏的原因而不必要地死亡。"①相应地,这里所说的"食物匮乏"也不是指食品的绝对缺乏,而是指社会因素造成穷人获得健康食品的机会的减少。简报的作者这样描述:"在英国,有20%的人买不起健康食品……因为无法造访出售健康食品的商店,这种状况还会进一步加剧。此外,贫穷的地区往往距离销售新鲜水果和蔬菜的商店更远。政府分析显示,这部分是因为越来越多的大超市选择建在城外,从而使得内城的食品商店大量倒闭。而主要居住在内城的较贫穷的社区的人们在交通方面也不太可能有更多的选择以帮助他们逛更多远处的商店。"②这两个例子关注的重心是,一些人缺少"环境资源",也就是"燃料"和"食物",而它们对于满足基本生理需要而言是必须的。而受到这份报告的影响,贝尔将"环境资源"视为他所讨论的第三个类型的环境善物。

　　贝尔最后指出,在我们的环境正义讨论中,这三种类型的环境善物不是相互竞争而是相互叠加的关系。事实上,后两种环境善物的提出代表了对环境善物最初内涵的一种扩展。"当英国的环境正义主义者尝试超越早期的美国环境正义主义者的陈述,并且形成了他们自己关于环境正义的理念时,这种扩展表现得特别明显。"③

第三节　罗尔斯的"基本善"与基本的环境善物

　　在本节,我们将以罗尔斯的"基本善"的理念作为参照,重点考察基本的环境善物成为正义之分配对象的可能性。当前,这一讨论主要沿着两种思路展开。第一种思

---

① Carolyn Stephens, Simon Bullock and Alister Scott, *Environmental Justice: Rights and Means to a Healthy Environment for All*, ESRC Briefing Paper No. 7 (London: Economic and Social Research Council), 2007, section 2. 转引自 Derek Bell, "Environmental Justice and Rawls' Difference Principle", Environmental Ethics, Vol. 26 (Fall 2004), p. 293.

② Ibid.

③ Ibid.

路主要基于一种对罗尔斯正义思想的"环境"批评。① 这种思路指出,基本的环境善物在其根本的意义上符合罗尔斯关于"基本善"的经典论述,虽然罗尔斯本人没有注意到一种从环境维度思考分配正义的可能性,但是我们可以从分析罗尔斯"基本善"概念的内涵出发,通过修改并扩展"基本善"清单的方式将基本的环境善物纳入罗尔斯的分配正义理论当中;②这一思路主要以罗尔斯前期思想中对于"基本善"的界定为主要的理论依据。而第二种思路则持截然不同的观点。这种思路认为,根本无需对罗尔斯的正义理论进行外在的修正——罗尔斯后期(政治自由主义)思想中对"医疗保健中的正义问题"的讨论,以及基本的环境善物在保持公民"最低必要能力"方面显示出的重要性,使得罗尔斯思想自身就具有了一种将基本的环境善物纳入"基本善"的清单的内在可能;相应地,这一思路主要以罗尔斯后期思想中对"基本善"的界定为其主要的理论依据。

那么,"基本的环境善物"归根结底是否能够以及如何能够被纳入基本善的清单,从而成为罗尔斯正义理论的分配对象呢? 让我们逐一考察上述两种思路。

第一种思路从对罗尔斯在《正义论》中提出的"基本善"概念的理解出发。在罗尔斯看来,"基本善是那些被假定为一个理性的人无论他想要别的什么都需要的东西。不管一个人的合理计划的细节是什么,还是可以假定有些东西是他会更加喜欢的"。③ 也就是说,一个有理性的人,不管他还想要任何其他什么东西,基本善都是他需要的。有研究者认为,单从基本善本身的内涵来看,将基本的环境善物视为社会基

① 这种批评认为,罗尔斯的正义理论存在着缺乏环境关注的问题。要想提出一种更具环境保护意识的(罗尔斯式的)分配正义理论,需要对罗尔斯的正义思想进行批判性改造,例如加厚"无知之幕"等。持有这种"环境"批评观点的文献主要包括:Russ Manning, "Environmental Ethics and John Rawls' Theory of Justice", *Environmental Ethics*, Vol. 3 (Fall 1981), pp. 155—166; Brent Singer, "An Extension of Rawls' Theory of Justice to *Environmental Ethics*", Environmental Ethics, vol. 10 (Fall 1988), pp. 217—231; Daniel Thero, "Rawls and *Environmental Ethics*: A Critical Examination of the Literature", *Environmental Ethics*, vol. 17 (Spring 1995), pp. 93—106; Peter Wenz, *Environmental justice*, (Albany: State University of New York Press, 1998), pp. 232—253; Andrew Dobson, *Justice and the Environment: Conceptions of Environmental Sustainability and Theories of Distributive Justice*, (Oxford: Oxford Vniuersity Press, 1998).
② David Miller, "Social Justice and Environmental Goods", in Andrew Dobson, ed. *Fairness and Futurity: Essays on Environmental Sustainability and Social Justice*, (Oxford: Oxford University Press, 1998), p. 161.
③ [美]约翰·罗尔斯:《正义论》,何怀宏等译,北京:中国社会科学出版社,1988 年版,第 92—93 页。

本结构分配的基本善似乎就是合情合理的。[1]

在罗尔斯看来,一个有理性的人,尽管在对其他事物的欲求上可能不同,甚至存在重大的差异,但是对一些事物的欲求却是共同的;尽管他的合理人生计划会各有不同,所具有的意向和目标千差万别,但是却会对一些特定的事物有着普遍的需求。这些事物就是罗尔斯所谓的"基本善"(primary goods)。而基本的环境善物也是有理性的人"共同且普遍"追求的对象。汉弗莱就特别指出,可呼吸的空气,可饮用的水,足够的营养支持,这些基本的环境善物对人类福祉具有基础性作用,如果没有它们,我们的器官会受到损害,其严重缺乏会导致死亡。[2] 如果没有基本的环境善物,我们没有办法生存。因此,多布森将这类人类生存所必须的环境物品称之为"前提性的善物"。[3] 而米勒则指出,基本的环境善物还是社会合作的必要前提,"如果正义原则是为了指导我们如何对社会合作的成果进行分配,那么,与更为具体的分配原则相比,任何可以算作是合作必要前提的事物都应该被看作具有词典编纂顺序上的优先性"。[4]

基本的环境善物作为人类生存和社会合作的必要前提和基础的特征,让我们可以假设:一个有理性的人,无论他还想要任何其他什么东西——不管他想要追求的善的观念为何,不管他的合理生活计划的细节为何,他基本上都会希望"能够稳定地获得饮用水,有抵挡严寒的住所,不受污染的食品以及可以呼吸的新鲜空气这些基本的环境善物。这正如一个有理性的人,无论他还想要任何其他什么东西,他都想要投票权一样"。[5]

事实上,罗尔斯对正义的客观环境的设定,也为我们思考为什么有理性的人在追

---

① Andrew Dobson, *Justice and the Environment: Conceptions of Environmental Sustainability and Theories of Distributive Justice*, (Oxford: Oxford University Press, 1998), p. 126.

② Mathew Humphrey, "Nonbasic Environmental Goods and Social Justice", in Daniel A. Bell and Avner de-Shalit, eds. *Forms of Justice: Critical Perspective on David Miller's Political Philosophy*, (Lanham, Md.: Rowman and Littlefield, 2003), p. 331

③ Andrew Dobson, *Justice and the Environment: Conceptions of Environmental Sustainability and Theories of Distributive Justice*, (Oxford: Oxford University Press, 1998), p. 75.

④ David Miller, "Social Justice and Environmental Goods", in Andrew Dobson, ed. *Fairness and Futurity: Essays on Environmental Sustainability and Social Justice*, (Oxford: Oxford University Press, 1999), p. 159.

⑤ Brent Singer, "An Extension of Rawls' Theory of Justice to Environmental Ethics", *Environmental Ethics*, Vol. 10 (Fall 1988), p. 219.

求正义的过程中可能会特别提及基本的环境善物提供了理论动机。① 罗尔斯认为，正义的客观环境是"使人类合作有可能和有必要的客观环境"，它的特征是资源"中等程度的匮乏"："自然的和其他的资源并不是非常丰富以致使合作的计划成为多余，同时条件也不是那样艰险，以致有成效的冒险也终将失败。"②因着这一设定，罗尔斯假设，无知之幕背后缔结正义契约的理性选择者从一开始就知道，当无知之幕被拉开，无论他们生活的其他特殊环境到底是怎样的，他们都会发现自己生活在"中等程度的匮乏"的环境条件之下。在这种状况下，自然环境虽然不至于像极端的匮乏状态那样什么都没有，但也绝不会是应有尽有，可以无限供应的；因此，我们可以推论：无论社会的基本结构是怎样的，必然有一些人要在没有办法稳定地获得基本的环境善物的情况下生活。因此，当无知之幕背后有理性的各方在制定"基本善"的清单时，完全有理由将基本的环境善物纳入基本善的清单。

那么，进入基本善的清单的基本环境善物，是属于自然基本善，还是属于社会基本善呢？在《正义论》中，罗尔斯将基本善分为社会基本善和自然基本善。前者包括自由与权利，权力与机会，收入和财富；后者包括健康与精力，智力与想象力等。社会基本善物与自然基本善物的区别在于，前者是由社会制度确立的，它们的分配也由社会制度来调节；而后者虽然也受社会基本结构的影响，但拥有和获取它们却不是在社会基本结构直接控制之下的。罗尔斯认为，同正义原则有关的是社会基本善。③

我们参照罗尔斯的这一区分来分析一下基本的环境善物。表面上看来，无论是可饮用的水还是可呼吸的空气，无论是能够遮风避雨的住所还是不受污染的食品，由于它们在特性上都是与身体有关的（bodily），所以很容易被归类为自然的基本善，如果是这样，则是与分配正义无关的。但是只要我们稍作思考就会发现，在当代社会中，那些为人们的生存提供前提性保障的基本环境善物已不再是纯天然的：从水龙头里流出来的水是否可以饮用依赖于大规模的市政工程规划，我们呼吸的空气的质量则在很大程度上取决于经济、社会、教育和法律这些罗尔斯称之为"社会的基本结构"

---

① 布兰特·辛格就在文章中提到了这一思路。参见 Brent Singer, "An Extension of Rawls' Theory of Justice to Environmental Ethics", *Environmental Ethics*, Vol. 10 (Fall 1988), pp. 219—220.

② ［美］约翰·罗尔斯：《正义论》，何怀宏等译，北京：中国社会科学出版社，1988 年版，第 126 页。

③ 同上书，第 62 页、第 93 页。

的各种社会制度的安排。① 上文提到的英国国家经济和社会研究委员会的"环境正义"报告显示,人们获得未受污染的(在这份报告中被视为食品健康的一个标准)食品的途径正在受到三个社会因素的影响:一是经济因素,一是城市规划因素,另一个是交通因素。具体而言,"因为越来越多的超市选择建在郊区,从而使得内城的食品商店大量倒闭,而主要居住在内城的较贫穷社区的人们在交通方面也不太可能有更多的选择以帮助他们逛更多远处的商店"。② 这三个因素共同作用的结果,是直接导致20%的英国人"买不起"健康食品。因此,这些看似"自然的"基本环境善物,在其现实的层面上正以某种方式由社会基本结构进行着分配,应该被纳入社会基本善的清单。

在基本的环境善物被纳入社会基本善的清单后,还特别需要考虑的就是如何在基本的环境善物与其他社会基本善之间进行衡量的问题。怎样衡量不同的社会基本善的问题,罗尔斯将其称之为指标问题(the index problem)。罗尔斯认为,可以通过他们的正义两原则的词典式排序对这个问题进行简化。第一原则(平等自由原则)优先于第二原则,第二原则中的公平的机会平等原则又优先于差别原则。③ 结合正义原则与基本善的对应关系,这一顺序也就意味着基本自由对于经济和社会利益的优先性。这种优先性特别表现为,人们所放弃的某些基本的自由不能从作为其结果的经济和社会利益中得到足够的补偿,因而,在基本自由和经济社会收益之间进行交换是不被允许的。④ 虽然罗尔斯在《正义论》中只强调了有理性的人不会愿意牺牲投票权这样的政治权利来换取各种经济和社会利益,然而我们从常理出发可以作出这样的推论,即有理性的人更不会愿意牺牲饮用水、干净的空气这样的基本环境善物来换取经济和社会利益,无论这些经济和社会利益是什么,只要这些利益的获取是以牺牲可饮用的水和可呼吸的空气为代价的,那么这种牺牲也都是不合理的。因此我们可以看到,在社会基本善的列表中,基本的环境善物必然优先于经济社会收益,它在合

---

① Brent Singer, "An Extension of Rawls' Theory of Justice to Environmental Ethics", *Environmental Ethics*, Vol. 10 (Fall 1988), p. 219.

② Carolyn Stephens, Simon Bullock and Alister Scott, *Environmental Justice: Rights and Means to a Healthy Environment for All*, ESRC Briefing Paper No. 7 (London: Economic and Social Research Council, 2007), section 2. 转引自 Derek Bell, "Environmental Justice and Rawls' Difference Principle", Environmental Ethics, Vol. 26, (Fall 2004), p. 293.

③ [美]约翰·罗尔斯:《正义论》,何怀宏等译,北京:中国社会科学出版社,1988 年版,第 94 页。

④ 同上书,第 63 页。

理偏好的序列中所处的等级基本上可以与基本自由和自尊的等级一样高。

上述思路从罗尔斯早期基本善的概念出发,通过对基本环境善物特性的考察,寻找其在多大程度上符合基本善作为"有理性的人都想要的东西"的要求。而这一论证面临着重大的挑战。《正义论》出版后不久,在批评者的促动下,罗尔斯就开始反思基本善问题,并不断修正自己的观点。在 1993 年出版的《正义论》(修订版)的《序言》中,罗尔斯指出,当我们把基本善理解为理性的人无论他们想要别的什么都想要的东西时,遗留了一种含糊性:即某个东西作为一种基本善,是仅仅依赖于人的心理的自然事实,还是也依赖于体现某种理想的有关人的道德概念,尚暧昧不明。① 与此同时,罗尔斯提出了对基本善的第二种解释。基于此,有研究者提出,如果不从罗尔斯对"基本善"的第一种解释而是第二种解释出发,我们能够看到,一种罗尔斯式的环境正义概念并不必然依赖于对罗尔斯正义理论的外在批评。具体而言,当我们尝试将基本的环境善物纳入到罗尔斯基本善的清单时,完全可以在罗尔斯本人的理论框架(特别是政治自由主义)内部找到解决问题的途径,无需对其进行修正。接下来我们就围绕这一论证展开论述。

在《正义论》之后的一些论文中,以及在《政治自由主义》和《作为公平的正义:正义新论》中,罗尔斯引入了"人的政治观念"这一新的解释性因素,对基本善的解释发生了重要的变化。罗尔斯指出,"基本善是从关于人的政治观念来看而为人所需要和要求的东西,而从关于人的政治观念来看,人作为公民是完全的社会合作成员,而不是同任何规范观念都毫无关系的纯粹人类"②。相应地,如果说基本善的第一种解释回应的是人的偏好和欲望的话,那么在基本善的第二种解释则是对他们作为公民的需求的回应。所以,"基本善的特征现在被确定为:它们是人在其完整的一生中作为自由和平等的公民、作为社会正常和充分合作的成员的人所需要的"③。

那么,若沿着这种思路进行考察,基本的环境善物又是否能够以及如何能够进入这一理解框架内社会基本善的清单呢? 有研究者指出,罗尔斯将公平正义理论向医

---

① [美]约翰·罗尔斯:《正义论》(修订版),何怀宏、何包钢、廖申白译,北京:中国社会科学出版社,2009 年版,《序言》,第 2 页。

② [美]约翰·罗尔斯:《作为公平的正义:正义新论》,姚大志译,上海三联书店,2002 年版,第 93 页。

③ [美]约翰·罗尔斯:《正义论》(修订版),何怀宏、何包钢、廖申白译,北京:中国社会科学出版社,2009 年版,《序言》,第 3 页。

疗保健问题所作出的延伸,为我们在基本的环境善物与罗尔斯的社会基本善之间重新建立关联提供了一种理论上的可能。①

罗尔斯本人承认,一直到思考政治正义观念的初始阶段,他都有意识地"将注意力整个地从疾病和事故移开",悬置了公民的健康状况问题。他说:"我们假定,作为公民的个人具有使他们能够成为社会合作成员的能力。……当然……并不是说任何人在任何时候都不承受病痛和意外,人们可以预期到日常生活过程中的这类不幸,也必须对这些偶然事故作出规定。但是,就我们既定的目的而言,我暂且不考虑那些临时伤残者和永久伤残者或精神错乱者,这些状态使他们能不成为通常意义上的社会合作成员。"②

那么,又要如何对待这些暂时不能成为甚或永远不能成为通常意义上的社会合作成员的人呢?罗尔斯希望通过对公平正义理论的延伸来解决这一问题。首先,他放宽了公民永远不会生病的假设:"为了达到这种扩展,我们应该对这种假定加以解释,即公民在整个人生过程中始终是正式的社会合作成员,然而他们有可能一次又一次地患有严重疾病或者遭受严重事故。"③我们不得不说,环境污染和环境破坏在一些时候正是导致人们患有严重疾病或者遭受严重事故的重要因素。

我们一直以来都能够看到,尽管环境污染与疾病之间是否具有必然的关联有时会引发争论,但是有一点是毋庸置疑的:严重的污染必定会造成对生命的威胁,并且引发各种使人虚弱的疾病。例如,当谈到洛夫运河事件④、东南亚地区热带雨林焚烧

---

① 事实上,最早提出通过健康问题在罗尔斯的正义理论与环境正义理论之间建立关联的是拉斯·曼宁(Russ Manning)。参见 Russ Manning, "Environmental Ethics and John Rawls' Theory of Justice," *Environmental Ethics*, Vol. 3 (Fall 1981), pp. 155—166. 但是遗憾的是,曼宁的分析建立在将健康(这种罗尔斯思想中的"自然基本善")直接列入"社会基本善"的清单这一错误的思路基础之上。而德里克·贝尔则通过对罗尔斯后期思想的分析指出,不是"健康"而是"医疗保健"(health care)才会是国家分配的对象,才可能成为连接罗尔斯思想中的"基本善"与环境正义思想中"基本的环境善物"的媒介。参见 Derek Bell, "Environmental Justice and Rawls' Difference Principle", *Environmental Ethics*, Vol. 26 (Fall 2004), pp. 297—298.
② 〔美〕约翰·罗尔斯:《政治自由主义》,万俊人译,南京:译林出版社,2000年版,第20—21页。
③ 〔美〕约翰·罗尔斯:《作为公平的正义:正义新论》,姚大志译,上海三联书店,2002年版,第281页。
④ 洛夫运河(Love Cannel)事件是美国开始反对有毒废弃物运动的标志性事件,因有毒废弃物的随意处置造成水和土地的污染,从而对当地居民的健康造成了极大的危害。具体事件可参见该运动发起人之一、洛夫运河的居民洛伊丝·吉布斯(Lois Gibbs)的介绍。Lois Gibbs, "Foreword", in Richard Hofrichter ed. *Toxic Struggles: The Theory and Practice of Environmental Justice*, (Philadelphia: New Society Publishers, 1994), p. ix.

事件和切尔诺贝利核电站泄漏事故时,没有人会怀疑这些事件导致的土地、水、空气的污染和核辐射会引发让人虚弱的(甚至致命的)健康危害。

按照罗尔斯的观点,这里发挥重要作用的是公民作为社会之终身合作成员的观念。"当由于疾病和事故使我们降低到最低必要能力以下而不能在社会里扮演我们的角色的时候,这种观念又指导我们恢复我们的能力,或者以适当的方式使我们的能力得到改善。"①而帮助我们保持并恢复公民成为正式的、完全的社会合作成员所必须的"最低必要能力",正是医疗保健的目标。对于罗尔斯而言,医疗保健包括"保护公共健康和保护医疗照顾的政策问题"。而在"保护公共健康"的政策中,我们有理由期待可以找到容纳基本环境善物作为正义分配对象的理论空间。例如在《作为公平的正义:正义新论》中,罗尔斯直接指出:"作为公民,我们也是政府所提供的各种有利于个人的好处和服务的受益者,而这些好处和服务是我们在这样一些场合中有权利得到的,如保护健康,所提供的公共好处(在经济学家的意义上),以及保护公共健康的标准(清洁的空气和没有受到污染的水源等等)。"罗尔斯还进一步补充,"所有这些项目都能够(如果必要的话)包含在基本善的指标之中"。②

在这里我们看到,以清洁的空气和没有受到污染的水源为代表的基本环境善物因其对公共健康从而对医疗保健的影响,被包括到了基本善的指标之中。也就是说,对于"正义应该分配什么"这一问题,罗尔斯的扩展后的答案包括了基本的环境善物。就这样,基本环境善物借由与医疗保健的关联在保持(人们)"成为正式的、完全的社会合作成员所必须的最低必要能力"方面显示出的重要性,为将基本环境善物纳入基本善的清单提供了正当性。我们可以这样设想,如果没有清洁的空气,许多人可能会罹患让人虚弱的呼吸类疾病,而这类疾病将使得他们无法从事"互利互惠的社会合作"(例如工作),同时也无法追求他们的善的观念。③

① [美]约翰·罗尔斯:《作为公平的正义:正义新论》,姚大志译,上海三联书店,2002年版,第287页。
② 同上书,第282—283页。
③ Derek Bell, "Environmental Justice and Rawls' Difference Principle", *Environmental Ethics*, Vol. 26 (Fall 2004), pp. 298—299.

第四节　戴维·米勒论环境善物

如上文所述,环境善物的分配问题,显然并非当代社会正义理论中的典型问题。理由非常明显。社会正义理论是在个人之间合理分配利益和负担的理论:正义理论所关注的是,"与B、C、D相比,A所获得的自由、机会或者物质资源的份额"。① 例如,正义理论会涉及这样的问题:是否应该对经济制度作出安排,从而使每个人都得到资源的平等份额,或者使份额的分配促进最不利地位者利益的最大化。相反,环境善物无法在个人之间进行分配。② 没有人可以得到臭氧层或者西伯利亚虎的特殊份额。如果臭氧层得到保护,老虎免于灭绝,那么这些物品对于每个人而言都是可以获得的。所以,许多学者认为,环境问题是一个"超越正义"的独立领域的问题,环境善物的分配问题,无法确切地说是正义问题。

但戴维·米勒对此持不同态度。他认为,如果我们再向前推进一步,就会发现问题远没有如此简单。例如,从实践的层面来看,当政府颁布某项环境政策或措施时,该政策或措施不可能对所有人而言是中立的,事实上,它一定会对不同的人群产生不同的影响:就负担而言,一些人为环境措施支付的成本要高于其他人;就利益而言,环境善物给一些人带来的好处要多于其他人。③ 例如,当政府为了控制汽车尾气污染要求人们减少使用汽车的次数,那么对于那些很少开车或者根本没有车的人而言,这项措施带来的影响和负担要远远小于那些因工作等原因需要频繁使用汽车的人。又如,如果政府要保护一个濒危物种或一个生态系统,就需要动用公共支出,这要么会

---

① David Miller, "Social Justice and Environmental Goods", in Andrew Dobson, ed. *Fairness and Futurity*: *Essays on Environmental Sustainability and Social Justice*, (Oxford: Oxford University Press, 1999), p. 153.

② David Miller, "Social Justice and Environmental Goods", in Andrew Dobson, ed. *Fairness and Futurity*: *Essays on Environmental Sustainability and Social Justice*, (Oxford: Oxford University Press, 1999), p. 154. 罗尔斯是持这类观点的代表人物。他认为,环境是不可分的,因此它要么只能提供给每个人,要么不能提供给任何人。参见[美]约翰·罗尔斯:《正义论》,何怀宏等译,北京:中国社会科学出版社,1988年版,第284页。

③ David Miller, "Social Justice and Environmental Goods", in Andrew Dobson, ed. *Fairness and Futurity*: *Essays on Environmental Sustainability and Social Justice*, (Oxford: Oxford University Press, 1999), p. 154.

增加个人的税收负担;要么会削减诸如教育或社会安全等其他公共支出项目的财政预算。这就使得这一环境保护的举措也必然会涉及分配问题。

因此,米勒认为,几乎每一种环境措施都会具有这种分配的含义。我们不能轻率地假设这种环境措施的影响是随机的,仿佛人们从一项措施中有所得,而从另一项措施中有所失,从而在利益和负担的总体分配上没有受到影响;我们也无法推论说,环境措施所带来的再分配的影响,到底是有利于社会中处境较佳者,还是有利于社会中处境较差者。① 所以,似乎是"我们根本无法把环境善物置于我们的正义理论的范围之外。我们应该将其视为常常伴随着各种限制的潜在利益,它需要同机会、收入和财富这样的善物一起,进入分配的计算中"②。

米勒在《社会正义原则》一书中关于公共物品(public goods)与分配正义关系的相关论述,为他对环境善物的讨论提供了更为广阔的理论背景。③ 米勒指出,从当前的研究情况来看,"社会正义理论几乎是排他性地把它关注的焦点集中在如金钱和商品这样私人持有的利益上面"④,这对于公共物品的考察显然是非常不利的。而且,如果据此就彻底否定将分配正义理论运用于公共物品的可能性,就更不是一种令人满意的态度,因为"与正义相干或不相干的物品之间的边界是滑动的,这一边界的位置既取决于我们的社会制度的技术能力,也取决于人们能够在特殊物品的价值上达成共识的程度"⑤。进一步来看,如果现有的社会正义理论无法将公共物品纳入其中的一个可能的原因,是人们"对公共物品的个人评价的分歧太大,以至于我们难以发现一种社会价值,使得我们能够说它对那些能够得到它的人肯定是有益的",⑥那么这也就暗含着一种解决这一问题的可能方案,亦即"进一步努力找到一种评价公共物

---

① 如果我们对环境不正义现象进行考察,可能会看到,这种再分配在现实中有时会表现出有利于社会中处境较佳者的倾向。例如,即使在向每个人提供同样的环境善物(例如动物物种或生态系统的保护)的情况下,我们也可以通过标准的经济分析看到,富人从这一供应中获取的要比穷人多。而以环境保护为目标进行的污染工厂和其他类似的废弃物处理设施的(重新)选址和迁移,却由于受到政治权力不平等等因素的影响,会更靠近低收入阶层居住的地区;事实上,由穷人来承担环境退化的成本被一些人视为理所当然。

② David Miller, "Social Justice and Environmental Goods", in Andrew Dobson, ed. *Fairness and Futurity: Essays on Environmental Sustainability and Social Justice*, (Oxford: Oxford University Press, 1999), p. 155.

③ [美]戴维·米勒:《社会正义原则》,应奇译,南京:江苏人民出版社,2001年版,第11-12页。

④ 同上书,第11页。

⑤ 同上书,第12页。

⑥ 同上书,第11页。

品的度量标准,使得能够把他们作为社会理论的重要内容包括进来"①。通过这些论述,米勒暗示了将公共善物纳入社会正义分配对象的一种可能的方式,即考察人们对某一特殊的公共物品的评价是否能够达到以及能够达到怎样的社会共识,并以此为依据判断其是否能够成为社会正义的分配对象。而米勒关于环境善物的讨论,可以被看作是对上述观点的进一步推进,在这里,环境善物就是那种"特殊的公共物品"。

根据人们对环境善物的评价是否能够达成社会共识以及可达成社会共识的程度,米勒将环境善物划分为三种类型:(1)基本能够达成社会共识的环境善物;(2)通过协商能够达成基本共识的环境善物;(3)基本无法达成社会共识的环境善物。

第一种是基本能够达成社会共识的环境善物,主要是指那些对于人类生存(和社会合作)必不可少的环境特征,例如可呼吸的空气和可饮用的水,它们能够直接影响对社会资源或其他基本善(例如健康)的公平分配。

米勒建议,对于这一类环境善物,我们可以通过对原有分配正义理论进行修正的方式,从而使其与自由、机会和财富一样被视为基本善。②

米勒所划分的第二种环境善物可能会对其他资源和其他基本善的公平分配产生影响。例如,当你所造成的污染降低了我的土地的价值,那么,社会正义就会支持采取环境措施,以此作为有效方式控制这种外部性的影响。这同样可以包括会对个体之间基本善的分配产生切实影响的环境特性上。米勒认为,对于这一类环境善物,我们可以期望通过公共协商的方式达成有效的一致,它们的供给将不会产生实质性的正义问题,达成一致的民主程序就已经足够,因此并非他考察环境善物时关注的重点。

而米勒对环境善物的考察主要围绕着第三种环境善物展开。根据米勒的描述,人们也可能单纯地重视一些环境善物,即使这些环境善物既不能算作是人类生存的必需品,也不影响他们基本善的分配份额。例如,他们可能重视一片未被开发的自然环境的保持或者一个濒临灭绝的物种的持续生存,这可以被看作是第三种类型的环境善物。人们对这类环境善物的价值评价会随着"善"观念的不同而有所不同,从而

① [美]戴维·米勒:《社会正义原则》,应奇译,南京:江苏人民出版社,2001年版,第11页。
② David Miller, "Social Justice and Environmental Goods", in Andrew Dobson, ed. *Fairness and Futurity*: *Essays on Environmental Sustainability and Social Justice*, (Oxford: Oxford University Press, 1999), p. 161.

在一般情况下基本无法达成社会共识。就其基本立场而言,米勒看待第三种环境善物的方式是与罗纳德·德沃金(Ronald Dworkin)和罗尔斯是一致的,亦即认为,个人对这一类环境善物的重视应被社会正义理论视为一种在进行政治决策时能够予以同等考虑(但也只能予以同等考虑)的偏好,且只有在形成公民共识的情况之下才能使用公共支出给予这类环境善物以保护。

德沃金举过这样的例子:在进行是否应该建设水坝的讨论时,查理因为相信任何物种的消失都会使世界变得更糟,所以希望所有物种都永远不要灭绝,从而大力反对以蜗牛鲹(the snail darter)的消失为代价来建造水坝。德沃金表明,查理的愿望只能被看作是一种个人的偏好,不会对正义提出任何特殊要求。而在决定是否修建水坝时,查理的声音应该同其他人的声音一起受到同等的衡量,不应该给予他的信念以特别的关注。①

罗尔斯也在讨论公共支出的分配时强调,由正义所要求的公共支出(这种公共支出可能包括保护和/或增加使用自然区域的机会,保卫濒危物种等第三种环境善物)必须得到公民的一致同意。也就是说,如果一个人对湖泊地区的腐蚀或者大蓝蝴蝶即将灭绝的命运漠不关心的话,那么他就不会愿意为抢救它们支付任何费用。对此,罗尔斯的态度非常明确:"使用国家机器来强迫一些公民为别人想要而他们不想要的利益纳税,就跟强迫他们补偿别人的私人开支一样没有道理。"②如果人们愿意,当然可以为了环境善物或者其他这种公共物品而贡献部分他们所正当拥有的资源,但是这不能是强制性的。

而米勒的观点则借由下面的例子得以展开。自然环境的特征有时被视为具有独立于人类偏好的内在价值。例如,老虎自由自在地生活在野外,即使没有人从欣赏它们中得到快乐,这本身也是一件好事,就属于这种情形。那么,这一类环境善物与分配正义的关系是怎样的呢?米勒的观点是:"如果你相信野生老虎具有内在的价值,那么你可以努力去说服其他人相信这一点;如果你成功了,人们就会想去保护老虎居住的自然环境,而这就成为了一种真正的公共利益。相反,如果人们没有被说服,那么这种判断就不具备正义要求的依据:我不能基于确保老虎的居住地是一种公共利

----

① [美]罗纳德·德沃金:《至上的美德:平等的理论与实践》,冯克利译,南京:江苏人民出版社,2003年版,第21页。
② [美]约翰·罗尔斯:《正义论》,何怀宏等译,北京:中国社会科学出版社,1988年版,第284页。

益而为我从事这种活动索取报酬,正如在市场情境中,我不能为生产了我认为对人们是有价值的,但人们并不想购买的东西索取报酬一样。"①

这里实际上蕴含着这样一个问题:要保护第三类环境善物(例如保护某种濒危动物的栖息地),人们要么需要牺牲部分可自由支配的个人收入,要么需要放弃公共提供的其他种类的公共物品。那么,我们又如何知道人们愿意为此作出怎样的牺牲,而且又如何确定我们要求人们作出怎样的牺牲才是公平的? 也就是说,为了实现社会正义的目标,我们应该如何对环境善物(的价值)进行评价,从而尽可能准确地弄清楚不同的人群愿意牺牲多少数量的其他善物来拥有环境善物? 米勒给出的回答是:我们可以尝试对每一个人就讨论中的环境善物的评价作成本—效益分析(cost-benefit analysis),具体而言,就是使用像意愿调查(contingent valuation method)这样的方法(人们会在调查中被问及诸如他们准备为包含或修复一些环境善物支付多少费用一类的问题),来为每一种环境善物建立一个货币等价物。②

接下来就立刻产生了这样一个问题:成本—效益分析是否是将第三类环境善物引入正义理论的正确方式? 通过文本阅读我们可以看到,即使在一些情况下,成本—效益分析的方法的确为某些环境问题的解释和解决提供了"正确"答案,大多数环境保护主义者仍然反对这一方法。根据米勒的概括,这些环境保护主义者反对运用成本—效益分析的方法建立第三类环境善物价值的理由主要有三个。

第一个反对的理由认为,当尝试通过调查人们愿意为拥有一种环境善物支付多少的方式确定环境善物的价值时,实际上人们是在太过狭窄的基础上评价环境善物,因为他们正在将环境善物的价值贬低至使用价值。对于这一反对意见,米勒引用大卫·皮尔斯(David Pierce)在《绿色经济的蓝图》一书中的观点作出回应。皮尔斯指出,环境价值应该被视为一种使用价值、选择价值(指人们赋予那种去使用或者享受某种像未被污染的乡村这类环境资源的可能性的价值,即使他们现在不这样做)和存在价值(指人们赋予一个物种或者一个栖息地的持续存在的价值,即使他们并没有想

---

① 〔美〕戴维·米勒:《社会正义原则》,应奇译,南京:江苏人民出版社,2001年版,第219页。

② David Miller, "Social Justice and Environmental Goods", in Andrew Dobson, ed. *Fairness and Futurity: Essays on Environmental Sustainability and Social Justice*, (Oxford: Oxford University Press, 1999), p. 161.

要去观察或游览)的现实的混合物。① 而无论我们使用怎样的方法去衡量成本和效益,这些方法都应该被设计来捕捉所有这三种价值资源,而不是像反对者所认为的那样,仅仅评价环境善物的使用价值。

第二个反对的理由认为,环境善物与像金钱这样的物品之间不可通约(incommensurable),即用金钱来补偿一个人所失去的环境特征,是不可能的。一些反对者举例说,许多人当被问及是否愿意为环境保护付费时,拒绝作出回应,这就表明在他们的心目中,环境价值是不能用金钱来衡量的。米勒对此给出了不同的解释。他认为,人们之所以在这种情况下拒绝作出回答,可能并非是因为他们认为不能用金钱来衡量环境价值,而是出于以下两个原因:其一,因为人们总是不愿意作出艰难的选择,所以如果他们被要求在环境善物和另一个同样具有很高价值的其他善物之间作出选择,他们会倾向于找到一种两者兼得的途径,因此干脆回避问题,从而不作出正面回答;其二,有时人们不认为保护环境价值的责任应该落到自己头上,而是认为应该指责某个其他人,例如,当你被问及"你愿意为让一个湖泊免于受到化学物质的污染支付多少费用"时,你可能会把它看作是某个其他人(例如工厂的所有者)应该承担责任的外部性问题,从而拒绝对诸如此类的问题发表意见。②

米勒进而提出,环境善物的价值被转化为金钱,或者说,用金钱来衡量环境善物的价值,在现实的选择中是不可避免的。当人们在各种环境善物之间作出选择时,首先会优先考虑的可能是其价值的其他方面;但是,为保护某种环境价值的持续存在所需支付的金钱最终会发挥一定的作用。例如,人们直觉上会认为保护一片未被开发的森林会比重建若干公里光秃秃的城墙更有价值。但是如果保护前者的费用远远高于修复后者,人们还会依照直觉进行选择吗? 如果大批修复后者的费用高于保护前者,这是否又会影响人们的选择呢? 显然,需要支付的费用会成为影响人们选择的重要因素。③

---

① [英]大卫·皮尔斯等:《绿色经济的蓝图》,何晓军译,北京师范大学出版社,1996 年版,第 56 页。

② David Miller, "Social Justice and Environmental Goods", in Andrew Dobson, ed. *Fairness and Futurity: Essays on Environmental Sustainability and Social Justice*, (Oxford: Oxford University Press, 1999), p. 162.

③ David Miller, "Social Justice and Environmental Goods", in Andrew Dobson, ed. *Fairness and Futurity: Essays on Environmental Sustainability and Social Justice*, (Oxford: Oxford University Press, 1999), pp. 162—163.

而第三种反对成本—效益分析的观点认为，人们对环境善物的评价最好被视为判断，而不是偏好，特别是当他们可能要依赖大量信息才能把握那些环境善物的确切本质的时候。环境哲学家约翰·奥尼尔(John O'Neill)举过这样一个例子：当我们面对一片毫无生气的沼泽，如果我们并不具备大量知识和信息，从而了解到底是什么使这一栖息地如此之特殊，那么我们就很难正确把握这片沼泽的生态价值。也就是说，同一片沼泽，在一个受过相关训练的观察者眼中，和在一个普通人眼中，所看到的东西一定会有所不同。所以，奥尼尔认为，要想恰当地评价沼泽，我们需要参考见识广博的人们的意见，而不是那些碰巧现在拥有它的人们的意见。①

与前两种反对意见相比，第三种反对意见确实对使用成本—效益来分析环境善物价值提出了强有力的现实挑战。但米勒坚持认为，问题仍然是人们赋予一种特殊的环境善物多少价值，而且我们可以期待的是，不同的人会对这个问题给予不同的回答。所以，"即使我们想要说环境价值的问题是判断问题，所涉及的判断也会是事实部分与一种不能简化的评价部分的综合"②。

从上述三种反对意见我们可以看到，环境哲学家们在谈论如何评价环境善物的问题时倾向于认为，我们对环境善物的评价，不应该依据某种复杂的成本—效益分析模式，而是应该根据这些环境善物对人类生活所具有的价值作出客观的描述。以奥尼尔和罗伯特·古丁(Robert Goodin)的观点为例。奥尼尔认为，理解和欣赏自然的能力是人类走向一种完备的美好生活所必须的，相反，这种能力的缺乏，即不能理解和欣赏自然，认为自然毫无价值，则指向一种不完备的生活。③ 古丁则认为，自然环境为人类寻求自身生活的意义和范式提供了某种更为广阔的背景。这一背景并不是可有可无、无足轻重的，人们不能对它(例如一片未被开发的自然环境)的存在与否无动于衷，因为若如此，他们就是在放弃那些给予他们的生活以"意义和范式"的事物。所以，以将荒野消耗殆尽的方式来获得较高的收入或者更多其他类型的善物，不可能符合人们的切身利益。④

---

① John O'Neill, Ecology, *Policy and Politics* (London：Routledge, 1993), pp. 78—79.
② David Miller, "Social Justice and Environmental Goods", in Andrew Dobson, ed. *Fairness and Futurity：Essays on Environmental Sustainability and Social Justice*, (Oxford：Oxford University Press, 1999), p. 163.
③ John O'Neill, Ecology, *Policy and Politics* (London：Routledge, 1993), pp. 78—79.
④ Robert Goodin, *Green Political Theory* (Cambridge：Polity Press, 1992), p. 37.

米勒认为环境哲学家的这一观点有些夸大其词,特别是古丁的观点。他指出,认为只有未被开发的自然环境才能为人们的生活提供具有意义的"较大背景",这种观点很难被接受——"即使对一些人而言,他们关于一种有意义的生活的概念的确包括外在于自身的自然过程,那也与普遍真理相去甚远"①。退一步来看,认为未被开发的自然对某些人是弥足珍贵的,倒不会有上述的困难,但与此同时,我们就又返回到之前一直思考的中心问题,即如果在各种善物之间作出选择:"如何使你保护特定环境特征免受人类干预的利益,与我使用获得的土地为我服务的球队建造一个更大更好的露天足球场的利益相抗衡,并以此类推,如何使你保护环境善物的利益与所有其他人的利益相抗衡?"②

据此,米勒认为,我们的任务正是去搞清楚"环境善物应该如何出现在一种社会正义理论之中,而这种正义理论的任务就是要在个人关于各种资源的竞争性主张中作出判断"③。一些人可能认为,如果能够接受奥尼尔与古丁所描述的那种对自然的态度,那么我们可能会享受一种更为多姿多彩的生活。但是,米勒认为,通过赋予环境善物以特权来假设人们已经默认某种对自然环境的评价,并非社会正义所要求的适当方式。

那么在现实操作层面,我们要如何运用成本-效益分析的方法对环境善物的价值进行估算呢?

米勒意识到,现实中存在这样一种倾向:当人们对环境善物的价值作出判断时,例如,当人们在接受意愿调查,被问及"你愿意为保护这片自然环境付出怎样的代价"这类问题时,很可能会在他们的回答中加入一种社会视角(米勒也将其称为"公民视角"),例如,他们可能会回答说"我们应该不惜任何代价保护这片自然环境"。而米勒认为,这种回答丝毫无助于我们关于环境善物评价和分配的讨论。因此,当我们运用成本-效益分析的方法对环境价值进行评估时,我们首先要让人们说出,对于他们个人而言,这片自然环境到底具有怎样的重要意义。而当我们对共同体中的每个人或

---

① David Miller, "Social Justice and Environmental Goods", in Andrew Dobson, ed. *Fairness and Futurity*: *Essays on Environmental Sustainability and Social Justice*, (Oxford: Oxford University Press, 1999), p. 164.

② Ibid.

③ David Miller, "Social Justice and Environmental Goods", in Andrew Dobson, ed. *Fairness and Futurity*: *Essays on Environmental Sustainability and Social Justice*, (Oxford: Oxford University Press, 1999), p. 165.

者共同体中足够规模的抽样进行调查,并获得相关基本信息之后,我们就可以从公民视角作出关于正义要求什么的二阶判断。

米勒以建造公共游泳池(我们假设,游泳池建成后每个人都能够免费使用)的决定为例。在我们能够作出是否建造游泳池的决定之前,我们需要知道,不同的人对于有机会游泳赋予多大的价值,例如,我们可以通过意愿调查询问大家为了能够使用游泳池愿意支付多少年费。在获得这一信息之后,我们还要进一步了解,我们是否能够以一种公平的方式找到建造游泳池所需要的资源。例如,如果调查的结果是不太富有的阶层对建造游泳池的评价低于比较富有的阶层,那么,为建造游泳池而征收人头税显然就是不公平的。米勒指出:如果没有最初的信息,那么除非纯粹依靠直觉,否则我们就不可能确定是否应该建造游泳池,也不可能决定应该如何为建造游泳池筹备资金。所以,作为公民的我们关于是否建造公共游泳池的决策关涉两个问题:首先,他们个人对于拥有一个游泳池具有怎样的评价;其次,根据上述信息,他们关于建造游泳池作出怎样的决定。①

米勒认为,我们决定是否建造公共游泳池的程序与我们决定是否保护某种环境善物(如保护波纹林莺)的程序是相同的。除非人们对该环境善物重要性的认识高度一致,否则,正确的方式应该是:首先,通过意愿调查获得不同人对该环境善物的不同评价,例如该环境善物对于个人是否具有以及具有怎样的重要性,个人是否愿意为保护该环境善物支付金钱,愿意支付多少等;然后,再将这些评价作为证据引入环境正义的公共协商,看看是否能够以公平的方式找到保护该环境善物的资源,如若不能,则不能作出保护该环境善物的决定。② 而在这里我们可以看到,如果没有类似成本—效益分析的措施作为第一步,那么许多围绕环境善物产生的争端就不可能得到公平的解决。

当然,环境保护主义者可能会抵制在修建游泳池案例与保护波纹林莺案例之间进行类比。他们认为,两个案例关涉的内容有着质的不同:在第一个案例中,所关涉

---

① David Miller, "Social Justice and Environmental Goods", in Andrew Dobson, ed. *Fairness and Futurity : Essays on Environmental Sustainability and Social Justice*, (Oxford: Oxford University Press, 1999), p. 169.

② David Miller, "Social Justice and Environmental Goods", in Andrew Dobson, ed. *Fairness and Futurity : Essays on Environmental Sustainability and Social Justice*, (Oxford: Oxford University Press, 1999), p. 170.

的不过是某人从可以使用游泳池中所获得的个人愉悦或利益的数量;而在第二个案例中,对波纹林莺命运的关注则代表一种认为保护鸟类和其他野生动物非常重要的价值判断。前者无足轻重,后者关乎生死存亡。而米勒认为,尽管这两个案例在某些方面非常之不同,但是从社会正义的视角来看,它们必须被以相同的方式来处理。这种相同的方式特别是指,两个案例中的人们都无法就价值评价达成一致意见,而只要存在分歧,那么相应地就存在着正义问题,因为分歧下的行动必然是将某种利益或某种善物提供给某些人而没有提供给其他人。

为了进一步明确自己的观点,米勒又举了一个可能更具有说服力的例子:假设人们要求使用公共基金来建造不同教派的教堂。每一个群体的主张都不是基于教派成员将会从建造教堂中获得个人享受的舒适要求,而是基于这样一个事实,即如果没有教堂,信徒们就不可能以真正正确的方式来崇拜上帝。^① 如果说游泳池案例与波纹林莺案例还有着舒适享受和严肃的价值判断的区别的话,那么教堂案例与波纹林莺案例则不会存在上述歧义。教堂案例中人们的偏好是基于对上帝信仰,而波纹林莺案例中人们的偏好是基于对作为波纹林莺栖息地的森林是一个具有内在价值的生态系统的信念:两者都属于严肃的偏好,并没有本质的区别。

综上所述,在米勒所划分的三种环境善物当中,第三类环境善物与社会正义理论的关系最为复杂:未被开发的自然环境或生态系统,濒临灭绝的动物及其栖息地,这些对环境保护主义者而言非常重要的环境特征,在社会正义的考察中却只能被视为一种被予以同等考虑(但也只能被予以同等考虑)的个人偏好,唯有当这一个人的偏好成为足够多的人的共同偏好时,才能对社会正义提出要求。米勒通过对成本-效益分析方法的引入和运用,重点对第三类环境善物进入社会正义领域的可能性及其限度进行了考察。而米勒从社会正义角度切入对环境善物所作的分析,不但为当前环境正义研究提供了深厚的理论支撑,而且对环境哲学或者绿色政治理论领域也产生了重要的影响。

---

① David Miller,"Social Justice and Environmental Goods", in Andrew Dobson, ed. *Fairness and Futurity: Essays on Environmental Sustainability and Social Justice*, (Oxford: Oxford University Press, 1999),p. 171.

第三章 环境正义的分配原则

作为分配正义的环境正义要回答的第三个问题是应该"如何分配"(how),即按照什么原则进行分配的问题,这也是任何一般性正义理论的核心问题。在这一章,本书将尝试沿普遍主义和特殊主义两条路径,对几种主要正义理论的分配原则与环境正义的配适性,以及环境正义研究者在环境正义分配原则方面所作出的理论性尝试进行分析。

有研究者指出,若独立于规范性内容,正义理论可以从结构上划分为普遍主义的正义理论(universalism)与特殊主义的正义理论(particularism)。① 迈克尔·沃尔泽曾这样形象地描述普遍主义研究思路和特殊主义研究思路的区别。普遍主义的研究是"走出洞穴,离开城市,攀登山峰,为自己塑造一个客观的普遍的立场。……在局外描述日常生活领域,这样,日常生活领域就失去了它特有的轮廓而呈现出一种一般状态"。而特殊主义的思路则是"站在洞穴里,站在城市里,站在地面上来作描述"。②

就正义理论而言,多数的传统社会正义理论都是普遍主义的,例如罗尔斯与罗伯特·诺齐克(Robert Nozick)的

---

① Andrew Dobson, *Justice and the Environment: Conceptions of Environmental Sustainability and Theories of Distributive Justice*, (Oxford: Oxford University Press, 1998), p. 69.

② [美]迈克尔·沃尔泽:《正义诸领域:为多元主义与平等一辩》,褚松燕译,南京:译林出版社,2002年版,第5—6页。

理论目的就是要寻找普遍性的正义原则。对于普遍性的具体理解一般会涉及两个方面:一是"跨越国界并适用于不同民族及文化"的普遍性,即"普适性";而另一是"跨越系统(social context)但却只适用于个别类型的社会",即所谓"一般性"。① 在环境正义的研究中,研究者更强调与"一般性"的普遍主义正义理论相对应的特殊主义的理解。他们认为,从特殊主义的进路来看,"一般性"的正义原则忽视或淡化了物品的特殊性以及社会关系的特殊性,而对这些特殊性的考量对于环境正义具有非常重要的意义。

第一节 普遍主义分配原则的局限性

  阿马蒂亚·森(Amartya Sen)认为,信息基础对于正义理论具有决定性的作用。他指出,在很大程度上,我们可以根据某种正义理论作出判断所需要的信息,以及——同样地重要的——被理论"剔除"在其直接的评价性作用之外的信息,来对正义理论的特征进行说明。② 也就是说,我们可以通过考察某些信息是不是直接切题的,来找到一种正义理论真正的"切中要害之处"。以古典功利主义和自由至上主义的正义理论为例,"古典功利主义试图运用不同个人(在比较的框架中来看的)各自的幸福或快乐信息,自由至上主义则要求遵守一定的自由权和礼仪规则,并按照这些规则是否得到遵守的信息来评价事物状态"③。森认为,两种正义理论之所以方向不同,原因主要在于它们在评价不同社会状态的正义性和可接受性上,采用它们各自认为是核心的不同的信息。

  森的这一独到的信息观点为我们思考环境正义的分配原则,提供了十分有效的分析方法。④ 在环境正义的特殊情境下,如果我们运用上述关于正义的信息的观点

---

① 梁文韬:《社会正义的多重多元性——评戴维·米勒的正义论》,台北:"中研院"网站,www.sinica. edu. tw/asct/tpa/ committee/tpaseminar/2002/2003/200314. pdf。
② [美]阿玛蒂亚·森:《以自由看待发展》,任赜、于真译,北京:中国人民大学出版社,2002年版,第48页。
③ 同上书,第49页。
④ 在运用阿玛蒂亚·森的信息"剔除"观点来分析普遍主义正义原则在思考环境正义时所具有的信息局限时,本书主要借鉴了吉林大学法学院马晶博士的观点和相关思路,具体参见马晶:《环境正义的法哲学原理》,吉林大学法学院博士论文,2005年4月,第74页。

进行考察就会发现,由于时代和关注问题的不同,现代社会以来的许多普遍主义正义理论都还没有将对环境可持续性的忧虑和质疑作为"内括性"信息。诚如有些研究者所言:"在环境风险充斥的当代社会,假如仍然将环境物品有限性和特殊性方面的事实予以剔除,就难免会失之于信息基础的缺陷。"①正是在这个意义上,多布森指出,当今时代,"在未就因环境可持续性所产生的问题进行思考之前,任何关于社会正义的反思都将是残缺的"。② 下面,本书将通过对古典功利主义正义原则和诺齐克的自由至上主义正义原则的分析,来指出它们所提出的普遍主义正义原则在面对环境物品的分配时所表现出的局限和不足。

首先来看古典功利主义。虽然在理论领域,古典功利主义思想一直受到诟病,但是由于其在经济学领域中的重要影响,因此,在环境实践领域中,功利主义思想一直占据着现实的主导地位。

在功利主义者看来,富裕的国家或地区将污染以交易的形式转移至贫穷落后地区,不过是一种普通的有利于买卖双方的市场行为,而有关各方对环境质量的平等需求是与交易目的毫不相关的信息;甚至有人认为,环境的污染与人们的富裕程度密切相关,当社会富裕起来,就会逐渐不再忍受污染了。因此,从功利主义的视角来看待发展中国家或贫困地区的社会需求,其结论就必然是对"肮脏工业"等污染形式的普遍接纳,因为更清洁的环境意味着更缓慢的增长,以及贫困的更缓慢的消除或缓解,如果希望有更快的增长,那就要忍受更多的污染。这符合功利主义注重社会总体的效用与福利,追求"最大多数人的最大幸福"的正义标准。而从环境正义的观点来看,上述功利主义的观点是不能接受的。其原因在于,功利主义往往要求把不同人的效用直接加总得到总量,而不注意这个总量在个人之间的分配。因此,追求"最大多数人的最大幸福"的功利主义一般忽略幸福分配中的不平等的信息,对于总量的关注使功利主义漠视弱势群体的利益、权利与需求,更不用说实现分配公正。

因而,功利主义在追求"最大多数人的最大幸福"时,可能会以牺牲少数人为代价来达到目标。以美国的环境正义运动为例,美国环境正义运动爆发的一个重要原因,就是反对政府将有毒废弃物处理设施放置在有色人种和少数民族社区,从而使后者

---

① 马晶:《环境正义的法哲学原理》,吉林大学法学院博士论文,2005 年 4 月,第 74 页。
② Andrew Dobson, *Justice and the Environment: Conceptions of Environmental Sustainability and Theories of Distributive Justice*, (Oxford: Oxford University Press, 1998), p. 11.

成为为大多数美国人享有健康的环境而被牺牲的少数。正如托克维尔在《论美国的民主》中所谈到的,民主国家在形式上赋予公民自由平等权,并奉行"少数服从多数"的原则。但在这种社会原则之下,却容易形成多数之"无限权威",甚至以多数为名而滥用权力来压制少数,造成所谓的"多数的暴政"。①

总之,功利主义以全社会福利最大化为目标,但是它以"效用"为基本分析概念,忽略了权利、自由等非效用因素;它注意了全社会福利总量,而忽视了总量在社会成员中的分配。在某种程度上,这正是许多环境不正义现象出现的原因。

接下来,我们将要分析的是,诺齐克的"持有正义"的普遍原则是否能与环境正义相兼容。诺齐克强调,关于分配正义的原则离不开人们获得持有物的历史条件,而有关持有的正义便不能不分析持有权是如何获得的。首先是对无主物的最初获得,即无主物如何或通过哪些过程,在什么范围内被人所持有;其次是一个人通过什么过程把自己的持有权转让给他人。诺齐克认为,实际上分配正义要面对的就是这两种过程是否公正,并以此提出了持有正义的概念和领域:"第一,一个符合获取的正义原则获得一个持有的人,对那个持有是有权利的;第二,一个符合转让的正义原则,从别的对持有拥有权利的人那里获得一个持有的人,对这个持有是有权利的;第三,除非是通过上述一与二的(重复)应用,无人对一个持有拥有权利。分配正义的整个原则只是说:如果所有人对分配在其分下的持有都是有权利的,那么这个分配就是公正的。"②这就是诺齐克持有正义的三个原则:获取的正义原则、转让的正义原则和对不正义的矫正原则。这其中,"从最初获取的正义再加上以合法手段转让权利的正义,构成了诺齐克分配正义的核心原则。诺齐克强调,一个人对持有物所拥有的权利也只能是这两种方式,如果不是,分配的正义就要求按照这两条原则进行纠正"③。诺齐克紧紧抓住个人对持有物拥有权利这个关键,用以排除一切干涉个人权利以及个人财产的分配原则。但是,如果从阿马蒂亚·森关于正义理论信息基础的观点来看,就环境问题而言,诺齐克的持有正义原则由于"略去了有关非私人物品、非个人权利以及市场以外的制度体系,因此在某些方面显示出与环境物品的分配需要极不相容的属性"④。

<hr>

① [法]托克维尔:《论美国的民主》(上卷),董果良译,沈阳出版社,1989 年版,第 313—315 页。
② [美]罗伯特·诺齐克:《无政府、国家与乌托邦》,何怀宏等译,北京:中国社会科学出版社,1991 年版,第 156—157 页。
③ 顾肃:《自由主义基本理念》,北京:中央编译局,2003 年版,第 497 页。
④ 马晶:《环境正义的法哲学原理》,吉林大学法学院博士论文,2005 年 4 月,第 87 页。

首先我们结合环境问题来看获取正义的原则。获取正义所要回答的问题是：一个人如何能有权利拥有本来不属于任何人的东西。在这个问题上，诺齐克基本接受了洛克的"劳动理论"，认为人的劳动是将无主物变为私有财产的充分必要的条件。但是，诺齐克也意识到，"就无主物的原始取得而言，什么方式的取得是正当的，取得的权利资格在多大的范围内被认为是正当的，并且一种获取方式的正当性还有没有其他的条件作为限制，获取原则在对这些问题的回答上，并非无懈可击"①。在这一点上，诺齐克再次从洛克那里获取理论支持。洛克为其财产权理论设定了一个前提，亦即"人们将其劳动与公有资源相结合便能取得财产权的合法性在于，仍有足够多的、同样好的资源留给了他人公有"②。应该说，在洛克身处的 17 世纪，这个条件应该是比较容易满足的。正如洛克所指出的，在当时，在像美洲大陆这样的地方，即使你占有一片土地及其他生产工具，或者用一部分河水去灌溉自己的田地，都并不会影响到别人的生活状况。但是在无主资源已经很少的今天，对无主资源的获取到底会不会使他人的境况恶化呢？诺齐克提出了两种可能：一种是作为我获取产权的一个结果，有可能使他人不再能够取得这种财产和这种资源；但也有另外一种可能，即这也许意味着当其他人不再能够占有该资源时，他们仍可取得并使用这些资源。③ 诺齐克选择了后一种可能，即较弱的条件。但是诚如有研究者指出，"如果采取一种'弱'的解释，那么几乎没有什么占有会不被允许"④。

而且，就获取方式而言，人们当前对某物的所有权，它的最初获取不但要符合洛克劳动理论的要求，而且还不能存在任何暴力或欺骗，唯有如此，这种所有权才是正当的。但是不幸的是，在殖民主义数百年的掠夺史中，"地球上几乎不存在未经暴力或欺诈而到达它们现在主人手中的环境资源"⑤。有研究者以北美为例考察这一现象。研究指出，印第安人是从亚洲穿越白令海峡来到北美大陆的第一批人类居民，面对丰富的自然资源，他们通过劳动已经获得洛克意义上的财产权。但是，随着欧洲人入侵北美大陆，他们和他们的后代通过暴力或欺骗的手段攫取了印第安人手里几乎

---

① 马晶：《环境正义的法哲学原理》，吉林大学法学院博士论文，2005 年 4 月，第 87 页。
② ［英］约翰·洛克：《政府论两篇》，赵伯英译，西安：陕西人民出版社，2004 年版，第 147 页。
③ 顾肃：《自由主义基本理念》，北京：中央编译局，2003 年版，第 499—500 页。
④ 石元康：《当代西方自由主义理论》，上海三联书店，2000 年版，第 160 页。
⑤ Feng Liu, *Environmental Justice Analysis*, (Boca Raton Lewis Publishers, 2001), p. 24. 转引自马晶：《环境正义的法哲学原理》，吉林大学法学院博士论文，2005 年 4 月，第 88 页。

所有的自然资源,"想当年美国的垦荒者把劳动花在西部未开垦的地区,以此声称拥有了土地权,他们根本没有想到土著人已经利用该土地上万年了"①。也有学者指出洛克所假设的是一个农业或工业社会的财产概念,它并不适用此前的文明形态,"游牧文明会在大范围内根据季节或移动的畜牧群而迁移,这种文化里,在一个地方插个私人土地的标记是很滑稽的"②。

这些与环境有关的信息在诺齐克的获取正义原则中都属于被"剔除"的信息,对这些问题的不敏感,使得这一原则在面对环境分配正义时的解释力受到质疑。

其次是转让的正义原则。转让正义原则要回答的问题是,一个人如何有权利拥有本来属于别人的东西。在诺齐克看来,"分配的正义集中表现在分配的手段或方式上,这种手段和方式直接由转让原则所指定"③。这其中,又以市场交易为最重要的转让途径。诺齐克认为,只有当交换是自愿的时候,才符合"转让的正义原则"。虽然诺齐克重视"自愿"的正义功能,但他对"自愿"的理解非常宽泛,他认为"别人的行为限制着一个可利用的机会。而这是否使一个人的行为不自愿,要依这些人是否有权利这样做而定"④。如果用这样的"自愿"标准去衡量,当今社会自由贸易和投资体制下的绝大多数行为都是正当的,但其中的许多事例与道德的标准并不相符,甚至还涉及欺诈和错误等问题。⑤ 环境善物和环境恶物转让中的许多情况就是如此。且不说发达国家对发展中国家不可再生的环境资源的巧取豪夺,有研究指出,许多对可再生的环境资源的"自愿"转让,也存在着类似的问题。虽然发展中的较贫穷国家会从出售可更新的环境资产中获利,但是较贫穷的资源出售往往是廉价的,原因有二:其一是各贫穷国之间在出售环境物品上可能会出现竞争;其二是一个对贫穷者而言很高的价格,对于富有者却是非常低廉的。这并不是说贫穷者是愚蠢的,而是与富裕国家

① Peter Wenz, *Environmental justice*,(Albany：State University of New York Press, 1998), p. 75.

② [美]戴维·贾丁斯:《环境伦理学——环境哲学导论》,林官明、杨爱民译,北京大学出版社,2002 年版,第 36 页。

③ ·万俊人:《现代西方伦理学史》(下卷),北京大学出版社,1992 年版,第 745 页。

④ [美]罗伯特·诺齐克:《无政府、国家与乌托邦》,何怀宏等译,北京:中国社会科学出版社,1991 年版,第 262 页。

⑤ 姚大志:《现代之后:20 世纪晚期西方哲学》,北京:东方出版社,2000 年版,第 83 页。

相比,贫困使他们处于一个相对弱小的谈判地位。①

这还表现在像有毒废弃物这样的环境恶物的贸易中。有研究指出,许多发达国家以(在第三世界)尚有利可图的价格向第三世界国家"废物再利用"公司输出待"处理"的废物。例如,美国作为世界上最主要的废物输出国,其一年产生的 27 500 多万吨有毒废弃物(诸如氰化物、汞以及砷等)大部分被当作"可再利用废物"用船运送到第三世界国家。但是"'可再利用'这一说法只是试图误导人们,掩藏废品的真正本质。事实上,这类有毒的化学物质毫无用处,再利用也毫无必要。这就是纯粹的废物"②。

最后,是矫正的正义原则。诺齐克提出,假如持有的状态不符合获取的正义原则和转让的正义原则,那么就需要对持有中的不正义进行矫正,这就是持有正义的第三个原则。③ 反之,"如果某人赔偿别人,使他们的状况并不因其占有而变坏,那么,其占有本来要违反这一条件的人就仍然可以占有。但只有当他确实赔偿了这些人时,他的占有才不会违反有关获取的正义原则的这一条件,从而才会是合法的占有"④。诺齐克在这里所指的"条件"就是洛克所说的"应留给他人足够多、同样好",这里的"同样好"的前提显然要依赖于"赔偿的可能性和可接受性"。⑤ 因此,矫正原则所面对的一个主要问题就是:环境物品的非正当获得和转让是可矫正的吗? 答案在许多情况下是否定的。考虑到环境物品的特性,如许多环境物品的不可再生性,环境风险影响在相当程度上的不可逆性等,都否定了一般意义上的赔偿原则和制度在环境领域的应用。

以上是对古典功利主义正义理论和诺齐克的自由至上主义正义理论在环境可持续方面的信息缺失的考察。

---

① Martinez-Alier, "Distributional Obstacles to International Environmental Policy: The Failure at Rio and the Prospects after Rio", *Environmental Values*, (Summer 1993), p. 117. 转引自 Andrew Dobson, *Justice and the Environment: Conceptions of Environmental Sustainability and Theories of Distributive Justice*, (Oxford: Oxford University Press, 1998), p. 157.
② [印度]范德纳·希瓦:《处于边缘的世界》,[英]威尔·赫顿、安东尼·吉登斯编:《在边缘:全球资本主义生活》,达巍、潘剑等译,北京:生活·读书·新知三联书店,2003 年版,第 159 页。
③ [美]罗伯特·诺齐克:《无政府、国家与乌托邦》,何怀宏等译,北京:中国社会科学出版社,1991 年版,第 156—157 页。
④ 同上书,第 183 页。
⑤ Andrew Dobson, *Justice and the Environment: Conceptions of Environmental Sustainability and Theories of Distributive Justice*, (Oxford: Oxford University Press, 1998), p. 158.

第二节 特殊主义分配原则的理论尝试

注意到普遍主义分配原则在环境可持续信息方面的缺失,环境正义研究者开始尝试从特殊主义的进路来思考环境正义的分配原则问题。可资借鉴的特殊主义研究进路主要有两种:一种是迈克尔·沃尔泽提出的"物品理论"的进路,在这一理论中,人们根据不同的分配对象来采用不同的分配原则,也就是说,"怎么分配"在根本上是由"分配什么"来决定的;另一种是戴维·米勒提出的"社会关系"的进路,在这一理论中,人们根据所处的不同的关系类型来运用不同的分配原则。

我们首先来看沃尔泽的分配正义原则。他主要基于分配物品的多样性、分配机构的多元性或分配标准的多元性来反对某些普遍性的正义观念。沃尔泽注意到,所有的社会正义理论大多数只包含一种或一套分配原则;而沃尔泽的观点是,寻求一种涵盖所有可能的利益和负担分配的基本原则,就是寻找一头怪兽(chimera)。历史表明:"从来不存在一个适用于所有分配的单一标准或一套相互联系的标准。功绩、资格、出身和血统、友谊、需求、自由交换、政治忠诚、民主决策等等,每一个都有它的位置。"①沃尔泽进而提出一个关于社会物品多样性以及由此产生的支配这些物品的分配原则多样性的一般性原则:"我所要争论的是……正义原则本身在形式上就是多元的;社会不同善应当基于不同的理由、依据不同的程序、通过不同的机构来分配;并且,所有这些不同都来自对社会诸善本身的不同理解——历史和文化特殊主义的必然产物。"②或者换言之,"物品的这种多样性与多样化的分配程序、机构和标准相匹配"③。

那么,沃尔泽的这一"依附"于物品的特殊主义分配理念是否适用于环境物品

---

① [美]迈克尔·沃尔泽:《正义诸领域:为多元主义与平等一辩》,褚松燕译,南京:译林出版社,2002年版,第3页。
② 同上书,第4页。
③ [美]迈克尔·沃尔泽:《正义诸领域:为多元主义与平等一辩》,褚松燕译,南京:译林出版社,2002年版,第1页。

(environmental goods)呢？也就是说，是否存在一种"依附"于环境物品的分配原则呢？[①] 关于这一点，沃尔泽并不能为我们提供直接的支持。因为沃尔泽的物品理论不但关注物品自身的多样性，而且同样关注对物品的社会理解的多样性。沃尔泽认为，分配的原则是来自对所考虑物品的不同的社会理解。他竭力强调："分配的标准和制度安排不是善本身固有的，而是社会善内在所需的。如果我们理解一个物品是什么，它对那些将它看作一种善的人意味着什么，那么，我们就能理解它应当怎样、由谁、为何原因来分配了。"[②]也就是说，对于沃尔泽而言，分配原则根植于社会世界，由于社会世界的不同，分配原则也将是不同的——即使是表面上相同的物品也是如此："世上的物品有着人们共享的涵义，因为构想和创造都是社会过程。出于同一原因，物品在不同的社会里有着不同的含义。同一个'东西'因不同的原因而被重视，或者在此地被珍爱而在别处则一文不值。"[③]

沃尔泽的多元主义观点可以被看作是一种对我们许多人都具有的、关于许多物品的直觉的回应，而且在涉及环境物品时，这一直觉仍然可以被最大限度地分享。例如，在过去的几十年里，主流环境保护的各种理论（例如自然权利、自然价值）之间产生争论的一个主要原因就在于，人们在如何看待非人类自然界的价值问题上存在着深刻分歧——这似乎为作为沃尔泽正义论基础的价值（此处指环境物品价值）多元主义提供了一个注脚。[④]

但是环境物品却显示出其特殊性。尽管主流环境保护理论内部在如何看待非人类自然界的价值等问题上存在着深刻分歧，但是就整个环境保护运动而言，仍然倾向于认为环境可持续性是人们生活自身的前提条件，特别对于那些"前提性的环境善物"而言，更是人类生活之再生产所必须的。"人们尽管可能对于雪豹是否具有内在价值存在着分歧，但是跨越各种文化的所有人都将会同意，表土层的浅层对于使人类

---

① Andrew Dobson, *Justice and the Environment*: *Conceptions of Environmental Sustainability and Theories of Distributive Justice*, (Oxford: Oxford University Press, 1998), p. 141.

② [美]迈克尔·沃尔泽:《正义诸领域:为多元主义与平等一辩》,褚松燕译,南京:译林出版社,2002年版,第9页。

③ 同上书,第7页。

④ Andrew Dobson, *Justice and the Environment*: *Conceptions of Environmental Sustainability and Theories of Distributive Justice*, (Oxford: Oxford University Press, 1998), p. 141.

远离饥馑具有基本的价值。"①

沃尔泽可能并不同意这一观点，因为他认为："不存在可想象的跨越全部精神和物质世界的惟——组首要的或基本的物品。或者说，这样一组物品已被构想得如此抽象以致于它们对于思考特定的分配作用甚微。……惟——种且通常是必须的物品——比如食物——在不同的地方就承载着不同的含义。面包就是生命的全部，基督的身体，安息日的象征，待客的方法，等等。"②但是事实上，正如有研究者指出，沃尔泽关于食物的象征性意义的例子，并不能否认这样一个事实：对于人们的生存而言，食物是一种"必须的物品"，而且是一种"永远的必须"，应永远被视为具有基本的价值。③ 环境善物，特别是空气、水这样的前提性环境善物显然属于同样的情形。不仅如此，如若我们将前提性环境善物看作是作为人类安全和福利前提的环境善物，那么沃尔泽在《正义诸领域》的"安全与福利"一章中的讨论可以被视为分配前提性环境善物的一个原则。在这一章，沃尔泽指出，对于安全和福利的分配而言，需要是最适合的原则："每个政治共同体都必须根据其成员集体理解的需要来致力于满足其成员的需要；所分配的物品必须分配得与需要相称；并且，这种分配必须承认和支持作为成员资格基础的平等。"④

以上讨论的是从沃尔泽的物品理论自身寻找分配前提性环境善物的可能性。而事实上，如果我们将沃尔泽正义理论中的多元主义分配原则与环境正义实践中提出的一些环境恶物和环境善物的分配原则相比较就会发现，某些环境正义的实践措施潜在地遵从着沃尔泽所提出的根据"分配什么"来决定"怎样分配"的原则。

本书在第二编第二章"环境正义的分配对象"中指出，当前环境正义研究中论及的作为分配对象的环境物品主要包括环境恶物、基本的环境善物、环境质量等等。

从环境正义运动的发展我们可以看到，早期环境正义概念的提出针对的是对环境恶物的不平等分配。这一指控认为，低收入群体和少数民族群体忍受着健康威胁

---

① Andrew Dobson, *Justice and the Environment*: *Conceptions of Environmental Sustainability and Theories of Distributive Justice*, (Oxford: Oxford University Press, 1998), p. 142.

② ［美］迈克尔·沃尔泽：《正义诸领域：为多元主义与平等一辩》，褚松燕译，南京：译林出版社，2002 年版，第 8 页。

③ Andrew Dobson, *Justice and the Environment*: *Conceptions of Environmental Sustainability and Theories of Distributive Justice*, (Oxford: Oxford University Press, 1998), p. 142.

④ ［美］迈克尔·沃尔泽：《正义诸领域：为多元主义与平等一辩》，褚松燕译，南京：译林出版社，2002 年版，第 105 页。

等不成比例的负担,而这种环境危险的负担应该被平等共享。因此,这就提出了"平等分配环境恶物"的环境正义原则。

但是不久,这种"平等地受污染的机会"的理念就被另一种理念所取代,后者认为,"任何人都不应该被迫承受环境危险所带来的不利后果"。更为准确地说,平等分配污染的原则应该以这样一条说明为补充:即污染水平应该被减小到零。也就是说,仅仅根除暴露于环境危险上的不平等是不够的,除此之外,还要确保任何人都不承受暴露于环境危险之苦。这样一种提供保障标准的要求将作为分配正义的环境正义的注意力从污染这样的"恶物",转移至清洁的空气和饮用水这样的"基本善物",而焦点也从承担同样的环境负担,转移到拥有健康所必须的基本环境善物的平等权利。

而对于"环境质量"和"体验优质环境"的分配也一直用平等权利的术语来表达。例如,朱利安·阿吉曼就将"靠近乡村"看作是"一种环境权利——在公共区域游荡的权利"。① 而且我们有一个相对于每个人的保障标准——优质环境。但是,诚如贝尔指出,这种情况下的"平等"不同于不受污染的平等权利。靠近居住环境之外的优质环境的权利并不意味着每个人都生活在距优质环境同样距离的地方,也不意味着每个人都能够支付得起同样次数造访优质环境的费用。相反,它主张每个人都拥有在合理的间隔时间内现实地造访优质环境的条件(包括交通、金钱、知识和自信等等)。与此相类似,居住在优质环境中的"权利"也不意味着所有的地方都是同样的,甚或每一个地区都是和所有其他地区一样"可欲求的",而是意味着"最不被欲求"的地区应该满足特定的基本标准。② 因此,对于"优质环境"的分配而言,问题在本质上并不是平等不平等,而是能不能确保满足每个人的最低标准。因此,它的分配原则应该是,每个人都有权要求一种特定的最低标准的权利,但是在那个标准之上,还存在着变化的空间。同样的分配原则似乎也适用于作为环境正义分配对象的、解决食物和燃料贫困的基本"环境资源"。在这里强调的是,使每个人都拥有足够的温暖和食物。

通过上述的论述我们可以看到,虽然都以追求平等的分配为形式,但是根据分配对象(环境恶物、基本环境善物和环境质量)的不同,环境正义运动实际上也采取了不同的分配原则:平等分配环境恶物的原则、在平等分配基本环境善物的同时保障最低

---

① Julian Agyeman, "Constructing Environmental (In) justice: Transatlantic Tales", *Environmental Policy*, Vol. 11 (Fall 2002), p. 38.

② Derek Bell, "Environmental Justice and Rawls' Difference Principle", *Environmental Ethics*, Vol. 26 (Fall 2004), p. 294.

环境标准的原则,以及建立在平等权利的基础上但会根据个人的收入和选择等而有所变化的环境质量的分配原则。在一定程度上,我们可以将这种针对不同环境物品采取不同分配原则的实践,看作是一种对沃尔泽特殊主义正义理论的现实回应。

接下来,本书将转而考察米勒的特殊主义正义原则。米勒提出一种不同于沃尔泽的正义多元论。米勒认为:"我的方案不是从社会物品及其意义开始,而是从我所谓'人类关系的模式'开始。人类之间存在各种不同的关系,首先通过观察我们的关系的特殊性,我们能最好地理解别人向我们提出的正义要求。"他进而指出,虽然现实世界里的这种关系常常是复杂的和多种多样的,但是仍然存在用少数基本模式去分析它们的可能。"如果我们的目标是去发现社会正义对现代自由社会中的居民意味着什么,我们需要分析三种基本的关系模式。"①

在其较早的著作《市场、国家与社群:市场社会主义的理论基础》中,米勒对这三种基本关系模式作出最初的区分。他认为,市场、国家与社群是人与人之间发生相互联系的三种基本方式,这三种方式分别给人们提供利益和服务。作为市场的参与者,人们之间的相互关系是一种自愿的交换关系,每个人通过给他人提供一定的利益而取得相同的回报;作为国家的公民,人们之间的相互关系由正式的法律规定每个人拥有什么权利和义务,分配利益的方式是规定某些人应当提供什么,而另一些则应当接受什么;作为社群的成员,人们之间通过认同这种纽带而发生相互关系,这种认同包含人们之间为了相互的利益而应承担的非正式义务。在一定的限度内,人们仅仅通过同伴们的善良意志便可获得利益。② 而在《社会正义原则》中,米勒又进一步将这三种基本关系模式称为团结的社群(solidaristic community)、工具性联合体(instrumental association)以及公民身份(citizenship),并明确地提出了社会正义的三种相应的分配原则:在第一种关系模式即团结的社群中,实质性的正义原则是按需分配,"每个人都被期望根据其能力为满足别人的需要作出贡献,责任和义务则视每种情况下社群联系的紧密程度而定"③。第二种关系模式工具性联合体与米勒早期提出的"市场"相对应,在这里,人们以功利的方式相互联系在一起,相应的正义原则

① 〔美〕戴维·米勒:《社会正义原则》,应奇译,南京:江苏人民出版社,2001年版,第27页。
② David Miller, *Market, State and Community: Theoretical Foundations of Market Socialism*, (Oxford: Clarendon Press, 1989). 转引自俞可平:《社群主义》,北京:中国社会科学出版社,2005年版,第79页。
③ 〔美〕戴维·米勒:《社会正义原则》,应奇译,南京:江苏人民出版社,2001年版,第28页。

是依据应得分配；而"一个人的应得是由他或她所属的联合体的目标和目的所确定的，后者提供了使相应的贡献得到评判的衡量尺度"。① 第三种关系模式是公民身份联合体，其首要的分配原则是平等。"公民的地位是平等的地位：每个人都享有同等的自由和权利，人身保护的权利、政治参与的权利以及政治社群为其成员提供的各种服务。"②

米勒还进一步指出，因为有些关系我们不可能不在日常生活中意识到它们，而另一些则不大能够直接地看见，所以这三种人类关系的联合模式对包含在其中的人们而言，显著性并不相同。"如果我们从这一角度观察团结性社群、工具性联合体和公民资格，我们就会发现，在正常的环境中，（三种）关系的显著性是逐渐降低的。我们最直接地意识到的是我们的家庭和其他社群关系；其次是专心于经济的和其他工具性的关系；最后是公民身份，对大多数人来说，它是遥远的并被苍白地理解的联合模式。正由于这些概念性的局限，我们倾向于赋予来自我们最接近的社群的正义要求以太多的重要性，而对来自公民身份的要求则赋予太少的重要性。"③

简言之，三种基本关系模式、三种相应的正义原则以及人们对于三种关系模式的逐渐降低的感受性，构成了米勒从人们之间的关系模式出发的多元主义正义原则的主要内容。单纯从这样的结构来看，环境正义的一些研究者也提出了根据人与人所处的关系来决定自我应对他者承担何种正义的义务的主张，与这种特殊主义的思考方式有某种相通之处。这其中，彼得·温茨的"同心圆"理论（the concentric circle theory）就是典型的代表。

"同心圆"理论描述了一组以个体自我为中心、呈放射状向外扩展的同心圆。最靠近自我的圆圈里，是家人、亲属、邻居、友人，之后向外扩展到地方团体、国家、未来世代等。最靠近自我的圆圈里的人比较少，下一圈就多一点，然后依此类推。某个人所在的圆圈离自我越近，自我对他（她）所负的责任就越大。

在环境保护的论述中，用"同心圆"的比喻来描述各种关系并非温茨的独创。环境伦理学家 J. 贝尔德·克利考特（J. Baird Callicott）曾运用类似的"年轮"的比喻来描述人类与自然界的关系："我们对生物共同体（biotic community）的认知与溶入，并

---

① ［美］戴维·米勒：《社会正义原则》，应奇译，南京：江苏人民出版社，2001 年版，第 29 页。
② 同上书，第 30 页。
③ 同上书，第 42 页。

非意味着我们就不再是人类社群的成员或是减少了我们对此一社群所伴随的相关道德责任,例如对一般人权与个人尊严的尊重,道德的生物社会性(biosocial)发展并不是像胀大的气球般掩盖了原有的社群界限,而是更像树木的年轮一般,每一个界线都会显现,而更大的界限则包覆在较小、较原始的社群界限之上。"①

但是,二者不同的是,在克利考特的描述中,我们"人类"是属于同一层年轮的,也就是说在这一个万物彼此息息相关的生态系整体之中,在生物学或生态学家的眼中,相对于"非人类"的其他生物,我们"人类"是一个同质的范畴。克利考特想要强调的是,白人、黑人、原住民都是生态系统的一部分,男人、女人都要为生态的破坏一起负责,而农人、工人和资本家都要一同接受土地伦理的规范。而这显然是主张环境正义的温茨所反对的。虽然温茨也将动物、植物、自然界置于同心圆的外层,但是在环境问题背景下人与人之间的正义关系仍然是温茨关注的最主要的内容。

温茨认为,对他者的正义(义务)不是建立在平等,而是建立在"亲密程度"的基础之上。温茨这样表述他的基本立场:"我为一种多元主义理论辩护,在这种多元主义理论中,道德关系被描述成同心圆。……我们与某人或某物的关系越密切,我们在那种关系中的义务的数量就越大,并且/或者我们在那种关系中的义务的强度就越大。"②按照温茨的最初意愿,"同心圆"理论中的"亲密程度"的理念并没有被理解为与现实的、物理上的亲近有关(as related to actual physical proximity),它更可能根据一个人对他者义务的强度和多少来被定义,而且这些义务依次都具有"普遍被尊重的正当性"(commonly respected justification)。③ 正如温茨所言,"我们正在讨论的亲密程度在形式上并不依赖于情感上的依恋或主体的亲近感受"④。但是,如果我们进一步考察义务的这些"普遍被尊重的正当性"的本质时,我们就会看到,它们在现实中更可能与那些依据现实的或潜在的相互作用在物理上靠近我们,或者依据直接的血缘关系靠近我们的关系相联系,而不是那些遥远的关系。温茨认为,"义务的一般被尊重的正当性包括但不局限于如下内容:我已经从他人的血缘关系或帮助中获益;我处

---

① J. Baird Callicott, "The conceptual foundations of the land ethic", in Louis P. Pojman, ed. *Environmental Ethics: Readings in Theory and Application*, (London: Jones and Bartlertt, 1994), p. 100.

② Peter Wenz, *Environmental Justice*, (Albany: State University of New York Press, 1998), p. 316.

③ Ibid.

④ Ibid.

在一个特别好的帮助他者的位置；另一个人与我共同承担一项任务；其他的人与我一起工作去实现共同的目标、培育共同的理想或保护同样的传统；我已经单方面地承担了对他人的义务，而且我在过去一件对他者的不正义当中犯错或从中受益，或者一件过去的不正义反过来影响他者"①。而温茨提出，环境问题中所涉及的对他者的正义义务，正是这一建立在"亲密程度"理念基础之上的同心圆式的正义理论的现实体现。

虽然温茨所提出的同心圆理论并没有就应该如何向处于不同的同心圆层的他者分配环境善物和环境恶物提出具体的分配原则，但是这一理论因其从人与人之间的关系出发来看待正义，并且承认正义的义务伴随着同心圆的向外扩展和亲密程度的降低也具有逐渐减弱的趋势，而与米勒提出的特殊主义正义理论的进路在理论旨趣上有相通之处。

---

① Peter Wenz, *Environmental Justice*,（Albany：State University of New York Press，1998），p. 316.

第四章 全球环境正义与代际环境正义

　　如第二编第一章所述，就正义共同体而言，国内环境正义与传统分配正义理论具有较强的配适性。但是许多研究者进一步认为，"正义的共同体在原则上应该是可以跨越空间和时间的局限而得到普遍化的"①。而环境正义共同体范围沿空间和时间维度的扩展，即从国内环境正义扩展到全球②环境正义、从代内环境正义扩展到代际环境正义，要求我们不但要思考在一个国家之内成员之间环境利益和负担的分配，而且要思考其在不同国家及其公民之间、当代人与后代人之间环境利益和负担的分配。不过经由讨论我们也会看到，由于分配正义理论自身对正义共同体范围的严格限定，全球环境正义和代际环境正义虽然的确存在着各种可能，却也受到了各种局限。

---

① Andrew Dobson, *Justice and the Environment: Conceptions of Environmental Sustainability and Theories of Distributive Justice*, (Oxford: Oxford University Press, 1998), p. 128.
② 在这里，笔者将暂时忽略一些复杂的问题，在可替换的意义上使用"全球"和"国际"两个限定语。

全球环境正义:可能性及其限度

一、全球正义:正义的共同体与分配正义

一般认为,使全球正义有意义的最直接的方式就是将全部人类看作是一个正义的政治共同体。但是正如"环境正义的共同体"一章所言,当代正义理论的研究者,无论是自由主义者如罗尔斯,还是社群主义者如沃尔泽和米勒,都倾向于认为"民族—国家在某种意义上是与分配正义相关的共同体"①,是他们所制定的分配正义原则适用的范围边界——尽管他们提出这一主张的理据各不相同。故而,是否能够打破民族—国家的边界,将正义的共同体从一国之内扩展至全球层面,从而建立全球分配正义原则,是"研究全球正义的思想家们面临的一个最为重要的问题"。②

沃尔泽最为直截了当地反对国际正义共同体的理念:"政治共同体(即国家)的唯一合理替代物是人类本身、民族构成的社会和整个地球。但如果把整个地球作为我们的背景,那么,我们就不得不想象尚不存在的东西:一个包括每个地方的所有男人和女人在内的共同体。"③在沃尔泽看来,在分配正义共同体的内部,人们应该能够分享对作为分配对象的社会物品意义的理解,④而"一个包括每个地方的所有男人在内的共同体",即所谓的国际共同体的成员,显然无法分享社会物品的共识;又由于语言、历史和文化等背景的差异,他们甚至对什么是公正的分配安排和分配模式无法达成一致的意见。因此,在沃尔泽看来,不可能存在像国际分配正义这样的事情,

---

① [加拿大]查尔斯·琼斯:《全球正义:捍卫世界主义》,李丽丽译,重庆出版社,2014 年版,第 17 页。

② 同上书,第 14 页。

③ [美]迈克尔·沃尔泽:《正义诸领域:为多元主义与平等一辩》,褚松燕译,南京:译林出版社,2002 年版,第 36 页。

④ 具体而言,沃尔泽将分配的中心过程描述为"人们构思和创造出物品,然后在他们自己当中进行分配"。在这里,物品及其意义是分配过程中决定性的中介,"分配是依据人们所共享的关于物品是什么和它们的用途何在的观念摹制出来的",对物品的分配受人们所共享的关于物品的观念决定的。[美]迈克尔·沃尔泽:《正义诸领域:为多元主义与平等一辩》,褚松燕译,南京:译林出版社,2002 年版,第 5—6 页。

在民族-国家的边界之外,都是分配正义意义上的"陌生人"。①

　　与反对全球范围内的正义共同体的理念相关联,沃尔泽也反对那种认为分配正义原则具有超越国家边界的普遍适用范围的观念。正如米勒所描述的那样:"人们对正义理论的期望有点像对科学理论的期望,那就是建立少量的基本法则,然后把这些法则应用到大量的具体案例中去。"②米勒所指的这些"基本法则"就其特性而言是普遍的,也正是一种全球正义理论可能会普遍要求的规范范围。但是,米勒接着说:"沃尔泽提出的对正义的说明恰恰与这一进路相反。它在其本性上是极端多元主义的。不存在任何普遍性的法则。相反,我们必须将正义视为一个特殊的正义共同体在特殊时刻的创造,而我们必须在这样一个共同体内部对其进行说明。"③

---

① 在这里,笔者主要是从沃尔泽对成员资格与陌生人区分的意义上来使用"陌生人"这一词语的。沃尔泽指出,"我们掌握着共同体资格的分配。但是我们并不在我们中间分配它;它早已是我们的了。我们将它授予陌生人"。因此,"我们就不得不同时考虑我们和他们(陌生人)"。而"我们只是经过漫长的试错过程,才将陌生人和敌人二者区分开来,并承认,在特定环境中,陌生人(但不是敌人)可能有资格接受我们的殷勤招待、帮助和良好祝愿"。沃尔泽引用罗尔斯的观点,"这种承认表述为互助原则……并不是对明确的个人,即在某种社会安排中合作的那些人,而是对一般的人的"。但是沃尔泽紧接着指出,这种互助是有条件的,具体而言,"如果(1)其中一方需要或迫切需要帮助;(2)对另一方来说,给予帮助的风险和成本相对较低;那么需要积极的援助"。在这里,"对风险和成本的限定是显而易见的",其暗含的观点是,如果给予帮助的风险和成本相对较高,甚至要以牺牲自己或同一共同体的利益为代价的,那么即使陌生人需要或迫切需要帮助,也可以不予以援助。简言之,在沃尔泽看来,在进行分配时,共同体成员与陌生人配适不同的原则:前者要求按正义原则被对待,而对后者只需采取"有条件的互助原则"。参见[美]迈克尔·沃尔泽:《正义诸领域:为多元主义与平等一辩》,褚松燕译,南京:译林出版社,2002年版,第39—41页。

② David Miller, "Introduction", in David Miller and Michael Walzer, eds. *Pluralism*, *Justice and Equality*, (Oxford: Oxford University Press, 1995), p. 2.

③ Ipid. 事实上,沃尔泽的观点代表着社群主义者在"分配正义原则是否具有普遍适用范围"问题上的主流观点。例如,泰勒提出,"分配正义的要求可能会并且也的确会因处于不同的社会、历史上的不同时刻而不同"。进一步而言,泰勒认为,分配正义的理念同人类善的理论的不同解释和评价密切相连,也与人们对如何实现这些善的不同观念密切相关。因为善的理论自身在不同的社会有所不同,所以正义的主张亦然。参见 Charles Taylor, "The Nature and Scope of Distributive Justice", in Charles Taylor, Philosophical Papers: Philosophy and The Human Science, (Cambridge: Cambridge University Press, 1985), p. 292. 麦金太尔也同样指出:"正义和实践合理性的概念普遍而又典型地让我们面临某些紧密相关的、更宏大的、多少得到良好表达的人类生活及其在自然中的地位之整体观点。"而麦金太尔所观察到的这种跨越人类社会的总体观点引导他得出这样的结论:"取而代之的是,这里只存在这种或那种传统的实践合理性以及这种或那种传统的正义。"参见[美]阿拉斯戴尔·麦金太尔:《谁之正义? 何种合理性?》,万俊人等译,北京:当代中国出版社,1996年版,第507页,第453页。

那么,我们是否还能够从沃尔泽的分配正义理论中发掘出某种建立全球正义概念的可能性呢?多布森关于分配"共同体成员资格"的讨论为我们提供了一种思路。

我们知道,沃尔泽将他的"永无定论的分配原则"表述如下:"任何一种社会的善 X 都不能这样分配:拥有社会善 Y 的人不能仅仅因为他拥有 Y 而不顾 X 的社会意义而占有 X。"①这一原则支撑着沃尔泽的"复合平等"的观念,其表述如下:"用正式的术语讲,复合平等意味着任何处于某个领域或掌握某种善的公民可以被剥夺其在其他领域的地位或其他的善。因此,可能是公民 X 而不是公民 Y 当选政治职务,于是,这两个人在政治领域就是不平等的。但只要 X 的职务没有在任何领域给他带来超越 Y 的利益——优越的医疗照顾、将自己的子女送到更好的学校、享有更好的事业机会等等,那么,一般而言他们并不是不平等的。"②简言之,一种特定物品持有上的不平等,不应该转化为其他社会物品持有的不平等。例如,如果我们用 X 代表金钱,用 Y 代表政治权力,那么,上述分配原则就可以这样被解读:"政治权力不应该被分配给那些拥有金钱的男人和女人,仅仅因为他们有钱,而不顾政治权力的意义。"我们许多人都会赞同沃尔泽的观点,认为"这是一幅诱人画面"③。

"如果我们用 Y 代表'正义共同体的成员资格'④",然后按照上述思路思考这一"共同体成员资格"的分配,会是怎样一种情形呢?我们只知道在沃尔泽看来,共同体的成员资格是根本性的(primordial):"共同体本身——大概是最重要的——就是一个待分配的物品……一种将人民包括在内才能分配的物品。"⑤但是如果按照上述推理我们能够看到,就社会物品的分配而言,共同体的成员资格是不相干的,因为"任何社会物品 X 不应该被分配给拥有共同体成员资格的男人和女人,仅仅因为他们是正义共同体的成员,而不顾 X 的意义"。正义共同体的成员资格——尽管被界定——就其他利益和负担的分配而言,变成了无关紧要的因素。⑥

---

① [美]迈克尔·沃尔泽:《正义诸领域:为多元主义与平等一辩》,褚松燕译,南京:译林出版社,2002 年版,第 24 页。

② 同上书,第 23—24 页。

③ 同上书,第 20 页。

④ Andrew Dobson *Justice and the Environment*:*Conceptions of Environmental Sustainability and Theories of Distributive Justice*,(Oxford:Oxford University Press,1998),p. 178.

⑤ [美]迈克尔·沃尔泽:《正义诸领域:为多元主义与平等一辩》,褚松燕译,南京:译林出版社,2002 年版,第 35—36 页。

⑥ Andrew Dobson,*Justice and the Environment*:*Conceptions of Environmental Sustainability and Theories of Distributive Justice*,(Oxford:Oxford University Press,1998),p. 178.

总之，沃尔泽的分配正义理论就全球正义而言，只具有有限的价值，因为他对政治共同体的界定显然排除了国际共同体的可能性。但是在正义共同体的成员资格的背景下严格运用他的"永无定论的分配原则"似乎又表明，就其他物品的分配而言，共同体成员资格是（而且应该是）不相干的。那么，这就开辟出一条道路，使这些"其他物品"的分配不是建立在"共同体成员资格"的基础之上，因此也就具有了"某种在原则上包含国际共同体的普遍主义的可能性"。①

与沃尔泽相同的是，米勒同样将民族-国家作为分配正义（他称之为"社会正义"）共同体的边界，并着力为民族-国家边界的伦理地位进行辩护。按照米勒的观点，国家是正义的共同体，这样一个共同体是由某些信念和承诺构成的，在历史上延续下来并与一片特定的领土相联系，并通过它的与众不同的公共文化而与其他共同体区分开来。

而与沃尔泽不同的是，米勒并不否认全球正义共同体存在的可能性②："社会正义的范围限制在民族政治共同体的边界内并不等于说我们对生活在那些边界外的人没有任何正义的义务。"③但是，米勒着重强调的是，这种全球范围内的正义要求与社会正义有着根本的不同，我们不能接受这样的假设，即"全球正义不过就是更大范围的社会正义"。相反，米勒认为，"我们应提出某种适合国际背景（该背景在许多重要的方面都不同于国内背景）的正义理论"。④ 在作出如此判断时，米勒假定了某种一般的正义理念："那些告诉我们对某些物品的哪种分配可以视为正义分配的原则，是与该分配得以发生的特定背景密不可分的。"具体而言，米勒认为："并不存在某个可以在任何时间、任何地点定义正义的主导原则（或一组相关的原则）。相反，相关的原则将依赖于需要分配的是什么、由谁来分配、在哪些人之间进行分配，特别是依赖于这些分配将要在其中发生的人们之间的关系的类型。"⑤这是一种关于正义的语境主

① Andrew Dobson, *Justice and the Environment*: *Conceptions of Environmental Sustainability and Theories of Distributive Justice*, (Oxford: Oxford University Press, 1998), p. 179.
② 戴维·米勒提出："全球正义……关注的不是现在的分配是否公平地对待了某个特定国家的公民，而是现行的分配是否公平地对待了所有的人。"在这里，米勒显然暗示，国际正义共同体可以包括"所有的人"。[英]戴维·米勒：《民族责任与全球正义》，杨通进、李广博译，重庆出版社，2014年版，第12—13页。
③ [美]戴维·米勒：《社会正义原则》，应奇译，南京，江苏人民出版社，2001年版，第21页。
④ [英]戴维·米勒：《民族责任与全球正义》，杨通进、李广博译，重庆出版社，2014年版，第13页。
⑤ 同上注。

义视角,从这一视角出发,我们需要探讨的是:"我们在民族国家内部所发现的那些制度和人际交往模式(它们构成了社会正义理念得以在其中产生并推广应用的背景),是否也能够在国际层面发现;如果未能发现,那么,我们究竟应当如何理解人们之间跨越国界的联系。"①

在米勒看来,正义的国家背景与国际背景之间存在着非常显著的差别。社会正义是在这样一些人之间实行正义:这些人是同一个政治共同体的公民。对他们来说,正义的实质就是提供某些条件;在这些条件下,他们能够继续作为自由而平等的公民而行动。但是,在国际层面,却不存在类似的条件。米勒最终把他的全球正义理论构建成一个大体适合我们现在所处之世界状况的理论:"在这个世界中,人们之间的经济交往主要受市场的驱动,而不同民族在收入和财富方面的不平等非常巨大;在这个世界中不存在跨越国界的自由迁徙,而且,富裕国家尤其倾向于加强入境管制;在这个世界中,环境与资源问题超越了民族国家之间的边界,需要寻求国际之间的解决方法。"②以全球环境危机为例。正如本书第一编第一章中所言,尽管发达国家强调全球环境危机的普遍责任和普遍影响,但是事实上,许多对发达国家和发展中国家之间的比较已经表明,前者因其在全球范围的经济行为仍扮演着环境的主要破坏者的角色,而且其破坏行为的影响现在主要在其国家边界之外,主要体现在对发展中国家的伤害以及所导致的损失。因此,我们有理由要求发达国家对自己的行为负责:这种责任不是来自发达国家的仁慈,而是出自正义的强力约束。在这里,超越了民族国家边界的环境危机,作为全球正义的背景,要求将环境正义的共同体从国家层面扩展到国际层面,要求发达国家在分配(特别是向发展中国家分配)环境利益和负担时,也应该遵循正义的要求。这正是全球环境正义出现的深刻原因。

需要指出的是,在米勒看来,当在全球语境下讨论分配正义时,尽管我们被认为对民族-国家边界之外的人们也具有某些责任,但是,我们对同胞的责任在某种意义上具有优先性:"我们对自己的同胞所负有的责任不仅不同于我们对一般人所负有的责任,而且在范围上也要比后面那种责任广泛得多。"③在这里,"从伦理的角度来看,'同胞具有优先地位'"——加拿大学者查尔斯·琼斯(Charles Jones)将这种观念称

① [英]戴维·米勒:《民族责任与全球正义》,杨通进、李广博译,重庆出版社,2014 年版,第 14 页。
② 同上书,第 19 页。
③ David Miller, Citizenship and National Identity (Cambridge: Polity Press, 2000), p. 27. 转引自徐向东编:《全球正义》,杭州:浙江大学出版社,2011 年版,第 29 页。

之为"同胞偏爱主义"(compatriot favourism)①。

彼得·辛格(Peter Singer)也曾对这种观念作出概括：一方面，我们中的大多数人仍然毫不怀疑地支持这样的宣言，即所有人都拥有某些权利，所有人的生命都具有同等的价值；我们谴责这样一些人，他们认为一个不同种族或国家的人的生命要比一个我们自己种族或国家的人的生命来得贱。但另一方面，我们又往往把自己同胞公民的利益放在远高于其他国家公民的地位上。② 辛格认为，如若追根溯源，我们可以在西季威克的思想中找到对这种偏爱"我们的同类人"的直觉的描述："我们都会同意，每个人都应当对自己的父母、配偶、子女和其他亲缘关系弱一些的亲戚；对那些曾帮助过自己的人，那些他承认与自己关系密切并称之为朋友的任何其他人；对邻人和同乡而不是其他人；对(也许我们可以这么说)那些与我们同种族的人们而不是黑种人或黄种人，以及广而言之对人类(跟他们与我们自身的亲密程度成比例)，表现出友善的态度。"③ 按照西季威克的理解，下述观点是不证自明的，即与我们在血缘上、地理上、亲密程度上比较疏远的人相比，我们对靠近自己的人，包括我们的孩子、配偶、爱人和朋友负有特殊的义务。而在关于分配正义的讨论中，这种偏爱通过将同胞视为家人、亲戚关系等与自己有特殊关系之人，被扩展到国家的层面。④

在全球环境正义的讨论中，我们看到，这种"同胞偏爱主义"已经成为造成全球环境不正义的重要原因之一。因为人们会倾向于认为，当我们在全球范围内分配环境利益和负担时，让自己的同胞处于不正义的状态，要比让别国的某些人处于那种状态

---

① [加拿大]查尔斯·琼斯：《全球正义：捍卫世界主义》，李丽丽译，重庆出版社，2014年版，第133页。具体而言，生活在一个国家中的人们会因为他们所分享的信念和承诺、历史和文化而具有一种特殊关系，这种特殊关系也产生了各种特殊的义务或责任，这类似于家庭成员之间的责任不同于他们对家庭之外的人的责任。

② [美]彼得·辛格：《一个世界——全球化伦理》，应奇、杨立峰译，北京：东方出版社，2005年版，第155页。

③ [英]亨利·西季威克：《伦理学方法》，廖申白译，北京：中国社会科学出版社，1997年版，第264页。

④ 迈克尔·沃尔泽在讨论分配共同体成员资格的移民政策时就曾提出这样的观点："显然，公民们常常相信他们自己在道德上负有将他们国门敞开的义务——也许不是对任何想进来的人，而是对被当作民族或种族的'亲戚'的一个特定外部群体。在这个意义上，国家更像家庭，而非俱乐部，因为家庭的一个特征便是，家庭成员与他们无法选择并居住在家庭之外的人有道德联系。……我们更为自发的善行却直接指向我们自己的亲友。当国家把入境移民优先给予公民的亲属时，国家承认的是我们所说的'亲属原则'。"参见[美]迈克尔·沃尔泽：《正义诸领域：为多元主义与平等一辩》，褚松燕译，南京：译林出版社，2002年版，第50—51页。

更坏。例如,在污染的全球分配中,这就表现为人们更愿意让国家共同体之外的陌生人来承担环境负担——不仅仅出于经济成本的考量,而且也有上述偏爱同胞的道德心理因素。发达国家(和跨国公司)通过自由贸易把耗费大量资源的污染密集型工业转移到第三世界国家,就是这一倾向的典型例子。1991 年,世界银行首席经济学家劳伦斯·H. 萨默斯(Lawrence H. Summers,即前美国克林顿政府的财政部长,前哈佛大学校长)在一份世界银行人员内部传阅的备忘录中这样来论证这一倾向的合法性:"我们只在私下里说,世界银行难道不应当鼓励更多的重污染的工业转向欠发达国家(less developed countries,LDC)吗? 我想到三个原因:首先,投在损害健康的污染上的费用依赖于因发病率和死亡率的提高而增加的预期收入。这样看来,在这个国家中应当以最低的消费来达到一定的健康损失污染程度。我认为在低收入国家堆置有毒废弃物,其经济上的逻辑是没有错的,我们应当面对这个事实。其次,污染的费用似乎不是线性增长的,因为在污染较轻时其费用很低。我总是在想,在非洲人口稀少的国家还远未污染。与洛杉矶或墨西哥城相比,它们的空气质量或许极为无用地处于低水平(外文原意为空气质量好,处于高水平,译文有误——作者注)。只是因为非贸易性工业(交通、电力)产生太多的污染以及固体废弃物的单位运输成本太高,这才使得没有进行为了世界利益而进行的空气污染和废弃物的贸易。再次,因美学或健康原因对干净的环境的需求似乎有很高的收益弹性。在一个人们会活到得衰竭性癌症的国家里,媒体对治疗衰竭性癌症哪怕是百万分之一的变化的关注也比对一个 5 岁以下死亡率为 20% 的国家的关注高很多。另外,大多对工业空气排放的关注是针对降低能见度的微粒。这些排放对健康几乎没有直接的影响。显然,包含美学污染问题的贸易能够提高福利。工业品是可流通的,而好的空气的消费却不可进行交易。所有反对在欠发达国家进行这种交易计划的意见(对特定商品的内在权利、道德原因、社会问题、市场的缺乏等)能反过来或多或少用于反对所有世界银行的自由化计划。"① 萨默斯的论证表明,在发达国家的国际环境行为和经济行为的政策中,确实潜在地存在着共同体"之内"和"之外"、共同体成员和陌生人的划分。从正义共同体的角度来看,这一备忘录不但充斥着极端功利主义和经济理性思想的"污染逻辑",更体现了这位诺贝尔经济学家在对自身所处的共同体内成员的偏爱和对共同体之外

---

① [美]戴维·贾丁斯:《环境伦理学——环境哲学导论》,林官明、杨爱民译,北京大学出版社,2002 年版,第 262—263 页。译文有所调整。

的陌生人的道德冷漠。显然,对于萨默斯而言,生活在遥远的第三世界的贫穷的陌生人的疾病和死亡,不但在金钱上更便宜,而且根本不会像自己的国人那样,激发自己(和他周围人们)的基本正义感。

此外,我们还可以在发达国家环境正义运动及其研究中看到这种"同胞偏爱主义"的道德倾向。随着发达国家环境正义运动的展开,发达国家的公民对污染工厂和垃圾处理场等环境恶物所带来的环境危险和风险提高了警惕,并且要求从经济上和法律上对其进行严格控制,从而使得发达国家(和跨国公司)转向在第三世界国家寻找建立污染工厂和废弃物处理的替代地点。而发达国家的环境正义研究者却大都由于正义共同体意识的局限,止住了进一步研究的脚步,没有对国际环境正义共同体内的问题予以足够的理论重视,从而将环境正义研究进行到底。这就出现了一种吊诡的现象:似乎是发达国家国内环境正义斗争的成果,间接地造成了全球范围内的环境不正义。究其原因,就在于发达国家的环境正义研究所界定的共同体的局限。

与社群主义者不同,约翰·罗尔斯并未着力论证民族-国家共同体的伦理地位,他直接假定两个正义原则所适用的合作系统的"边界",是由一个自足和自我封闭的国家共同体的概念确定的。在国家共同体的边界之内,罗尔斯把社会的基本结构看作正义的首要议题,认为社会正义的使命就是要通过调整或改革社会的基本结构,以便落实他所设想的那两个正义原则。在这个意义上,罗尔斯并不同意将他的国内正义理论扩展到国际层面上,实际上,他并不相信有全球正义这样的东西。在这里,我们将主要借鉴查尔斯·贝兹(Charles Beitz)的研究,探讨重新勘定罗尔斯分配正义观念的边界的可能性。

贝兹提出,要想将罗尔斯的分配正义共同体的边界扩展至"国际法和国家之间联系的正义",首先需要"放松国家共同体是自我封闭的"这一假定。[①] 如果我们认为国家共同体是完全自我封闭的,也就是说,如果国家共同体与其边界之外的个人、群体或社会不发生任何类型的关系,那么似乎也就没有思考国际正义的必要。"正义原则是被期望用来规范行为的,但如果假定不存在国际行为的可能性,就难以明白为什么用于国际法的正义原则应拥有什么重要意义。"[②] 当然,现实的情况显然并非如此。

---

① [美]查尔斯·贝兹:《政治理论与国际关系》,丛占修译,上海译文出版社,2012年版,第120页。
② 同上注。

事实上,国家对复杂的国际经济、政治和文化关系的参与表明,存在着一个全球社会合作系统。"如果社会合作是分配正义的基础,那么人们可以认为国际经济的相互依赖为全球分配正义原则提供了支持,这与适用于国内社会的支持相类似。"①贝兹认为,既然国家边界已经不再正好是社会合作的边界,它们也就不可能成为社会义务的界限,也就是说,在分配正义的讨论中,国家边界不再具有根本的道德意义。②

因此,贝兹接受了这样的提议:罗尔斯的两个原则,经过适当的重新解释,自身就能在全球适用。③ 按照罗尔斯正义两原则的论证思路,这种重新解释,自然以对原初状态的全球扩展——贝兹将其称为"国际原初状态"——为起点。事实上,在《正义论》中,罗尔斯为了论证国际法的道德基础,就曾尝试扩展原初状态的设定,把处于原初状态的各方看作是不同国家的代表,这些代表必须共同制定或选择用来裁决各国之间的冲突要求的基本原则。为保证程序的公正,"这些代表被剥夺了各种各样的信息。虽然他们知道自己代表着不同的国家,每个国家都生活在人类生活的正常环境中,但是他们不知道他们所处的社会的特殊环境,与其他国家相比较的权威和势力以及他们在自己社会中的地位。代表国家的契约各方在这种情况中,也只被允许有足够的知识来作出一个保护他们利益的合理选择,而不能得到能使他们中的较幸运者利用他们的特殊情况谋利的那种具体知识。这个原初状态在各国之间是公平的,它取消了历史命运造成的偶然性和偏见"④。在贝兹看来,既然在国际原初状态下,无知之幕必须延伸到国家公民身份的所有问题,那么所选择的原则就将应用于全球。因此,"如果差别原则(正义两原则)在国内原初状态中会被选择,它同样也会在全球原初状态中被选择"⑤。

接下来的问题是,在国际原初状态下得出的正义原则,"能够穷尽那些各方会同意的原则吗?"贝兹认为,"至少有一种考虑(涉及自然资源)可能会在国家之间引起道

---

① [美]查尔斯·贝兹:《政治理论与国际关系》,丛占修译,上海译文出版社,2012 年版,第 131 页。

② Charles Beitz, "Bounded Morality: Justice and the State in World Politics", *International Organization*, Vol. 33 (Summer, 1997), p. 151. 类似的观点也可参见[美]查尔斯·贝兹:《政治理论与国际关系》,丛占修译,上海译文出版社,2012 年版,第 137 页。

③ 参见[美]查尔斯·贝兹:《政治理论与国际关系》,出处同上。

④ 在《万民法》中,罗尔斯还进一步假设,(国际)原初状态的各方将不知道其所代表的民族的力量、领土的大小、人口的多少、自然资源的范围、经济发展的水平等信息。参见[美]约翰·罗尔斯:《万民法》,张晓辉等译,长春:吉林人民出版社,2011 年版,第 40 页。

⑤ [美]查尔斯·贝兹:《政治理论与国际关系》,丛占修译,上海译文出版社,2012 年版,第 138 页。

德冲突……因此会成为国际原初状态中关注的问题"①。具体而言,国际原初状态中的各方大概知道自然资源在地球表面的分布是不均匀的。有些地区资源丰富,那就可以预期,建立在这类地区中的社会将利用他们的自然财富而走向繁荣。其他社会并非如此走运,因而尽管他们的成员尽其心力,由于资源的匮乏他们也许只能达到很低的福利标准。②

贝兹将这种自然资源分布的偶然因素与罗尔斯分配正义理论中所讨论的个人禀赋的偶然因素进行类比。罗尔斯指出,正义的制度结构的一个重要功能,就是缓和社会的偶然因素和自然的偶然因素给人们所带来的不平等。从道德的立场来看,社会的偶然因素和自然的偶然因素都是任意的。罗尔斯认为,一个人不应该因为某种偶然的社会因素或自然因素而比别人多获得或少获得某种东西。那些因为偶然的社会因素或自然因素而处于不利地位的人,应当获得补偿;那些因为偶然的社会因素或自然因素而处于有利地位的人,则应当以这样一种方式来利用他们的道德运气,这种利用能够给不利者带来最大的利益。这就是从"作为公平的正义"中推出差别原则的伦理依据。这其中,罗尔斯所说的自然因素主要指的是生物学意义上的个人天赋,如健康、智力、想象力等。在罗尔斯看来,没有一个人能说他的较高天赋是他应得的。个人的自然才能是一种"公共资产"。从这种资产中获得的收益,应当作为公共财产来加以再分配。③

而贝兹认为,如果作为个人天赋的偶然因素都应该作为公共资产来加以分配,那么,作为自然资源的偶然因素更应当作为公共资产在全球范围内加以分配。④ 因为,与个人的天赋一样,各个国家的自然资源状况也是由偶然的自然因素决定的;天赋或自然资源都不是其偶然的拥有者应得的,资源的自然分布"从道德的角度看是完全任意的"。对于脚下的资源,任何人都不能说这是他应得的。⑤ 全球资源应当在全球范围内依据某种公平而正义的原则来统一加以分配。全球资源再分配应遵循这样一条基本原则:

---

① [美]查尔斯·贝兹:《政治理论与国际关系》,丛占修译,上海译文出版社,2012年版,第124页。
② 同上书,第125页。
③ [美]约翰·罗尔斯:《正义论》,何怀宏等译,北京:中国社会科学出版社,1988年版,第104页。
④ 之所以这样说,是因为查尔斯·贝兹通过比较提出:个人与其天赋之间的内在关联性要远远强于一个国家与该国的自然资源之间的内在关联性,个人对其天赋的"所有权"也远远强于国家对其资源的"所有权"。参见[美]查尔斯·贝兹:《政治理论与国际关系》,丛占修译,上海译文出版社,2012年版,第126—127页。
⑤ 同上书,第127—128页。

"在分享全部可利用资源方面,每一个人都拥有平等的初始要求权,不过,对这一初始标准的偏离是可以得到合理证明的(类似于差别原则的运作),如果这种不平等的分配能够给那些因这种不平等分配而处于最不利地位的人带来最大的利益。无论如何,资源再分配原则在国际社会中发挥的作用类似于差别原则在国内社会中发挥的作用。"①

因此,如果国内的基本制度应依据差别原则来安排,从而排除或减少偶然的天赋所导致的不平等,那么,国际制度也应依据差别原则来安排,从而排除或减少偶然的自然资源禀赋所导致的各国人民之间的巨大贫富差距。自然资源是环境善物的重要组成部分,在全球范围内依据正义的原则来对这种环境善物加以分配,是全球环境正义的重要要求。②

二、全球环境正义:以气候正义为例

近年来,人们一直使用"环境"一词来修饰各种传统意义上的不正义(如种族主义、精英主义、性别歧视、勒索等),进而标识出新的、我们称之为"环境不正义"的种种形式:环境种族主义、环境精英主义、环境女性主义、环境勒索。若沿这种思路来看,"全球环境正义"中"环境"一词的主要功能,就是去标记我们从前关注的全球正义内容的最新形式,"全球环境正义可以被看作是全球正义理念和环境正义理念的并置"。③ 例如,有研究者称,当我们将下述事件称之为"全球环境不正义":富裕国家将有毒废弃物出口给贫穷国家;富裕国家将已经在国内被禁止出售的杀虫剂出售给贫穷国家;富裕国家通过提出保护自然的要求而影响贫穷国家的发展前景,"全球环境正义的修辞不过是富裕国家和贫穷国家原有斗争的最新包装"。④

① [美]查尔斯·贝兹:《政治理论与国际关系》,丛占修译,上海译文出版社,2012年版,第128—129页。译文参照杨通进文有所改动。杨通进:《全球环境正义及其可能性》,《天津社会科学》,2008年第5期,第23页。
② 杨通进:《全球环境正义及其可能性》,《天津社会科学》,2008年第5期,第22页。
③ Dale Jamieson, "Global Environmental Justice", in Dale Jamieson, ed. *Morality's Progress:Essays on Humans, Other Animals, and the Rest of Nature* (Oxford:Clarendon Press, 2002), p. 297.
④ Dale Jamieson, "Global Environmental Justice", in Dale Jamieson, ed. *Morality's Progress:Essays on Humans, Other Animals, and the Rest of Nature* (Oxford:Clarendon Press, 2002), p. 298. 事实上,在1992年召开的里约热内卢联合国环境与发展会议的协商过程中,布什政府也曾抱怨说,全球环境正义要求的提出,不过是在试图复活20世纪70年代的国际经济新秩序的理念,想要在北方国家和南方国家之间重新分配财富和权力。如果布什政府是对的,世界各国领导者感兴趣的唯一的绿色议题是金钱。

但是,全球环境正义的内涵显然并不局限于此。戴尔·杰米森(Dale Jamieson)提出,我们至少可以从三个方面来分析全球环境正义中的"环境"限定,从而推进我们对全球环境正义理念的理解。①

首先,"全球环境正义"中的"环境"可以被理解为将正义义务的受益者向"全球环境"中那些传统上被认为超越义务边界的实体——这些实体可能包括野生动物、植物,各个物种、种群、生态系统、森林、峡谷等等——扩展的要求。从这个观点来看,全球环境正义关涉到对全球自然环境的义务。当然,在那些大声疾呼推进环境正义理念的人心目中,全球环境正义主要关注的仍是人与人之间的关系,而不是人与自然之间的关系。在本书的讨论中,后者被认为是与"环境正义"相区分的"生态正义"的要求。

其次,"全球环境正义"中的"环境"也可以被理解为追求全球正义的一个条件。也就是说,在"全球环境正义"的表述中,我们不是在用"全球"修饰"环境正义",而是在用"环境"修饰"全球正义"。② 从这种理解出发,全球环境正义的理念会提出这样的要求:我们只能允许以保护环境的方式追求全球正义。

在这里,全球环境正义概念中"环境"修饰"全球正义"的方式,就如同可持续发展概念中"可持续"修饰"发展"的方式。所谓可持续发展,就是只有可持续的发展路径才是被允许的。如果一种发展方式不可持续,那么它就不满足这一条件。尽管对到底哪些路径满足"可持续"这一条件我们存在许多分歧,但是对哪些情况不满足这一条件我们却有着基本共识。例如,如果一个国家为了生产出口产品摧毁了国内的自然资源基础,那么这种发展路径就显然不符合上述条件,因而就会被可持续发展的概念所排除。与此相类似,如果一种全球正义的路径是破坏环境的,那么它也会被全球环境正义的概念所排除。同样,尽管我们并不完全清楚保护"环境"这一限制条件会指向怎样的全球正义目标,但是却很容易想到一些违背这一限制条件的情况。例如,假设一个富裕国家为了修复现有的全球不正义,想要将一批资源(主要以金钱的方式)补偿给贫穷国家。但是,假设贫穷国家计划使用这些资源在自然保护区建造一个

---

① Dale Jamieson, "Global Environmental Justice", in Dale Jamieson, ed. *Morality's Progress: Essays on Humans, Other Animals, and the Rest of Nature* (Oxford: Clarendon Press, 2002), pp. 299—301.

② 与"全球"环境正义相对应的,是"国内"环境正义;而与全球"环境"正义相对应的,可能是全球"经济"正义等。

巨大的、会摧毁生态系统甚至导致许多动物死亡的商业中心，这显然就违背了按照上述方式理解的全球环境正义的要求。从这个意义上来看，在全球环境正义的概念中，保护环境就像是追求全球正义的"边界约束"（诺齐克语），是全球环境正义的一个重要要素。

将"全球环境正义"中的"环境"理解为"环境物品"，进而要求根据全球分配正义原则来分配环境物品及其所带来的利益和负担，可以被看作是第三种（或许是最重要的一种）理解全球环境正义的方式。从这种理解出发，如何界定环境物品，如何评价利益和负担，以及何种正义理论是一种适当的分配环境物品的理论，都是我们需要思考的内容。从这种理解出发，我们可以把历史和当前的全球环境不正义作如下解读：富裕国家在发展过程中通过攫取环境物品（这里显然是指环境善物）而变得富裕，同时也因为污染了空气，消耗了臭氧层，减少了生物多样性，威胁了全球气候的稳定性，而形成了对贫穷国家的环境负债。如今，由于环境已经遭到破坏，环境善物比从前更为珍贵也更为脆弱，而富裕的国家又开始高度评价环境保护，要求贫穷国家作出进一步的牺牲。例如，为了稳定气候建议巴西不开发亚马逊流域。

可见，如果全球环境正义中的"环境"被理解为有待分配的"环境物品"，那么，全球环境正义的图景就应该与我们关于全球正义的整体图景相一致。也正是在这个意义上，"全球环境正义可以被看作是全球正义在全球环境事务中的具体应用和体现"。① 那些主要的全球分配正义理论就能够发挥它们的功能，为资源从富裕国家向贫穷国家的转移提供有力的论证。"一个罗尔斯式的正义可能将差别原则作为这种转移的担保；一个权利理论家可能将其建立在修正过去不正义的基础之上；一个功利主义者可能将这种转移视为功利最大化；而一个社群主义者可能将其视为是正在涌现的全球共同体的社会联系所要求的。"② 总之，根据全球环境正义的这种理解，环境被视为一种根据正义原则来分配的物品；而就正义原则来看，它与金钱、食物或医疗保健的分配没有什么不同。

然而，我们应该看到，按照这种方式来看待环境，也存在着许多问题。首先，环境物品毕竟与其他待分配的物品不同，例如它的不可替代性和不可逆转性就意味着，当

① 杨通进：《全球环境正义及其可能性》，《天津社会科学》，2008 年第 5 期，第 21 页。
② Dale Jamieson, "Global Environmental Justice", in Dale Jamieson, ed. *Morality's Progress：Essays on Humans，Other Animals，and the Rest of Nature* (Oxford：Clarendon Press，2002)，p. 301.

物种灭绝或气候变化的情况发生了，它们几乎无法恢复。这就要求我们在对待环境物品的分配上应更加谨慎。其次，环境物品的分配可能遭遇实践上的困难。例如，尽管我们承认富裕国家需要承担环境负债，并且需要立刻开始向贫穷国家偿还负债，但是在实践中，我们并没有对偿还的内容、负债的规模等问题形成明确的答案。最后，全球环境正义所分配的环境物品，都是不处于任何国家边界内部的环境物品。就环境善物而言，全球环境正义要求分配的可能是公海的深海资源所带来的环境利益；就环境恶物而言，全球环境正义要求分配的可能是跨国界的污染和垃圾倾倒，或者气候变化和臭氧层空洞所带来的环境负担。这使得全球环境正义问题的解决变得异常复杂，需要全球范围内的国家、跨国组织和个人的共同合作。①

下面，我们将以气候变化为例，探讨联合国气候框架公约（United Nations Framework Convention on Climate Change，略作 UNFCCC）为解决气候正义问题所提出的"共同但有区别的责任"原则（略作 CBDR 原则）。

根据联合国政府间气候变化委员会（IPCC）的报告，在 21 世纪，全球气候将会持续变暖。而联合国气候框架公约的最终目标就是"防止气候系统受到危险的人为干扰"②。之所以说"气候系统受到的人为干扰"是"危险的"，是因为如果大气中温室气体的浓度无法在稳定的水平之上，生态系统就不能"自然地适应气候变化"，粮食生产就会"受到威胁"，经济发展可持续地进行"就会受到阻碍"。而根据气候框架条约建议，人类的根本利益正在于：居住在充满生机的生态系统（resilient ecosystem），拥有足够的免于营养不良的粮食，以及可持续的经济发展。这些利益应该被视为权利，同时也就对应着相应的义务。例如，如果我们拥有居住在生机盎然的生态系统的权利，那么也就必然负有不让生机盎然的生态系统遭到破坏（例如通过排放温室气体导致气候变化）的义务。③

联合国气候框架公约将气候变化看作是一个正义问题，它认为我们有"保护气候系统"的义务。那么，接下来的问题就是：到底应该由谁来承担这一"保护气候系统"

① Dale Jamieson，"Global Environmental Justice"，in Dale Jamieson，ed. *Morality's Progress：Essays on Humans，Other Animals，and the Rest of Nature* （Oxford：Clarendon Press，2002），pp. 301—305.

② 联合国政府间谈判委员会：《联合国气候变化框架公约》，1992 年，第 5 页。

③ 我们之所以强调义务而不是权利，主要基于以下两个理由：首先，在日益增加的气候正义的政治哲学文本中，义务分配的争论已经得到最多的关注；其次，分配义务的争论也是气候变化国际协商的焦点。

的义务？或者,我们可以换一种方式提问:应该由谁为保护气候系统和防止危险的气候变化支付费用？气候框架公约给出的回答是:"各缔约方应当在公平的基础上,并根据它们共同但有区别的责任和各自的能力……保护气候系统。"①这就是后来著名的"共同但有区别的责任原则"。

"共同但有区别的责任原则"有三个基本要素。首先,它明确地确立了各国保护全球环境的共同责任。危险的气候变化是一个全球性问题——其起因和影响都是全球性的,我们唯有通过全球合作才能避免它的出现。因此,每个国家都要承担与全球气候机制(global climate regime)合作的义务。其次,"共同但有区别的责任"要求各国根据它们"有区别的责任"付费。那些在历史上排放过更多的温室气体的国家对气候变化的影响更大,因而应该支付更多的保护气候系统的费用。它们产生了问题(例如日益增加的危险气候变化的风险),因此,它们就应该解决问题。我们将之称为"按历史排放量支付费用的原则",又称"历史排放量支付原则"。最后,"共同但有区别的责任"还要求各国按照"各自的能力"付费。那些最有能力承担保护气候系统费用的较富裕国家应该支付更多。我们将之称为"按能力支付费用的原则",又称"支付能力原则"。

简言之,"共同但有区别的责任原则"是一种分配保护气候系统义务的混合原则。它建议,所有国家为保护与气候相关的权利负有共同的责任,但是每个国家应该为其支付多少费用,则取决于它的温室气体的历史排放量和它的支付能力。在下文中,笔者将借鉴德里克·贝尔的研究,对"共同但有区别的责任原则"的两个构成性原则——历史排放量支付原则和支付能力原则——进行更为详细的诠释和评估。②

"共同但有区别的责任原则"的第一个构成性原则历史排放量支付原则具有"相当大的直觉上的吸引力"。西蒙·凯尼(Simon Caney)指出,它首先来自这样一种原则,即人们应该为他们的行为及其后果承担责任。它还来自自由伴随着责任的承诺——行为者应该为他们自己的选择承担责任。如果他们选择去排放温室气体,那么就应该为他们行为的结果承担责任。③

---

① 联合国政府间谈判委员会:《联合国气候变化框架公约》,1992 年,第 2 页。
② Derek Bell, "Justice and the Politics of Climate Change", in C. Lever-Tracy, ed. *Routledge Handbook of Climate Change and Society*, (London: Routledge, 2010), pp. 426-430.
③ Simon Caney, "Cosmopolitan Justice, Responsibility, and Global Climate Change", *Leiden Journal of International Law*, Vol. 18 (2005), p. 752.

但是，有人会提出反驳说，一个单个行为者排放的温室气体并不会伤害任何人。正如玛格丽特·摩尔（Margaret Moore）所言："即使我驾驶一辆大型 SUV，它远远大于我每天去工作场所所需要的车型，但是单独就这辆车而言，它所产生的污染并不会造成全球变暖。我单独排放的温室气体不会造成任何伤害。问题并不是由我一个人的行为而产生的，而是因为有数以百万计像我这样的人，过着一种会带来温室气体排放的生活。我们的这些不对等的（uncoordinated）个体行为，共同地造成了对环境的伤害。"①摩尔的观点是：气候变化的伤害是"累积性的伤害"，是许多行为者累积行为的结果，一个行为者的行为并不足够。

对此立场的最一般的回答，是提议我们采取一种成比例的责任原则："重建历史排放量支付原则，可能意味着，如果行为者 X、Y 和 Z 共同采取了造成污染的行为，那么他们应该按照他们所造成的污染的数量，为接下来发生的污染按比例支付费用。"②也就是说，每个行为者按照他们在全球温室气体排放中的份额，为气候变化支付一份费用。贝尔认为，这种观点在直觉上似乎是合理的，但是却过于简化。如果过去全部的温室气体排放与气候变化所带来的全部伤害是一种线性函数关系的话，那么上述合乎比例地承担责任的主张，无疑是能够最合理地区分支付费用，从而区分义务大小的原则。但是，温室气体排放和气候变化所带来的伤害之间，至少在一个非常重要的方面，并非是线性函数关系。温室气体的排放浓度有一个临界值（阈值），低于这个临界值，气候变化就不存在危险（例如，就会不带来任何具有道德相关性的伤害）。因此，伤害对应排放的图标，"一开始会从水平开始……直到（安全/危险的）临界值开始飙升"。③

如果存在一种安全的全球温室气体排放水平，那么我们就可以在行为者中间公平地分配那些安全的排放量。如果所有行为者所产生的排放量都低于他们因公平分配所得的安全排放量份额，那么气候变化就不会超过安全的全球水平，就不会带来任

① M. Moore, "Global Justice, Climate Change and Miller's Theory of Responsibility", *Critical Review of International Social and Political Philosophy*, Vol. 17, 2008, p. 504. 转引自 Derek Bell, "Justice and the Politics of Climate Change", in C. Lever-Tracy, ed. *Routledge Handbook of Climate Change and Society*, (London: Routledge, 2010), p. 427.

② Simon Caney, "Cosmopolitan Justice, Responsibility, and Global Climate Change", *Leiden Journal of International Law*, Vol. 18(2005), p. 753.

③ Derek Bell, "Justice and the Politics of Climate Change", in C. Lever-Tracy, ed. *Routledge Handbook of Climate Change and Society*, (London: Routledge, 2010), p. 428.

何伤害。因此,我们可以合理地建议,气候变化的责任应该仅仅分配给那些其排放量已经超过他们应该公平占有的排放份额的行为者。享有不公平份额的污染者阶层应该为气候变化的成本付费。如果温室气体排放量和在安全临界值以上的伤害之间的关系是线性函数关系的话,那么排放不公平份额的污染者应该按照他们在全球不安全排放中所占份额的比例为气候变化的成本付费。我们可以称之为"不公平份额的历史排放量支付原则"①。

历史排放量支付原则与不公平份额的历史排放量支付原则,二者之间的区别在文本中并不总是能表达清楚的,但是许多主要的理论家和政策支持者都倾向于赞同后一个版本。这个原则之所以具有吸引力,是因为它仅仅要求那些有着不公平行为的人们支付费用。但是,我们应该注意到,如果我们采用由享有不公平份额的污染者支付的原则来说明谁应该为气候变化成本付费,那么我们首先需要说明温室气体排放许可的公平分配。而对公平分配排放许可的一种说明告诉我们,我们被允许做的,并没有违背我们对气候变化的潜在的受害者的义务。谁应该付费的说明——例如不公平份额的历史排放量支付原则——则告诉我们,不公平的排放者应该去纠正他们在产生不公平的排放时所犯下的错误。

贝尔认为,即使我们没有对温室气体排放的公平分配进行详细解释,不公平份额的历史排放量支付原则的含义也相对清晰。在过去的 250 年间,发达国家和居住在这些国家的众多个人的温室气体排放量,很可能已经超出它们的公平份额。而在同一时期,发展中国家和居住在这些国家的众多个人的温室气体排放量很可能低于其公平的份额。因此,不公平份额的历史排放量支付原则提出,发展中国家(作为未超过其公平份额的排放者)不应为气候变化的任何成本付费,而发达国家(作为超过其公平份额的排放者)应该在彼此之间按照每个国家在不公平排放的全球总量中所占有的份额的比例,分担气候变化的成本。②

"共同但有区别的责任原则"的第二个构成性原则,是支付能力原则。亨利·舒伊(Henry Shue)认为,我们可以将按能力支付费用的原则"广泛地接受为一种简单的公平":在许多群体中,所有人都会为某种共同的努力作出贡献,而掌握最多资源的群

---

① Derek Bell,"Justice and the Politics of Climate Change", in C. Lever-Tracy, ed. *Routledge Handbook of Climate Change and Society*,(London:Routledge,2010), p. 428.

② Derek Bell,"Justice and the Politics of Climate Change", in C. Lever-Tracy, ed. *Routledge Handbook of Climate Change and Society*,(London:Routledge,2010), p. 429.

体一般应该为这种努力作出最多贡献。① 舒伊进一步提出："（这种）累进率要严格地合乎比例。那些有着两倍于人的基础资产的人就要作出两倍的贡献,而那些有着三倍于人的基础资产的人就要作出三倍的贡献。"②或者,累进率也可能不那么严格地合乎比例——两倍的资产贡献却少于两倍,抑或更为严格地合乎比例——两倍的资产贡献却多于两倍。对这一原则的基于临界值的解释可能会与那些在临界值以上的人应该支付一种累积率的要求相结合。

按照能力支付的贡献无论是对"具体情况"还是对"最终结果"都更为敏感。舒伊对"具体情况"和"最终结果"的关注表明,奠定支付能力原则基础的,是平等主义正义理论的某个版本。我们应该要求处于有利地位者为应对气候变化支付更多的费用,因为若非如此,我们就会加剧现存的不平等。如果我们要求处于有利地位者支付更多的话,那么我们就会缩小不平等,并且促进一种对资源的更为平等主义的分配。支付能力原则的某些版本会与"弱的平等主义"或一种对不平等的、相对弱的厌恶相一致,例如,一个相对低的临界值,以及临界值以上慢慢累积的"贡献"。一般而言,支付能力原则反映出许多当代自由主义者对资源平等的承诺——或者至少反映出他们对反对极端的资源不平等的承诺。在气候变化的案例中,按照能力支付费用的原则的内涵取决于我们赞同原则的何种版本。但是,我们可以期待的是,较富裕的发达国家被要求比较贫穷的发展中国家为应对气候变化支付更多的费用。两个群体的相对贡献——国家,甚或国家中的个人——取决于:财富临界值的水平(如果低于这一临界值,我们将不会要求其付费)和我们在该临界值之上使用的累积率。在这个部分,笔者分别考察了构成"共同但有区别的责任原则"的两种分配费用的原则。

贝尔认为,一方面,我们应该将"历史排放量支付原则"调整为"不公平份额的历史排放量支付原则";这一调整基于自由主义的如下原则,即我们应该为我们的选择承担责任,包括我们排放温室气体的选择。另一方面,我们对支付能力原则的解释依赖于我们对不平等厌恶的强度。③

总之,联合国气候变化框架公约提出,我们依据"有区别的责任"(不公平份额的历史

---

① Henry Shue, "Global Environment and International Inequality", *International Affairs*, Vol. 75, No. 3, (1999), p. 537.

② Ibid.

③ Derek Bell, "Justice and the Politics of Climate Change", in C. Lever-Tracy, ed. *Routledge Handbook of Climate Change and Society*, (London: Routledge, 2010), p. 430.

排放量支付原则)和"各自的能力"(支付能力原则)来分配我们对气候变化成本的责任。

第二节　代际环境正义：可能性及其限度

一般而言,代际正义的立论基础在于:"任何具有说服力的正义理论都不能忽略人们出生和死亡这一事实,而且我们的行为可能对那些还未出生的人们的利益产生严重的影响。"①但是,代际环境正义的思考显然不应该仅仅满足于这样一种描述,而必须追问它能够为环境利益和负担在当代人与未来世代之间的分配,提供怎样令人信服的指导说明。本节将从代际正义的共同体和代际正义的环境两个角度,对当前有代表性的代际正义——代际环境正义主张进行考察,试图发掘这些主张在理论上具有哪些可能性,又表现出哪些局限。

一、代际正义的共同体：正义的共同体与未来世代

从思考正义共同体的角度来看,分配正义理论的历史看上去就像一张被压缩成24小时时段的图表。在这张图表中,起点处是相当长的一段时期:以智人在非洲平原出现为始,以人类飞向太空为终。在这段时间里,分配正义的共同体始终是当代人(的某些部分)。而环境正义的研究者安德鲁·多布森认为,"至少从20世纪70年代开始,任何没有对将未来世代纳入我所谓的正义共同体的可能性进行过讨论的正义理论,都是不完整的。"②

可以说,未来世代对分配正义理论提出了这样的挑战,即如何扩展正义的共同体到所要求的程度。而在当前的研究中,至少有三种扩展正义共同体边界到未来世代的理论主张对这一挑战给出了回应。这三种主张分别是社群主义者扩展道德与文化

---

① James Fishkin, *The Dialogue of Justice：Toward a Self-Reflective Society*,（New Haven：Yale University Press, 1992）, p. 9. 转引自 Andrew Dobson, *Justice and the Environment：Conceptions of Environmental Sustainability and Theories of Distributive Justice*,（Oxford：Oxford University Press, 1998）, p. 103.

② Andrew Dobson, *Justice and the Environment：Conceptions of Environmental Sustainability and Theories of Distributive Justice*,（Oxford：Oxford University Press, 1998）, p. 66.

共同体的主张、权利论者扩展权利共同体的主张和社会契约论者扩展原初状态各方共同体的主张。笔者将围绕这三种理论主张分别展开讨论。

我们首先来看社群主义者提出的扩展到未来的道德与文化共同体的主张。许多正义理论家认为,代际背景中缺乏正义关系的一个重要前提——相互性,因为未来世代既不会带给我们伤害,也不会令我们受益。罗尔斯这样描述这一困境:"各代分布在时间中,而它们之间的实际交换仅仅按一个方向发生,这是一个自然的事实。我们可以为后代做事,但后代不能为我们做事。这种状况是不可改变的。"①但是对于这一观点,也存在着反对意见。约翰·奥内尔就提出:"未来世代可以给我们带来好处或伤害:我们生活的成功或失败依赖于他们,因为只有他们才能完成我们的目标。"②奥内尔的观点指出了存在着一种"现实的跨代共同体"(actual trans-generational community)的可能。③ 此后,社群主义者艾维纳·德夏里特(Avner de-Shalit)对"跨代共同体"的概念进行了系统论述,并认为在这一"理性的"共同体中,能够形成正义的义务。

德夏里特首先提出这样的前提假设:"如果(而且当)我们承认共同体的存在,而且承认共同体构成了一个人的身份认同,那么,我们就无法否认自己对共同体及其成员的义务。"④相应地,如果我们承认一个扩展到未来的跨代共同体的存在,那么我们就要承认对未来世代的义务。⑤ 跨代共同体可以被看作是我们承担对未来世代义务的源泉。⑥

那么我们如何确定是否存在这样一个跨代共同体呢? 德夏里特建议从共同体的特征入手。他认为,"对于一群人而言,满足(以下)三个主要条件中的一个就可以被

---

① [美]约翰·罗尔斯:《正义论》,何怀宏等译,北京:中国社会科学出版社,1988 年版,第 292 页。
② John O'Neill, *Ecology, Policy and Politics: Human Well-being and the Natural World*, (London: Routledge, 1993), p. 34.
③ "现实的跨代共同体"并不是一种新的理念,我们可以在保守主义的创始人埃德蒙·柏克(Edmund Burke)的思想中找到其渊源。
④ Avner de-Shalit, *Why Posterity Matters: Environmental Policies and Future Generations*, (London: Routledge, 1995), p. 15.
⑤ Avner de-Shalit, *Why Posterity Matters: Environmental Policies and Future Generations*, (London: Routledge, 1995), p. 31.
⑥ Avner de-Shalit, *Why Posterity Matters: Environmental Policies and Future Generations*, (London: Routledge, 1995), p. 16.

算作是一个共同体。这些条件包括人们在日常生活中的互动、文化交流与道德共识（moral similarity）"①。德夏里特指出，虽然第一个条件即日常生活的互动在代际之间无法实现，但是文化交流与道德共识却能够在代际相互重叠和承继的意义上达成。

作为共同体本质特征之一的文化交流首先暗示了稳定的、共同的文化环境的存在。在这种文化环境中，共同体成员经历着相同的政治、社会和文化事件，他们通过公开讨论、文学作品、大众媒体乃至学术研究等形式对这些事件的意义进行反思和解释。共同体的全体成员，或者亲身投入，或者只是旁观、阅读或批评，都会在一定程度上参与到文化交流之中。而在代际的层面上，后代人虽然无法同前代人一样"亲身"经历事件，但是却可以对前代人的思想和理念进行反思和评论，这种反思和评论也可以被视为参与文化交流的一种方式。而且正如我们同过去的世代有着文化交流，同样，我们可以设想未来世代也会同我们有这样的文化交流。我们有充分的理由相信，若干代之后的人们也会以同样的方式去讨论和评价我们的理念、规范和价值，反思我们的艺术、科学、教育、司法、经济、政治，等等。

那么，道德共识又是指什么呢？德夏里特认为，在每个真正的共同体中，存在着某些为大多数人所共有的对道德和政治问题的价值和态度。这些价值和态度充当着共同体成员讨论其社会政治生活时的背景或框架，为共同体成员评判周遭世界提供看法。而共同体的每个成员则同其他成员一起分享这些价值、理念和规范，视其为个人认同的构成部分。德夏里特将这些为大多数共同体成员所接受的态度、价值和规范，称之为道德共识。② 我们可以把道德共识沿时间的发展大致分为三个阶段：第一个阶段是代内共同体道德共识的逐渐形成和相对稳定阶段；而后，随着共同体成员子女的成长，我们可以预见的是，这些共同体新生代会在价值和行为规范等各个方面，与父辈所持有的价值理念发生冲突和碰撞，促使原有的道德共识不断调整，最终形成新的共识；这是第二个阶段；接下来进入第三个阶段，在更长的时间以后，随着社会环境和条件的变化，随着新技术的出现，人们又会对新形成的道德共识进行反思，这种跨越时间的连续反思引导着道德共识沿着时间的维度走向未来。

通过以上的分析，我们看到，不但文化上的交流和互动可以在我们与后代人间进

---

① Avner de-Shalit, *Why Posterity Matters: Environmental Policies and Future Generations*, (London: Routledge, 1995), p. 22.

② Avner de-Shalit, *Why Posterity Matters: Environmental Policies and Future Generations*, (London: Routledge, 1995), p. 28.

行，与此同时，"道德共识"也可以被延伸到未来。可见，当代人和未来世代能够构成"现实的跨代共同体"，德夏里特更将其称之为"道德与文化的共同体"。

德夏里特还为他上述观点寻找了心理事实上的支持，这一事实就是："我们大多数人都畏惧生命的逝去，我们大多数人都把在死亡这一刻我们的思想、行为规范和价值的终结，视为一种我们希望可以尽量避免的悲剧。但是，不但人自己一生中未来的自我是自己的一部分，而且一般意义上的未来也可被视为自己的一部分。……这个未来也是一个人思想的未来。"①一个人的肉体可以被掩埋，但他的思想和理念将超越肉体的毁灭，在一定程度上克服对死亡的恐惧。

为此，德夏里特提出用一种"跨代自我"（trans-generational self）的理念来作为跨代共同体的基础。他从自我的连续性（the continuity of selves）理论出发指出，过去的自我、当下的自我与未来的自我，处于一个意愿与回应意愿之行动的网络之中。我们当下的自我，会对我们过去自我的意图和欲望作出回应；相应地，我们未来的自我，也会对我们当下自我的意图和欲望作出回应。那么即使在我们死后，那些因回应我们的意愿和欲望而采取的行动和状况，也可以被看作是自我连续性的某种体现。这样，我们就没有理由认为一个人的欲望和意愿的实现会随着他的死亡而终止，死亡也就不再是未来自我存在的终结。②

与奥内尔将未来自我视为"我们的个人目标在未来的成败"相比较，德夏里特"跨代自我"的观点更突出强调代际之间持续的文化和/或道德共识的观念。在这一观念中，"完全'崭新的'自我诞生在与我们的环境相似的（道德文化）环境中，而且正是这些相似的环境，构成了将跨代共同体整合的黏合剂。从跨代自我的理念来看，正是（萨特所主张的）那种不断地'将自我抛向未来'的自我理念威胁到了代际之间的整合"。③

德夏里特所提出的基于"文化和/或道德共识"的跨代共同体，代表了将正义共同体扩展到未来世代的一种重要主张。由于连接着跨代共同体的文化和道德共识在强

---

① Avner de-Shalit, *Why Posterity Matters：Environmental Policies and Future Generations*,（London：Routledge, 1995），p. 40.

② Avner de-Shalit, *Why Posterity Matters：Environmental Policies and Future Generations*,（London：Routledge, 1995），pp. 35—50.

③ Andrew Dobson, *Justice and the Environment：Conceptions of Environmental Sustainability and Theories of Distributive Justice*,（Oxford：Oxford University Press, 1998），p. 105.

度上会随着时间而减弱，相应地，我们对未来世代的义务也会随之而减弱。① 跨代共同体的这一特征可能会带来一定的不良后果。以核废料处理这种"长期休眠型"的环境问题为例。核废料是伴随核燃料生产、工业活动、医疗科技和核武器制造而产生的环境不可欲物。因为一些核废料中的同位素的半衰期长达数千年②，所以核废料处置带来的问题必然是世代间的，我们在处置核废料时必须权衡当代利用核物质时所获得的收益和未来世代在承受核废料污染时所承担的负担的分配问题。但是，如果从德夏里特的观点来看，"我们同这么多年后的相关未来世代所具有的道德和文化相似性如果还存在，也会非常细小"③，那么我们就很难基于跨代共同体的理论来论证对未来世代的义务以及对未来世代讲正义。

将正义接受者共同体扩展到未来的另一种方式，是赋予未来世代以权利。乔尔·范伯格(Joel Feinberg)这样总结这种理念：我们为了我们的子女、我们的下一代保护环境，是一种爱的行为；而我们为我们遥远的后代保护环境，则主要是一个诉之于未来世代权利的正义事件。④ 换言之，爱或许是我们对与我们关系最为亲密和密切之人承担义务的源泉，但是，(遥远的)未来世代与我们的关系既不亲密也不密切，在讨论我们对他们的义务时，我们需要某种东西来替代作为义务源泉的爱；而范伯格认为，权利就是这个替代物。从范伯格的观点出发，我们似乎可以设想一个基于权利的当代人与未来世代的正义共同体。

但是，这种赋予未来世代成员以权利的观点受到普遍反对。一种普遍的观点认为，我们应该把存在本身视为其他权利的先决条件。要想拥有权利(the possession of the rights)，首先必须存在；而未来世代恰恰缺少存在性(existence)这一拥有权利的必要条件。布赖恩·诺顿(Brian Norton)也通过从"存在"到"同一性(identity)"的术语转换指出，"任何涉及利益、权利或义务的提法，都预设了一个拥有那种利益或权

---

① Avner de-Shalit, *Why Posterity Matters：Environmental Policies and Future Generations*, (London：Routledge, 1995), p. 13.

② 例如，作为核反应堆燃料的铀-235 的半衰期为 7.1×10^9 年。

③ Andrew Dobson, *Justice and the Environment：Conceptions of Environmental Sustainability and Theories of Distributive Justice*, (Oxford：Oxford University Press, 1998), p. 107.

④ Joel Feinberg, "The Rights of Animals and Unborn Generations", in E. Partridge, ed. *Responsibilities to Future Generations*, (New York：Prometheus Books, 1981), p. 139.

利的具有同一性的(identifiable)个体"。① 因此,向可能的未来世代成员分配生命权不但在理论上不连贯,而且还有在实践上弄巧成拙之嫌。②

范伯格从"利益"的视角出发对上述"不存在(non-existence)即不拥有权利"的观点进行了反驳。他认为,拥有权利的前提条件并非是存在自身,而是对利益的占有。范伯格通过考察从岩石到人类这一系列的情况后提出,为什么人们通常认为岩石不拥有权利,而人类拥有权利呢? 而且"在岩石和正常的人类这样泾渭分明的情况之间,还存在着一些不那么清晰的情况,包括像去世的祖先、动物个体、整个动物的物种、植物、有智力缺陷和精神疾病的人、胎儿和未出生的世代这些难以判断的边界性问题"③。我们该如何看待这些情况下的权利问题呢? 范伯格以个体动物为例来进行说明。他指出,就个体的动物而言,大多数人会赞同它们不具有义务的观点;还有一些人会认为,因为这些动物无法提出要求权利的主张,所以它们也不拥有权利。但是范伯格认为,一旦我们将代理权的可能性(就像对孩子那样)考虑在内,那么这种反对意见就不再有效。现在,在讨论代际正义的情况下,也有人会提出类似的反对意见,称代表们总是代表利益,而动物并不拥有利益。范伯格认为这种观点是非常错误的,"至少一些高等动物拥有欲望",而且它们还拥有实现这些欲望的利益。

通过对个体动物的分析,范伯格指出,"我们可以从对动物权利的讨论中得出一个重要的原则,来尝试解决其他在权利概念应用方面的难题,这个原则就是,能够拥有权利的存在物,就是那些具有(或者能够具有)利益的存在物"④。将这个原则应用到我们所关注的未来人的背景下,范伯格得出这样的结论:未来世代拥有"生活空间、肥沃的土壤、清新的空气诸如此类"的利益,因此他们有实现这些利益的权利。

但是,范伯格的"占有利益"的观点也有其自身的问题。有研究者认为,即使利益的占有真的能够得到证明,它也并不必然会导致对权利的拥有,而且甚至可能同"恰当地对待"利益拥有者毫不相关。退一步讲,如果利益的占有真的包含要"恰当地对

---

① Brian Norton, "Environmental Ethics and the Rights of Future Generations", *Environmental Ethics*, Vol. 4 (Winter 1982), p. 320.

② Brian Norton, "Environmental Ethics and the Rights of Future Generations", *Environmental Ethics*, Vol. 4 (Winter 1982), p. 331.

③ Joel Feinberg, "The Rights of Animals and Unborn Generations", in E. Partridge, ed. *Responsibilities to Future Generations*, (New York: Prometheus Books, 1981), p. 140.

④ Joel Feinberg, "The Rights of Animals and Unborn Generations", in E. Partridge, ed. *Responsibilities to Future Generations*, (New York: Prometheus Books, 1981), p. 143.

待"利益拥有者的内涵,那还有什么值得我们为权利而苦恼呢?最后,即使我们将权利建立在利益的基础之上,而且也确实做到这一点,那么仍然存在着一个与形式权利和实质性权利之间的区别相关的难题,因为在形式上拥有权利并不能为在实际上享有权利提供任何必要的物质条件的保证。① 诚如泰德·本顿(Ted Benton)所言,许多女性主义者、无政府主义者和要求黑人权利的活动家们提出抗议的一个重要原因,就是在形式上拥有权利和实际上享有权利之间存在鲜明的对比。②

尽管这种扩展权利共同体到未来世代的观点存在着不足,但是同"道德与文化共识"相比较,"利益的占有"往往被视为一个对未来世代承担正义的义务的更为稳定的基础。多布森就曾提出,权利的归属(ascription of rights)在原则上会在当代人与未来世代之间即代际之间的正义理论中发挥重要的作用,而且与德夏里特所描述的共同体不同,它(这种归属)要求人们对于遥远的世代是否能够拥有适宜生存的环境承担正义的义务。③

除社群主义者和权利论者之外,罗尔斯作为当代社会契约论的代表,通过为"原初状态"增设限制条件,从而使后代和未来世代也成为"无知之幕"之后的缔约方,为扩展正义的共同体到未来世代提供了第三种代表性的思路。

为了排除使人们陷入争论的各种偶然因素的影响,引导人们利用社会和自然环境以适合于他们自己的利益,罗尔斯提出了原初状态的理念,并且假定原初状态各方处在一种无知之幕之后。他们不知道各种选择对象将如何影响他们自己的特殊情况,他们不得不在一般考虑的基础上对原则进行评价。④ 而无知之幕除了遮蔽诸如社会地位、阶级出身、自然禀赋和能力、人们关于合理生活的计划等特殊事实之外,同时还遮蔽了原初状态各方所处的世代及其信息:"(原初状态的)各方不知道他们属于哪一代,会发生什么样的事情,以及他们处于社会文明的哪一阶段。他们没有办法弄清自己这一代是贫穷的还是相对富裕的,是以农业为主还是已经工业化了等等。在

① Andrew Dobson, *Justice and the Environment*:*Conceptions of Environmental Sustainability and Theories of Distributive Justice*, (Oxford:Oxford University Press, 1998), p. 110.

② Ted Benton, *Natural Relations*:*Ecology, Animal Rights and Social Justice*, (London:Verso Press, 1993), p. 4.

③ Andrew Dobson, *Justice and the Environment*:*Conceptions of Environmental Sustainability and Theories of Distributive Justice*, (Oxford:Oxford University Press, 1998), p. 110.

④ [美]约翰·罗尔斯:《正义论》,何怀宏等译,北京:中国社会科学出版社,1988年版,第136页。

这些方面,无知之幕是彻底的。"①我们看到,正是因为对所处世代的不确定,才有了原初状态各方组成的正义共同体沿时间维度扩展的可能;有了将尚未出生的未来世代(第三方)纳入这一共同体的可能;有了当代人与未来世代共同缔结契约的可能。"这样,在原始状态的人就要问自己:在假设所有其他各代都要以相同的比率来储存的基础上,他们愿意在每个发展阶段储存多少。"②这就得出了所谓的"正义储存原则",它出现在罗尔斯《正义论》的第二个正义原则的表述中:"社会和经济的不平等应这样安排,使它们:①在与正义的储存原则一致的情况下,适合于最少受惠者的最大利益;并且②依赖于在机会公平平等的条件下,职务和地位向所有人开放。"③

罗尔斯对原初状态各方所处世代的设定到此并没有结束。对于缔结正义契约的共同体,罗尔斯进一步补充说:虽然原初状态的各方不知道他们属于哪一代,但是他们彼此知道他们是属于同一时代。④ 之所以这样假设,是因为对于罗尔斯而言,原初状态并不是被设想为一种在某一刻包括所有将在某个时期生活的人的普遍集合,更不是可能在某个时期生活过的所有人的契合:原初状态不是一种所有现实的或可能的人们的集合。⑤ 原初状态的设置,是希望任何人在任何时候随时都能够进入思想实验,并缔结契约,提出正义两原则;"属于同一世代"的假设,符合罗尔斯设置原初状态的最初意图。

但是问题却接踵而来:既然原初状态各方认识到自己与其他人都属于同一世代,那么原初状态各方自利、相互冷漠以及使用"最大最小原则"作为行动策略的特征就会占据上风,很可能不会再在代际问题上选择储存原则:"由于原初状态的人们知道他们是当代的,他们能通过拒绝为后代作出牺牲来使自己这一代有利,他们只接受那些不使任何人有一为后代储存的义务的原则。先前的世代是否储存,则是现代的各方所无力影响的。在这种情况下,无知之幕没有保障可望的结果。"⑥

为了在解决上述代际正义问题的同时,又确保正义原则不至于依赖太多的假设,罗尔斯没有直接设定原初状态各方对未来世代的责任或义务,而是代之以一种动机

---

① 〔美〕约翰·罗尔斯:《正义论》,何怀宏等译,北京:中国社会科学出版社,1988 年版,第 288 页。
② 同上书,第 314 页。
③ 同上书,第 302 页。
④ 同上书,第 319 页。
⑤ 同上书,第 138 页。
⑥ 同上书,第 139 页。

的假设(motivation assumption)。根据这一假设,"原初状态中的每个人都应当关心某些下一代人的福利,并假定他们的关心在每个场合都是对不同的个人的。而且,对下一代的任何人,都有现在这一代的某个人在关心他。这样,就使所有人的利益都被照顾到了,在无知之幕的条件下,全部的线头都接到了一起"①。换言之,罗尔斯假设原初状态各方具有关心未来世代的动机,这里的未来世代首先是原初状态各方的直接后代。此外,罗尔斯还采用一种家庭模式的解释方式来说明这项动机假定:我们可以想象原初状态各方作为家长,像父亲关心儿子那样关心直系后代的福利,或者作为各个家族的代表,在连续的世代之间保持着感情上的联系。②

以上是罗尔斯在《正义论》中围绕代际关系对无知之幕和原初状态所作的设定和假设。这些设定和假设至少在两个方面遭到强烈批评:第一种批评认为,原初状态各方关心未来世代的动机假设与各方以自我利益为中心并且相互冷漠的理性特征相互矛盾,使得各缔约方患上了既自利又关爱他人的分裂症;第二种批评则与用于解释关心未来世代动机的家庭模式相关。既然原初状态各方作为家长或家族的代表,那么是否意味着无知之幕之后的他们事实上拥有家庭相关的特殊信息? 而且现实中并非每个人都想要组成家庭,也并非每个人都会孕育直系的后代,因此,采用家庭模式解释原始状态各方对未来的关爱到底具有多大的说服力?③

而在《政治自由主义》中,罗尔斯意识到,他之前对未来世代和正义的储存的说明是有缺陷的。在提出一种可供选择的解决方案之前,罗尔斯这样复述问题的背景:"最后,为了建立代际公平(比如说,在一种正义储存原则基础上所达成的契约),各方(我们假定他们都是同时代人)都不知道社会的现状。他们没有任何有关自然资源或生产资产的信息,或者说,他们没有任何有关超出可以从正义环境中获得的假设中推导出来的技术层次的信息。他们这一代人的相对善恶特征是他们所不了解的,因为当同代人受到一种有关社会现状的一般描述的影响,并一致同意如何相互对待时,对于他们之后的各代人而言,他们尚未考虑到基本结构内部所发现的各种历史偶然因素和社会偶然性的结果。故此,我们便遇到了一种较薄弱的、比无知之幕更为厚重的

---

① [美]约翰·罗尔斯:《正义论》,何怀宏等译,北京:中国社会科学出版社,1988 年版,第 128 页。
② 同上书,第 289 页。
③ Avner de-Shalit, *Why Posterity Matters*: *Environmental Policies and Future Generations*, (London: Routledge, 1995), pp. 104—106.

铁幕：我们尽可能将各方仅仅理解为道德的个人,且他们不受各种偶然性的影响。"①
罗尔斯的这一补充使得最初关于"原初状态"的动机假设更为完整。

为此,罗尔斯采取了这样一种解决的进路使其最初关于原初状态的动机假设更
为完整："由于社会是代际间长期合作的系统,因而就需要有一种储存原则。我们不
去想象一种(假设的和非历史的)各代之间的直接性契约,相反,我们却可以要求各方
一致达成一种储存原则,该储存原则须服从他们必定要求其前辈各代所遵循的进一
步的条件要求。因此,正确的原则便是,任何一代(和所有各代)的成员所采用的原
则,也正是他们自己这一代人所要遵循的原则,亦是他们可能要求其前辈各代人(和
以后各代人)所要遵循的原则,无论往前(或往后)追溯多远。"②因此,假如原初状态
中的人们不知道自己身处哪一个时代,那么他们在博弈中唯一能够确保自身利益的
途径,就是一致要求其前辈各代人已经按要求遵循了正义的储存原则。

二、代际正义的环境：正义的环境与未来世代

上文我们提到,罗尔斯在《政治自由主义》中,对原初状态的动机假设进行了补
充。他指出,原初状态中的人们之所以不再对后代的利益漠不关心或持相互冷漠的
态度,是因为从互利的角度来看,正义的储存原则是"每一代(也许除了第一代)都可
以获得好处的安排",这一代为下一代保留的东西被看作是"对从前面的世代所得到
的东西的回报"。这里得到强调的是代际正义的相互性因素：正义的储存原则就是
"任何一代(和所有各代)的成员所采用的原则,也正是他们自己这一代人所要遵循的
原则,亦是他们可能要求其前辈各代人(和以后各代人)所要遵循的原则,无论往前
(或往后)追溯多远"。③ 而所有(其他)各代都以相同的比率来储存,成为原初状态的
人确定其储存率的前提条件。

但是这里的问题是,以自我利益为中心,并从互利的角度来看待利益与负担在当
代人与未来世代之间的分配,真的能为代际正义(包括代际环境正义)提供足够的动
机吗? 对此,当代政治哲学家布莱恩·巴里(Brian Barry)给予了否定的回答。巴里

---

① ［美］约翰·罗尔斯：《政治自由主义》,万俊人译,南京：译林出版社,2000 年版,第 289 页。
② 同上书,第 290 页。
③ 同上注。

以休谟和罗尔斯的"正义之环境的学说"(doctrine of the circumstance of justice)为切入点,通过对正义得以产生的环境的进一步分析,进而指出,罗尔斯的代际正义理论与其一般正义理论之间存在着重大的矛盾和冲突,而根据代际正义的环境要求,代际正义(包括代际环境正义)的实质只能是公道的正义,而不可能是互利的正义。①

尽管"正义的环境"(the circumstance of justice)这一术语是由罗尔斯提出的,但是"正义的环境"的理论最初来自休谟。我们在前文中曾对休谟在《人性论》中的相关论述进行了详细的梳理②(参见本书第一编第二章第二节),在这里,仅使用《道德原则探究》一书中的表述再次重申休谟的观点。休谟认为:"平等或正义的规则完全依赖于人们所处的特殊状态和条件。……如果人类的条件处在某种非常特别的情形下,如物产极端丰富或极端匮乏,人心异常温厚慈善或极端贪婪邪恶——这些条件使正义变得完全无用,你就可以因此而完全摧毁了它的本质,并中止它施加于人类的义务。"③

在《正义论》中,罗尔斯明确指出,休谟对正义的环境的解释"特别明晰"、"特别详细",他本人"并没有增加什么重要的东西"。④ 按照罗尔斯的表述:"首先,存在着使人类的合作有可能和有必要的客观环境。这样我们假定,众多的个人同时在一个确定的地理区域内生存,他们的身体和精神能力大致相似,或无论如何,他们的能力是可比的,没有任何一个人能压倒其他所有人。他们是易受攻击的,每个人的计划都容易受到其他人的合力的阻止。最后,在许多领域都存在着一种中等程度的匮乏。"⑤而且,"为简化起见,我常常强调客观环境中的中等匮乏条件,强调主观环境中的相互冷淡或对别人利益的不感兴趣的条件。这样,一个人可以扼要地说,只要相互冷淡的

---

① 布莱恩·巴里的观点,可参见[英]布莱恩·巴里:《正义诸理论》,孙晓春、曹海军译,长春:吉林出版社,2004 年版,第 194—207 页;Brian Barry, "Circumstances of Justice and Future Generations", in R. I. Sikora and Brian Barry, eds. *Obligations to Future Generation* (Philadelphia:Temple University Press, 1978),pp. 204—248. 相关研究成果还可参见:杨通进:《论正义的环境——兼论代际正义的环境》,《哲学研究》,2006 年第 6 期,第 100—107 页;杨通进:《罗尔斯代际正义理论与其一般正义论的矛盾与冲突》,《哲学动态》,2006 年第 8 期,第 57—63 页。本书对上述研究进行了整理。
② 当然,第二章的梳理并非完全是对休谟观点的重述,而是试图围绕正义的"道德心理学"对其进行重构。
③ [英]休谟:《道德原理探究》,王淑芹译,北京:中国社会科学出版社,1999 年版,第 17 页。
④ [美]约翰·罗尔斯:《正义论》,何怀宏等译,北京:中国社会科学出版社,1988 年版,第 127页。
⑤ 同上书,第 126 页。

人们对中等匮乏条件下社会利益的划分提出了相互冲突的要求,正义的环境就算达到了。除非这些环境因素存在,就不会有任何适合于正义德性的机会。"①在这里,罗尔斯将休谟提出的"正义的环境"概括为三个方面:中等程度的匮乏(moderate scarcity)、中等的自私(moderate selfishness)和相对的平等(relative equality)。而布莱恩·巴里认为,如果这三个方面就是正义得以存在和实现的环境的话,那么人们关于代际正义的讨论的前景注定黯淡无光。因为我们或许能够确信未来人身上仍体现着中等自私的人性,但是,我们却无法确信,在当代人和未来世代之间,中等程度匮乏(全体人类在未来某个时间所面临的匮乏状态)和相对平等的条件是否能够得到保证。② 事实上,在巴里看来,在面对未来世代时,休谟和罗尔斯的正义之环境的学说是值得怀疑的。接下来,我们将逐一考察上述三个正义的条件在代际正义讨论时的局限性。

罗尔斯将中等程度的匮乏称为正义的客观环境,指的是人们能够获得的自然的和社会的资源"既不是太多也不是太少"。如果人类需要的所有东西像空气一样充足可靠(正如古典诗人虚构的黄金时代那样),那么审慎和妒羡的德性就永远无法形成。"在这种情形下,正义是完全没有用的,它将是一种多余的摆设,而且在美德的栏目中不会有它的名字。"③"太多"是休谟为正义的客观环境所设定的"上限"。因为正义主要是用来指导那些短缺资源的分配的,所以如果人们所需要的自然资源和社会资源的供应不存在短缺,那么如何公平地分配有限资源的问题就不会出现,(分配)正义观念也就不会有什么用处。④

而如果情况恰恰相反,资源短缺已经到达"太少"这一"下限":"假如一个社会的一般必须品都陷入了极度匮乏的状态,以至于无以复加的节俭和勤劳都不能保证大部分人免遭死亡,也不能使所有的人都免受极其穷困之苦,我想,大家都会很容易地承认,在这样一种窘迫的情形下,严明的正义法则会被暂时搁置起来,而代之以更强

---

① [美]约翰·罗尔斯:《正义论》,何怀宏等译,北京:中国社会科学出版社,1988 年版,第 127 页。

② Brian Barry, "Circumstances of Justice and Future Generations", in R. I. Sikora and Brian Barry, eds. *Obligations to Future Generation* (Philadelphia: Temple University Press, 1978), p. 209.

③ [英]休谟:《道德原理探究》,王淑芹译,北京:中国社会科学出版社,1999 年版,第 13—14 页。

④ [英]布莱恩·巴里:《正义诸理论》,孙晓春、曹海军译,长春:吉林出版社,2004 年版,第 196—197 页。译文有所调整。参见杨通进:《论正义的环境——兼论代际正义的环境》,《哲学研究》,2006 年第 6 期,第 101 页。

烈的需要和自我保存动机。"①在这里,休谟举了这样一个例子:"假设一个被围困的城市由于饥饿而濒临毁灭,我们怎能设想,在这种危难情况下的人们还拘泥于遵守在别的情况下是平等和公正的法则而光看着眼前足以自救的任何工具坐以待毙呢? 甚至在不太紧迫的危急时刻,公众也可以不征得物主的同意而打开其粮仓救赈,就像可以恰当设想的那样,政府当局也可以依据平等的要求强占这些粮仓;但是,如果一群人不顾法律或民事权力的约束而集结起来,在一次饥荒中通过强力甚至暴力来平等地分配食物,这种行为应被视为犯罪或侵权吗?"②休谟显然试图表明,在必须品极度匮乏、特别是缺乏粮食的情况下,人们可以采取任何一种手段来获取生活必须品,以确保自己的生存,因而保护财产的正义原则确实不起作用了。

如果根据正义的客观环境的"上限"和"下限"来考察代际环境正义,我们首先可以确定的是,如若未来世代资源极端丰富,那么在当代人与未来世代之间确实不需要分配环境利益的正义。③ 但是,如若未来世代资源极端匮乏,与休谟和罗尔斯的观点不同,我们则认为,我们需要遵循作为分配正义的环境正义的某些基本要求,在当代人与未来世代之间公平地分配环境利益和负担。具体而言,就环境利益而言,我们有理由认为,对于我们是十分稀缺的资源,对于未来的几代人大致也是十分稀缺的。④例如,那些直接决定着人们的基本生活质量,而且目前已呈现出衰竭趋势的可再生资源(如淡水、森林、耕地等)和不可再生资源(如石油、天然气、煤炭等石化燃料),属于严重匮乏的资源;濒危物种也可以视为一种严重匮乏的资源。而就环境负担而言,我们可以从逆向思维的角度,把那些严重威胁着当代人和后代人的身体健康和生命安全的有毒有害废弃物(如各种持久性有机污染物和核废料),以及各种生态灾难(如全

---

① [英]休谟:《道德原理探究》,王淑芹译,北京:中国社会科学出版社,1999 年版,第 16 页。

② 同上注,译文有所调整。

③ Brian Barry, "Circumstances of Justice and Future Generations", in R. I. Sikora and Brian Barry, eds. *Obligations to Future Generation*, (Philadelphia: Temple University Press, 1978), pp. 210—212.

④ 在这里,我们的理据是:我们有理由相信,作为同一物种,未来世代的基本需要与我们的基本需要是大致相同的,因而满足这些基本需要的条件也是基本相同的,即都需要安全的食物、洁净的饮用水、清洁的空气、足够的土地以及一个有利于身心健康的功能健全的生态系统。参见杨通进:《论正义的环境——兼论代际正义的环境》,《哲学研究》,2006 年第 6 期,第 102页。

球气候变暖),理解为某种特殊的"负资源"。① 这些大量存在且人人都竭力想躲避的物品,也可以被看作是一种特殊类型的严重匮乏资源。②

代际环境正义正是要求人们:"应当以下述方式来开发和使用地球上的有限资源包括严重匮乏的资源,即对它们的开发和使用不能损害后代人的身体健康和生命安全,不能损害后代人满足其基本需要的能力,也不能损害后代人追求其所理解的好生活的平等机会。这其中,保存生命和机会平等是代际正义的基本要求。"③总之,正如当代人之间对严重匮乏的资源的分配那样,不同世代之间对严重匮乏的资源的分配也要遵循一定的正义原则。资源的严重匮乏不能成为否定代际正义的理由。就正义的客观环境而言,只要存在着资源匮乏(包括严重匮乏)的环境,就需要启用正义原则。

中等的自私和相对的平等属于罗尔斯所指称的正义得以产生的主观环境。首先来看相对的平等。如上所述,在休谟看来,在一个拥有绝对力量的群体与一个毫无反抗能力的群体之间,根本无正义可言。但是,如果力量的对等是正义产生的必要条件,那么代际正义的前景就非常渺茫了。因为代际关系的一个重要特征就是力量的不对称。当代人的政治、经济和文化决策所形成的政治、经济和文化状况,影响甚至制约了后代人的欲望和偏好,使得后代人只能在其前辈留给他们的历史遗产的基础上选择和实现他们的生活理念。为了矫正其前辈的错误决策,后代人还得付出沉重的代价。如果当代人过快地消耗了地球上的不可再生资源,并把人类社会带入某种难以改变的技术化轨道,那么,后代人可以选择的生活理想的范围就会大大减少。时间发展的单向性决定了:当代人的决策可以影响后代人,而后代人的决策决不会影响当代人。④ 这似乎正是典型的力量不对等的情况。而与休谟的观点相反,巴里认为,

---

① 我们不能想当然地认为未来世代一定能够通过技术进步解决在我们今天看来无法解决的环境问题,更不能依据那些有可能出现也有可能不出现的技术进步来制定我们的能源政策,因为假如那些技术进步没有按照我们期望的时间出现,后代人的生命和安全就会陷入难以想象的灾难之中。参见杨通进:《论正义的环境——兼论代际正义的环境》,出处同上,第102页。

② 同上,第102页。

③ 杨通进:《论正义的环境——兼论代际正义的环境》,《哲学研究》,2006年第6期,第102—103页。

④ 同上,第104页。

正是在力量的这种极端不平等的情况下,正义才显得特别重要。①

其次再来看中等的自私。按照休谟的说法,正义的德性只有在这种极端情况不存在的情形下才会出现:"正义只是起源于人的自私和有限的慷慨,以及自然为满足人类需要所准备的稀少的供应,人们如果是自然地追求公益的,并且是热心地追求的,那么他们就不会梦想到要用这些(正义)规则来相互约束;同时,如果他们都追求他们自己的利益,丝毫没有任何预防手段,那么他们就会横冲直撞地陷入种种非义和暴行。"②巴里认为,若说"自私和有限的慷慨"是建立正义的动机之一,这大致是可以理解的;但是若说它是建立正义的唯一动机,互利是遵循正义的唯一基础,那么代际正义的讨论再次前景堪忧。在巴里看来,在罗尔斯那里,实际上存在着两种不同的正义概念。③ 一是作为互利的正义(justice as mutual advantage),一是作为公平的正义(Justice as fairness)。这两种正义概念有着两个共同特征:第一,当人们之间或人群之间出现利益冲突时,正义问题便提了出来;第二,正义是所有人在原则上可以达成的合作协议。但是,这两种正义概念在本质上却是完全不同的。第一种正义概念把自利(self-interest)视为人们选择正义行为的动机,把正义理解为缔约各方经讨价还价而达成的互利合作条款,否认在这些条款之外还存在着某些可以用于判断这些条款的合理性或公正性的独立标准。根据这种正义概念,人们达成的协议可以反映这一事实:一些人比另一些人拥有更强的谈判控制力。如果协议的条款未能反映不同的谈判控制力,那么,那些其所得与其实力不相称的一方就可以推翻已达成的协议。如果对协议的遵守不能带来实际的利益,人们也可以不遵守它。相反,第二种正义概念力图把正义与谈判控制力分离开来。它并不拘泥于"正义必须是对每一个人都有利的"这一约束条件,而是把正义理解为人们在相互尊重的基础上所达成的一种公平而合理的协议。正义的条款是理性的人们所订立的能够获得理性辩护的条款。正义原则就是充分参与社会合作的每一个人都可以理性地加以接受,或无法合理地加以拒斥的那些原则,是共同的人类理性所赞成的那些原则。

在互利正义观看来,正义之所以成为人们选择正义行为的理由,是因为选择正义

---

① [英]布莱恩·巴里:《正义诸理论》,孙晓春、曹海军译,长春:吉林出版社,2004 年版,第 207 页,译文有所调整。

② [英]休谟:《人性论》,关文运译,北京:商务印书馆,1991 年版,第 536—537 页。

③ 巴里的论证具体参见[英]布莱恩·巴里:《正义诸理论》,孙晓春、曹海军译,长春:吉林出版社,2004 年版。

符合行为者的利益。反过来说，如果一个行为不能给行为者带来好处，行为者就没有理由选择该行为。与此不同，在公平正义观看来，正义的力量存在于正义的条款所包含的道德合理性之中。正义的事物本身就是人们选择它的好的理由。由此可见，作为公平的正义与作为互利的正义有着本质的区别。代际正义只能是作为公平的正义，而不可能是作为互利的正义。因为当代人与遥远的后代人不是生活在同一时空范围内，二者之间的关系不具有当代人之间的那种相互性或互利性。当代人不可能从他们对遥远的后代人的正义行为中获得任何好处；他们对后代人的正义行为只能建立在道德理性的基础之上，而不可能建立在理性自利或互利的基础之上。因此，代际正义的实质只能是公平的正义，而不可能是互利的正义。①

---

① Brian Barry, "Circumstances of Justice and Future Generations", in R. I. Sikora and Brian Barry, eds. *Obligations to Future Generation*, (Philadelphia: Temple University Press, 1978), pp. 214—219.

第三编

作为承认正义的环境正义

正如前述,仅仅从分配正义的角度并不能完整把握环境正义的内涵,也并不能全部解释环境不正义的问题。而且从"相互承认"的意义上而言,个体或群体在面对环境问题时,除了因为环境利益和负担的不公平分配而激发不正义感之外,当其感到自身的尊严和价值没有得到应有的承认或被扭曲的承认时,同样会激起对于正义的渴望。

美国环境政治学家戴维·施劳斯伯格通过考察"环境正义"运动在现实经验层面所提出的各种主张指出,环境正义尽管受主流的分配正义思想的影响,从而表现出一定的理论局限性,但在实践层面,环境正义运动却清晰地呈现出一种更为广泛的、要求承认的正义理念。这样,"承认"的思想就纳入到对环境正义的反思之中。罗伯特·M. 菲格洛(Robert M. Figueroa)则运用文化多元主义哲学家南希·弗雷泽(Nancy Fraser)所提出的"综合正义"理论,对环境正义中分配与承认正义的关系进行分析,进而指出,环境正义应该摆脱主流正义理论将分配与承认截然二分的禁锢,走出非此即彼的范式,认识到环境正义既具有分配正义的特性,也表现出承认正义的特点。[①] 本编将通过对环境正义问题中存在的不承认和扭曲的承认等承认缺乏现象的分析,对"作为承认正义的环境正义"这一环境正义研究的崭新视角进行批判性分析。在承认正义进行反思方面,黑格尔在当代的继承者查尔斯·泰勒和阿克塞尔·霍耐特的思想,为我们提供了理论借鉴。而"承认平等"和"承认差异"的类型划分,从"承认平等尊严"到"承认独特的环境认同"两个维度进一步丰富了作为承认正义的环境正义的意义。

[①] 由于受文化多元主义理论分析框架的局限,菲格洛将环境正义中的承认问题仅仅局限于文化承认的范围之内,从而降低了其理论的解释力度。Robert M. Figueroa, "Debating the Paradigms of Justice: The Bivalence of Environmental Justice", Ph. D. diss., Department of Philosophy, University of Colorado, Boulder, 1999.

第一章　承认的政治与承认正义的模式

在这一部分,我们将通过梳理黑格尔承认(和承认正义)思想在当代的继承者查尔斯·泰勒和阿克塞尔·霍耐特的承认政治理论,简要概括出承认正义的两种基本模式,从而为讨论作为承认正义的环境正义奠定理论基础。

一、承认的政治

承认之所以在当代成为一个明确的政治哲学议题,泰勒的贡献是奠基性的:他的《承认的政治》一文不但明确地论证了承认的重要性和道德意义,而且从私人领域和公共领域两个层面上对承认话语作出了区分。泰勒指出,在私人领域,人们了解到认同是在与"有意义的他者"的持续对话和斗争中形成的;在公共领域,平等承认的政治正日益成为中心议题。具体而言,在等级社会,特别是以封建等级为身份标准所产生的"荣誉"观念让位之后,着重平等的"尊严"概念和着重独特性的"本真性"概念继而兴起,成为想象和理解个人认同的两个主轴。沿着这两个主轴,分别产生了"承认的政治"的两种模式:"普遍主义的政治"与"差异的政治"。

伴随着从荣誉到尊严的转移而来的"普遍主义政治"强

调承认"所有公民享有平等的尊严",①其理由在于一种普遍的人类潜能,即所有人毫无例外地都拥有成为理性主体,根据理性原则指导自己生活的潜能;其内容是权利和资格的平等化——当然,权利和资格的具体标准是变化且有争议的。例如,在有些人看来,平等化只涉及公民权和选举权;在另一些人看来,它已经扩大到经济领域。按照后一种观点,那些由于贫困而无法行使其大部分公民权的人,由于其平等的公民身份未能得到普遍承认,受到歧视,已经降为二等公民,必须采取平等化的补救措施。但是无论如何,公民身份的平等原则已经普遍为人接受,它反对任何形式的歧视,要求"无视"公民彼此之间的差异而"同样对待"。联合国《世界人权宣言》的"序言"中就有如下表述:"鉴于对人类家庭所有成员的固有尊严及其平等的和不移的权利的承认,乃是世界自由、正义与和平的基础。②"

而从现代认同观念的发展中产生的"差异政治"则认为,我们所给予承认的应是每个个人或群体独特的认同,应是他们与所有其他人相区别的独特性。差异政治的基础也是一种普遍的潜能,是"形成和建构自己的认同——不论是个人认同还是文化认同——的潜能"。③ 这种承认的要求与现代以来"本真性"观念的出现和发展密切相关。泰勒沿用莱昂纳尔·屈瑞林(Lionel Trilling)的用法,将那种忠实于自己和我自己独特的存在方式的理想,称之为"本真性"(authenticity)理想。泰勒指出,在以往的道德观点中,自我的追寻必须同某种本源——例如上帝或善的理念——保持联系,而本真性理想则认为,"我们必须与之密切关联的本原却深深地植根于我们自身"。④也就是说,有一种特定的作为人的方式是"我的"方式,如果我不忠实于自己,则我会失去生命的重要意义。泰勒还引用德国浪漫主义时代的思想家 J.G·赫尔德(J. G. Herder)这一民族本真性理想的创造者的观点表明,本真性的理想"既适用于与众不同的个人,也适用于与众不同的负载着某种文化的民族。正像一个人一样,一个民族

---

① 这里,泰勒是在一种普遍主义和平等主义的意义上使用"尊严"一词的。"普遍主义"是指尊严为所有公民人人所享有;"平等主义"是指与伴随着荣誉观念的"优先权"不同,尊严之于现代社会而言,以平等为第一要义。因此,泰勒又将"普遍主义的政治"称为"普遍尊严的政治"或"平等尊严的政治"。

② 转引自 Simon Thompson, *The Political Theory of Recognition：A Critical Introduction*, (Cambridge：Polity Press, 2006), p. 46.

③ ［加］查尔斯·泰勒:《承认的政治》(上),董之林、陈燕谷译,《天涯》,1997 年第 6 期,第 55 页。

④ 同上,第 50 页。

(volk)也应当忠实于自己,即忠实于它自己的文化"。① 而当这种独特性被一种占统治地位或多数人的认同所忽视、掩盖和同化时,这种同质化的倾向,正是扼杀本真性理想的罪魁祸首。

到此为止,支撑着普遍主义政治和差异政治的,都在于普遍的人性潜能。不过显然,它们对待潜能的方式是不同的。普遍尊严的政治反对任何形式的歧视,要求以"无视差异"的方式对待人,才算是尊重其潜能;差异政治则要求"正视差异",要求以公民彼此之间的差异为基础对他们区别对待,才算是尊重人的潜能。而泰勒继续指出,在当前跨文化的背景下,承认议题有了新的转折:差异的政治要求平等地尊重每一种现实存在的文化。泰勒对此的说明是:认为所有的文化具有同等的价值,我们应当平等地尊重所有的文化,可以是指向一种假设,也可以指实际的价值判断。作为假设,对于所有文化的承认只是一个初始的预设,即准备发现其他文化有其本有的价值,在做法上预备借由通过"视野的交融"学会进入一个更广阔的视野,进而修正已有视野的局限、成见和评价标准。在这个意义上的承认,甚至可以被看作是一种可以作为权利而提出来的要求。但是,若是像晚近的多元文化主义那样,要求我们就不同文化的习俗和它们创造的价值作出实际判断,这已经超出"承认的政治"的范畴。泰勒认为,文化多元主义"有权要求我们以假设其具有价值的态度来研究不同的文化。但它却没有权利要求我们最终作出的判断承认它们具有很高的价值,或者具有与其他文化平等的价值"②。根据这一判断,我们可以假设这些文化具有价值——而不是像一些人所贬低和轻视的那样认为其毫无价值——但这并不意味着我们可以假设这些文化具有很高的价值,或者具有与其他文化平等的价值。

霍耐特运用 G. H·米德(G. H. Mead)的社会心理学对早期黑格尔的承认(正义)思想进行了经验性的改造,把黑格尔相互承认的理论转化为后形而上学语言,从而在黑格尔的原始洞见与我们当今的思想处境之间搭起桥梁。具体而言,霍耐特认为,与黑格尔的思想相对应,主体间存在着三种不同的相互承认模式。③ 其中,第一

---

① [加]查尔斯·泰勒:《承认的政治》(上),董之林、陈燕谷译,《天涯》,1997 年第 6 期,第 51 页。
② [加]查尔斯·泰勒:《承认的政治》(下),董之林、陈燕谷译,《天涯》,1998 年第 1 期,第 155 页。
③ 关于霍耐特思想的总体介绍,可参见凌海衡:《走向承认斗争的批判理论——法兰克福学派第三代领导人阿克塞尔·霍内特理论解析》,《国外理论动态》,2004 年第 5 期,第 40—45 页;胡继华:《霍内特:在冲突中建构社会理论的规范》,《国外理论动态》,2005 年第 10 期,第 41—44 页。

种承认模式是"爱"①,爱的关系属于私人领域的承认。而在公共领域,霍耐特式的"承认的政治"也包括两种模式:法律承认和社会重视。在霍耐特看来,"法律承认"和"社会重视"构成了对"为什么一个人应当受到尊重"的两种回答:"在'法律承认'的情况下,这个观念表达为必须把每一个人类主体看作是自为目的,而'社会重视'是在可能以社会现实关系的标准来衡量个体的范围内强调他的'价值'。如果使用康德的表述方式所显示的那样,我们在第一种情况下(即法律承认的情况下)所处理的是对'个人意志自由'的普遍尊重,而在第二种情况下(即社会重视的情况下)所处理的是对个人成就的承认。"②因为"法律承认"和"社会重视"的目标分别指向自尊(self-respect)和自重(self-esteem),美国政治学学者西蒙·汤普森(Simon Thompson)也将这两种模式的承认分别称之为"作为尊重的承认"(recognition as respect)和"作为重视的承认"(recognition as esteem)。③ 在这里,笔者将借用汤普森所用名称,对霍耐特的承认政治的两种模式进行简要分析。

具体而言,霍耐特将"尊重"作为基本承认模式的理由和依据,可以概括为两个核心概念:道德责任和理性自主能力。④ 若以肯定性的方式表述,尊重这种承认模式即尊重他人,就是将他人视为"道德上负责任的"且"具有理性自主能力的"。而若以否定性的方式表述,不尊重作为不承认的模式,即不尊重他人,也就是不认为他人能够承担"相同程度的道德责任",而且按照霍耐特所言,这也就是对他人的个人自主性进行了限制。

在这里,需要我们注意的是,对于霍耐特而言,尊重这种承认模式必须是相互的,也就是说,我对他人的尊重态度不可避免地与他人对我的尊重态度紧密相关,而我为什么应该被尊重的理由也正是其他人应该被尊重的理由。霍耐特认为,现代社会的法律体系正是对这种相互尊重理念的体现。我遵守法律、遵守规范,就是承认其他公民和同胞的权利,就是在履行对他们的义务,就是显示了我对他们的尊重。反之,当他们遵守法律、遵守规范,就是承认我的权利,就是在履行他们对我的义务,就是显示

----

① 〔德〕阿克塞尔·霍耐特:《为承认而斗争》,胡继华译,上海人民出版社,2005 年版,第 103—114 页。

② 同上书,第 118 页。

③ Simon Thompson, *The Political Theory of Recognition: A Critical Introduction*, (Cambridge: Polity Press, 2006), pp. 14—15.

④ 两者之间的逻辑关系,如霍耐特所言,是因为人类有理性自主的能力,所以他们能够承担道德责任。

了他们对我的尊重。所以,霍耐特也将这种承认模式称之为"法律承认";在霍耐特看来,尊重他人就是承认他们作为法人的身份。① 而这种对相互尊重、相互承认的解释,还深刻地影响着尊重的政治在实践中与权利的密切关联。首先,在理论论述中,我们可以看到,霍耐特一度将承认的三种模式描述为:爱、法权和重视(esteem);这里就是用法律"权利"代替了被期望的"尊重"。其次,在实践层面上,尊重作为一种承认模式也是借助于权利体系得以实现。若将其推到极致,霍耐特的论点就是,只有通过将他人视为权利的承担者,我们才能显示对他人的尊重:没有权利,也就没有尊重。② 在霍耐特的理想政体中,公民个人不但享有公民权利、政治权利,还享有社会权利。

而根据作为重视的承认,一个个体之所以应该得到重视,是因为他们的特性和能力会对"社会目标"的实现作出贡献。为了充分理解霍耐特这一观点,有必要考察这些社会目标的特征。在这里,霍耐特假设,每个特殊的社会都有一整套"构成了一个社会在文化上自我理解的价值与目标"③。一个社会的集体认同(collective identity)不是仅仅通过一套特殊的制度或一个法律的形式系统就能够建立的,它以一套独特的价值为特征,这些价值彼此相连,形成了一个多少一致的格局。霍耐特将一个特殊

---

① [德]阿克塞尔·霍耐特:《为承认而斗争》,胡继华译,上海人民出版社,2005 年版,第 108 页。
② 霍耐特一直主张,我们应该通过确认他人的权利来显示对他人的尊重。这就不可避免要涉及这种权利的本质和内容的问题。那么,在显示对他人的尊重时,必须确认他们具有哪些特殊权利。而为了回答这一问题,就必然要询问另一个问题:个人想要践行其理性自主的能力,要具备哪些条件。若能回答第二个问题,也就有可能回答第一个问题:通过确定自主的条件,就应该有可能使一系列基本权利具体化。对于霍耐特而言,重要的是意识到,这些自主的条件以及相应的权利,会随着时间的变化而发生改变。这并不是说,这些条件和权利只是相对的,随着时间和空间的不同而发生波动。相反,霍耐特认为,尊重与爱不同,它具有一种发展的潜能。也就是说,尊重这种承认模式在其内部包含着更完全地实现的潜能。事实上,尊重的发展以及它在权利体系中的表述是沿着两个不同方向的坐标轴发生着变化:权利体系的范围会得到扩展,而权利体系的内容会得到深化。第一个过程会涵盖权利体系中大多数人。19 世纪和 20 世纪初,工人和女性为投票权所进行的成功的斗争,就是这一过程发挥作用的范例。美国公民权利运动代表着这一现象更为晚近的实例。而第二个过程出现在当权利的内容通过斗争变得比从前更广泛之时。在此处,霍耐特提到了 T. H·马歇尔对公民资格发展的著名解释——在这一解释中,有三个短语与众不同:18 世纪的公民权利、19 世纪的政治权利和 20 世纪的社会权利。在当代社会,人们广泛认识到,即使公民拥有特定的机会和自由,但是资源的缺乏会危害到他们践行其机会和自由——继而成为理性自主——的实际能力。基于这一原因,人们现在通常认为,要想被承认是一名公民,必须拥有公民权利、政治权利、社会权利这三种权利。参见 Simon Thompson, *The Political Theory of Recognition: A Critical Introduction*, (Cambridge: Polity Press, 2006), pp. 49—50.
③ [德]阿克塞尔·霍耐特:《为承认而斗争》,胡继华译,上海人民出版社,2005 年版,第 128 页。

社会的这个方面称之为其"主体间共有的价值视域"或"价值系统"。如果特定的个人拥有有助于推进其所在社会的一个或多个集体目标的特性和能力,那么他就可能会受到社会重视。

霍耐特认为,在尊重和重视出现历史性分裂之后,社会重视藉由两个过程的帮助,方可取得完全的实现。霍耐特将第一个过程称之为"个体化"过程。在前现代社会,"个人社会评价所指向的人格特征,就不是生命历史个性化的主体的特征,而是文化分类的地位群体(Statusgruppe)的特征。正是按照群体的'价值',群体中每个成员的价值才得到衡量,反之,群体价值又是从社会地位决定的对实现社会目标所作的集体贡献的程度中浮现出来。荣誉行为"就是每一个体为了现实地在集体意义上获得与他们的社会阶层相一致的社会地位,就必须基于文化预先给予的价值秩序来完成的行为"①。与之相反,在现代社会,主体"作为依据特殊生活历史而个体化的存在,进入社会重视的竞争领域"②。换言之,现在是独特的个人,而非社会群体,成为被重视的潜在对象。霍耐特将第二个过程称为"平等化"过程。在前现代的地位秩序中,存在着一种重视的等级制,这其中,较高地位的群体自然比较低地位的群体拥有更多的社会重视。而在现代社会中,上述情况已经由各种价值之间的"视域竞争"所取代,而且这已经形成了"价值的多元化",也就是说,任何一个当代社会都没有所有人都认同的固定的价值体系。而在这种状况下,许多价值为取得社会优先性而彼此竞争。霍耐特将这些为价值而进行的持续斗争称之为"为社会重视而斗争"。当然,需要指出的,当霍耐特使用"平等化"这一术语时,并不是说,所有的个体都应拥有平等的重视。反之,他坚持认为,重视是"对等的"③,这就意味着每个人有平等的被重视的机会。换言之,尽管霍耐特并不认为,所有个体都有自动地被重视的权利,但他的确认为,他们应该有获得重视的平等机会。

---

① [德]阿克塞尔·霍耐特:《为承认而斗争》,胡继华译,上海人民出版社,2005 年版,第 129 页。
② 同上书,第 130 页。
③ 重要的是要意识到,在这种背景下,"对等"并不意味着我们在同等程度上互相重视。换言之,并不存在对重视的原始平等。反之,"对等"只能意味着每一主体免于被集体损害,结果他们被赋予了机会,使他们能体验到自己是对社会有价值的存在,据其成就和能力,他们得到了社会承认。参见[德]阿克塞尔·霍耐特:《为承认而斗争》,胡继华译,上海人民出版社,2005 年版,第 134 页。

二、承认正义的模式

在这里，我们将借用西蒙·汤普森的方法来理解承认的政治与承认的正义二者之间的关系。按照汤普森的观点，"当我们使用'承认的政治理论'这一表述时，我们是在可替换的意义上使用'政治理论'和'正义理论'（甚或'社会正义理论'）这两个术语。""承认的政治理论认为，尽管自由、平等和共同体等理念也非常重要，但是，承认的理念才是我们理解正义之本质的关键。故而，承认的政治理论的目标就是要去证明如何从一种特定的承认概念推导出正义原则。"①简言之，当我们谈论公共领域中的"承认的政治"时，我们可以将其等同于"承认的正义"。汤普森认为，这种承认的政治（正义）可以被概括为两种模式。

第一种模式是"作为尊重的承认"，又称为"尊重的政治"（the politics of respect），包括泰勒的"普遍主义的政治"和霍耐特的"法律承认"。对于泰勒而言，尊重意味着承认平等尊严，反对任何形式的歧视；对于霍耐特而言，尊重意味着承认法律权利，反对任何不平等的保护。具体到环境正义的情境，我们会发现，当所有的社会，从地方、国家到全球层次，都倾向于把环境负担最大限度地加于处于不利地位的人群——穷人、有色人种以及发展中国家，而把环境利益最大限度地给予处于有利地位的人群——富人、白种人和发达国家时，除体现出分配上的不公平之外，还显示出富人、白种人和发达国家的人们对穷人、有色人种和发展中国家的人们作为人的尊严的蔑视。我们将这种由于某种道德上的任意性特征而出现的环境不正义现象称之为"环境歧视"（environmental discrimination）。

如果与霍耐特提出的承认模式相对应，那么"环境歧视"因其违反了所有人都应平等地受到尊重的原则，表现出来的是对"法律承认"的蔑视。因为，从法律承认的观点来看，人之所以拥有自尊，是因为其作为人的地位得到所有其他成员的承认。而相应地，如果当事人不能拥有一种与其他社会成员同等的权益以及道德上同等的"相互伙伴的地位"②，被排除在社会共同体之外，就是对其作为人的自尊的摧毁。而环境

---

① Simon Thompson, *The Political Theory of Recognition: A Critical Introduction*, (Cambridge: Polity Press, 2006), pp. 8—9.
② 甘绍平：《应用伦理学前沿问题研究》，南昌：江西人民出版社，2002 年版，第 203 页。

歧视正是建立在否定某些群体的同等权益和同等道德地位，并努力将其排斥到共同体之外的思维基础之上的。

第二种模式是"作为重视的承认"，又称为"重视的政治"（the politics of esteem），包括泰勒的"差异的政治"和霍耐特的"社会重视"：对于泰勒而言，重视意味着承认独特的认同，反对占主导地位的文化对其他文化的同化及其对本真性理想的颠覆；对于霍耐特而言，重视意味着根据某种社会贡献的论述，证明一己的文化对于社会有贡献，从而获得重视。霍耐特指出："为了能获得一种未歪曲的自我关系，人类主体除了情感关怀和法律承认之外，还永远需要一种允许他们积极地与其具体特征和能力相关联的社会重视形式。"追根溯源，这种对个体"具体特性与能力"的重视，可以在黑格尔耶拿时期的著作中所提出的"伦理"概念中找到思想的渊源，在那里，"伦理"被黑格尔用来命名那种相互重视的承认关系。① 而具体到环境正义的情境，承认正义的这一模式主要表现重视不同群体和文化的独特的环境认同（包括地方性环境知识、独特的环境理解和想象）以及由此形成的地方性环境保护实践。

---

① ［德］阿克塞尔·霍耐特：《为承认而斗争》，胡继华译，上海人民出版社，2005 年版，第 127 页。

第二章　承认平等尊严与反对环境歧视

接下来,笔者将从种族和贫穷两个层面,对环境歧视的两种主要表现形式——建立在种族特征基础之上的环境歧视和建立在社会经济因素之上的环境歧视进行考察。这其中,对建立在种族特征基础之上的环境歧视的考察,将集中于环境种族主义产生的制度性(其中也特别包括相关法律法规制定和内容上的)环境歧视;而对建立在社会经济基础之上的环境歧视的考察,将分别讨论国内与国外、由经济力量和环保力量产生的环境歧视,资本及其污染的逻辑对贫穷者生命和健康的歧视,以及来自发达国家的环境保护主义者在指责第三世界人口和贫困造成当代环境危机时表现出的环境歧视。

需要指出的是,环境歧视的这两个层面事实上是互相交叉的:首先,在国家层面上,贫穷者同样受到制度性歧视对人格尊严的侮辱;其次,跨国公司对第三世界人们生命尊严的蔑视,也可被视为发达国家内部环境种族主义心态在国际层面上的体现;最后,环境保护主义者对于底层群众的歧视在发达国家内部的环境保护组织中也有所体现。无论是依据种族因素,还是依据贫穷因素,环境歧视都损害了人们的人格尊严,违反了道德命令,破坏了意志自由,造成了精神奴役,因此是一种应该予以否定的环境不正义。

第一节　种族与环境歧视

在美国,环境不正义与对有色人种的种族歧视表现出相当大程度的重合。[①] 种族歧视是美国一直存在的社会问题。作为一种意识形态,种族歧视的主张声称在不同种族中存在着一种由生物学决定的能力或价值的等级,并宣称某些种族或民族群体在生物特性和身体特征方面处于劣等的地位。[②] 而美国联合基督教会种族正义委员会前主任小本杰明·F.查维斯(Benjamin F. Chavis, Jr.)则指出,继工作、住房、教育等方面的种族歧视之后,美国的有色人种当前还面临着环境保护上的种族歧视,他将之称为"环境种族主义"(environmental racism)。查维斯从四个方面对"环境种族主义"予以界定:"环境种族主义是在制定环境政策和执行环境法规与法律时的种族歧视,是故意将有色人种居住区选择为建立有毒废弃物掩埋地和污染工厂地点时的种族歧视,是官方允许威胁生命的有毒物质和污染物出现在有色人种社区时的种族歧视,是主流环境组织、决策委员会、协会和管理团体中排除有色人种的历史中的种族歧视。"[③]查维斯的定义在很大程度上代表着美国环境种族主义的现实。下面,笔者将对这一定义中所涉及的环境种族主义的四个方面分别进行考察,从而分析它是如何通过剥夺权利、社会排斥等方式,对有色人种的平等尊严予以否认的。

环境种族主义首先表现为环境立法和执法方面的种族歧视。一些研究表明,美国政府在制定环境法的过程中忽视了有色人种群体的易受损害性和现实需求。例如,美国在为控制污染、保护人们免受积聚在鱼类身上的有毒物质的损害而制定环境和健康标准时,往往以在户外捕鱼的白人男性为目标和依据,对于那些以捕鱼为生、

[①] 如本书第一编第一章第二节所述,美国环境正义运动的兴起,与有色人种不成比例地承担着国家环境保护负担的大量曝光及其相关研究的出现密切相关。1982年的沃伦县抗议,被认为是引发人们广泛关注环境正义的导火索,而美国联合基督教会种族正义委员会在1987年公布的《有毒废弃物与种族》报告,则从国家层面上证实,有色人种确实同有毒废弃物、生活垃圾等环境恶物的处理设施比邻而居。

[②] [英]尼古拉斯·布宁、余纪元编著:《西方哲学英汉对照辞典》,北京:人民出版社,2001年版,第846页。

[③] Benjamin F. Chavis, "Foreword", in Robert D. Bullard, ed. *Confronting Environmental Racism: Voices from the Grassroots* (Boston: Southend Press, 1993), p. xii.

将鱼类作为食物中蛋白质摄入主要来源的有色人种群体的现实情况,并未予以考虑,从而使后者从受污染的水体中捕捞而食的受污染的鱼的实际数量,远远多于相应的白人男性所消费的数量。这样,有色人种群体必然承受更多有毒有害物质。① 而1992年,美国《国家法律杂志》(National Law Journal)进行的一项对1 177个有毒废弃物场所的调查显示出,有色人种在政府的环境法律和规定执行过程中也受到了歧视:当涉及有色人种社区时,环境法律和法规的执行从免于清洁到对违法者惩罚的各个环节,都存在着系统性的松懈;而对白人居住区的执法力度则明显高于对有色人种居住区。② 总之,这种环境种族主义表明,有色人种社区在法律上没有受到平等的环境保护,有色人种的成员在结构的意义上被社会排斥在权利的占有之外,他们作为人的平等尊严遭受到蔑视。诚如黑格尔所言,法律关系是一种重要的相互承认形式:当"个体在他那方面通过克服自我意识的自然状态,通过服从一种普遍性、一种本质上和现实中作为意志的意志,即服从法律"的同时,国家也应该使个体得到承认,使其"被当作理性的动物、当作自由、当作一个人、当作个体来对待"。③ 从这一角度来看,有色人种的成员作为国家公民这一事实本身,就赋予其权利,使其不应该因为肤色而在环境保护中受到不平等的待遇。

其次,环境种族主义表现为当政府允许威胁生命的有毒物质和污染物出现在特定社区时的种族歧视。美国印第安人社区常常经历这种类型的环境种族主义。根据沃德·丘吉尔(Ward Churchill)和威诺纳·拉杜克(Winona LaDuk)的研究,纳瓦霍人(Navajo)和其美国最大的印第安部落保留地,因其盛产铀矿,而成为美国整个铀提炼工业中的"经济抵押品":铀矿开采所产生的放射性废弃物不但严重地损害了他们的健康,也破坏了他们的家园。这一切都是在政府支持铀工业的法规和政策下堂而皇之发生的,而在整个地区被放射性污染严重破坏以后,美国政府又将这些受污染的

---

① [美]杨泽明:《融合民权和环境保护主义:在环境规制中寻找环境正义的空间》,李挚萍等译,王曦主编:《国际环境法与比较环境法》(第2卷),北京:法律出版社,2005年版,第348—349页。
② 调查报告显示,在以白人为主的社区,危险废弃物的处罚比在有色人种为主的地区重约506%,所有目的在于保护公民免遭空气、水和废物污染的联邦环境法,在白人社区的处罚比在有色人种社区高出46%。参见 Stephen Sandweiss, "The Social Construction of Environmental Justice", in David E. Camacho, ed. *Environmental Injustice*, *Political Struggle*: *Race*, *Class*, *and the Environment*, (Durham: Duke University Press, 1998), p. 35.
③ [德]阿克塞尔·霍耐特:《为承认而斗争》,胡继华译,上海人民出版社,2005年版,第115页。

地区划为"为国家牺牲的地区",迫使纳瓦霍人离开家园,成为了"环境难民"。正如丘吉尔和拉杜克所指出的那样,无论是发展铀生产工业对印第安人生命和健康的忽视,还是污染发生后迫使印第安人远离家园,政府实际上一直将印第安人社区视为可以因实现特定目标而作出的"必要的牺牲",将印第安人"拣选"为"为国家牺牲的人"。① 而印第安人社区的经历显然不会被普遍化到整个国家,更不会发生在富裕的白人社区:它们只是为某些特殊需要而被特别允许的"例外"。根据霍耐特的承认理论,这显然违背了法律承认所要求的"普遍化他者的立场"。因为,法律体系作为一种重要的承认类型,"可以被理解为全体社会成员普遍利益的表达,按照它的内在要求,不允许有任何的例外与特权"。②

再次,查维斯关于"故意将有色人种居住区选择为建立有毒废弃物掩埋地和污染工厂地点的种族歧视",引发了广泛争论,争论的焦点在于环境种族主义到底是"有意"还是"无意"为之的结果? 例如,维姬·比恩就认为,少数民族社区中废弃物处理设施的存在应该与歧视性意图并不相关,而是市场经济作用的结果。按照比恩的市场动力理论(参见第一编第一章第三节),对有色人种社区造成影响的废弃物处理设施不是有意地选在这些社区,相反,是因为有色人种社区围绕着这些设施而形成。具体而言,这些围绕着废弃物处理设施的社区之所以以有色人种和穷人③为主,可能是因为废弃物处理设施首先在人口稀少的地区建立,而随着该地区的发展,这一地区成为了一个条件较差的主要由有色人种等弱势群体组成的社区;可能是因为废弃物处理设施建立后,有能力的人外迁,该社区的评价变低,加上住房方面的其他歧视,吸引更多的有色人种居民;甚至可能是因为经济萧条,有色人种社区愿意接受废物排放设施的建立,希望能分享设施所带来的经济利益。总之,市场动力理论假设,在废弃物处理设施选址和定址前后,是外部的市场动力创造了附近地区的种族和社会经济特征。如果比恩的逻辑成立,亦即如果这种不可欲的土地使用的不均衡分布状态是由于市场动力的话,那么环境负担分配的公平问题就会变成市场经济的公平问题。而

---

① Ward Churchill and Winona LaDuke, "Radioactive Colonization and the Native Americans", *Socialist Review*, Vol. 81 (1985), pp. 95—119.

② [德]阿克塞尔·霍耐特:《为承认而斗争》,胡继华译,上海人民出版社,2005年版,第116页。

③ 这里需要说明的是,并非所有的有色人种都完全生活在污染严重的环境中,也并非所有白人都避开了污染的环境。这里的另一个重要变量是贫穷。为了论述的需要,本书在这一节主要强调种族这一因为生理特性和身体特性上的差异所带来的环境歧视,对于贫穷的问题,将在下一节着重论述。

比恩的市场动力理论清楚地包含这一论点,即"如果将分配公平的问题转化为市场经济的公平问题",那么种族就不再是相关的因素。也就是说,这些有差异的影响与环境种族主义、与对有色人种的歧视和对平等尊严的蔑视无关。

环境正义主义者对这种观点提出了强烈的批评。他们指出,市场动力理论将关于废物处理设施分布失衡原因的标准化判断,同对于有色人种社区在处理设施定址"之前还是之后形成"的事实调查混淆在一起。而且退一步来看,"即使对环境有害物质分配产生影响的是当前房地产市场中存在的种族歧视,这种结果也可以被称之为不公平甚至是环境种族主义"。而市场动力理论无疑是在为政府管理者和工业界在处理环境问题时由于歧视所导致的环境不正义进行开脱。

查尔斯·W. 米尔斯(Charles W. Mills)进一步指出,在美国的特殊历史背景下,黑人在垃圾处理时所遭受到的歧视同白种人对待黑人的心态是一贯的,是有意为之的结果。他认为:"我们如何处理垃圾? 这取决于谁是'我们'。如果政策是种族主义的,政治权力是严重种族化的,那么出现的将会是一个其集体理性和道德群体心理学不同于黑人和少数民族的白人的'我们',后者将会拥有与前者有差异的权利。"对于白人而言,黑人自身在历史上一直被蔑视,所以"黑色垃圾"(black trash)一词往往具有一语双关的含义。米尔斯指出:"在美国白人的观念中,说'白人垃圾',往往是对那些行为没有符合白人形象的人的一种警告;而说黑色垃圾,却被认为是语义重复的,因为'黑色'就已经包含了垃圾的含义。"从这个角度来看,"在面对我们如何处理废弃物的环境问题时,黑人并没有被看作'我们'的一部分。它有时甚至还包含这样一层含义,即黑人自身就是一个'我们'(白人)所有人都要处理的环境问题"。[1] 米德通过对黑格尔承认理论的引申指出:"'法律承认'概念首先仅仅是指这么一种情境:自我和他者作为法律主体相互承认,惟一的理由是,他们都意识到在共同体中正当分配权利和义务的社会规范。"而这个定义说明了这样一个基本事实:"仅当一个人在交往的意义上被当作共同体成员来承认,他才能算是某种权利的承担者。"[2]而在环境种族主义的"有意歧视"中,当白人提出只有被视作垃圾的人才能消化垃圾时,不但剥夺了黑人受到平等的环境保护的权利,而且将后者从具有平等尊严的认同共同体中排斥

① Charles W. Mills, "Black Trash", Laura Westra and Bill E. Lawson, eds. *Faces of Environmental Racism: Confronting Issues of Global Justice*, (Lanham: Rowman & Littlefield Publishers, 2001), p. 84.
② [德]阿克塞尔·霍耐特:《为承认而斗争》,胡继华译,上海人民出版社,2005 年版,第 116 页。

出去,侮辱了黑人作为人类的人格尊严。

最后,环境种族主义还表现为主流环境保护组织以及其他环境机构、团体内部存在着种族歧视的倾向,罗伯特·D.布拉德将这种倾向称之为"环境精英主义"。"环境精英主义"表现为三种类型。第一种类型是主流环境保护组织在成员构成上的精英主义,具体而言,主流的环境保护组织一直都由上层和中上层白人所把持,并且拒绝和排斥下层特别是有色人种成员的加入。① 而在现实的环境问题中,正如鲍勃·爱德华兹所言,主流环境保护主义的"核心支持者和领导层恰恰集中了美国社会中最不可能经历环境不正义的部分"。② 这些差异不但反映了不同的生活经历,而且也反映出不同的政治目标。因此,就表现为第二种类型:环境精英主义——环境保护政策制定上的精英主义。主流环境保护主义不但"以不惜任何代价消灭公害为名,全然不顾有色人种的需要和文化,在全国范围内停止、削减或阻碍那些雇佣有色人种成员的工业和经济活动",而且"一直在继续支持保护那些远离工人阶级,尤其是有色人种社区环境的政策"。第三种类型是环境政策影响分布上的精英主义,主流环境保护主义论述一方面不关注甚至轻视社会正义的内容,另一方面与有色人种和穷人社区联系甚少,所以往往无视后者所遭受的污染等环境问题,而仅仅将注意力集中在大型野生动物等议题。③

综上所述,主流的环境保护在一定程度上是一种"歧视性的环保主义"(discriminationary environmentalism),有色人种平等尊严的不被承认是上述三种类型的环境精英主义的共同根源。正是基于此,D.E·卡马乔(D. E. Camacho)在编著

---

① 有研究者通过描述一位非裔环境正义主义者考拉·特克(Cora Tucker)在参与当地环境会议时的经历,来说明承认平等尊严的问题在个体层面的体验。在会上,白色人种的女性被称为 Ms. 某某,而她只被所有白人男性的委员们称为 Cora。她认为,这个称呼不是像称其为 Ms. Tucker 那样,能体现一种平等尊严的承认。参见 Celene Krauss, "Women of Color on the Front Line", in Robert D. Bullard, ed. *Unequal Protection*: *Environmental Justice and Communities of Color*, (San Francisco: Sierra Club, 1994), p. 267. 或许通过分析查尔斯·泰勒对等级社会和现代社会中人们称呼的变化,我们可以体会到称呼的不同对于尊严问题的重要性。泰勒指出,在现代民主社会,"人人都可以被称为'先生'、'夫人'和'小姐',而不是只有一部分人被称为'老爷'、'太太',至于其他人要么只称呼姓氏,要么侮辱性地直呼其名。在像美国这样的民主社会里,这是一件不可忽视的事情。"参见[加]查尔斯·泰勒:《承认的政治》(上),董之林、陈燕谷译,《天涯》,1997 年第 6 期,第 50 页。

② Andrew Dobson, *Justice and the Environment*: *Conceptions of Environmental Sustainability and Theories of Distributive Justice*, (Oxford: Oxford University Press, 1998), p. 22.

③ Robert Bullard, *Dumping in Dixie*: *Race, Class, and Environmental Quality*, (Boulder: Westview Press, 1990), p. 11.

《环境不公正,政治斗争》一书时指出,以白人中产阶级为中坚力量的主流环境保护主义运动内部存在的种族歧视,使它从根本上无法触及环境种族主义这一严重问题,所以有色人种推动环境正义运动的目标不仅仅是改善自身的生活环境,更要变革以财富和权力为基础的美国社会结构和政治体制的模式,这样才能够真正解决美国的环境问题,才能改变有色人种自身所遭受的环境不正义的厄运。[①]

综上所述,美国的环境种族主义是政府、企业和环境保护组织共同作用的结果,是一种名副其实的"结构性暴力"[②]。它所带来的环境不正义,从某种程度上来看,具有阿维赛·马伽利特(Avishai Margalit)在《尊严的政治》一书中所提出的"制度性侮辱"的特征。在马伽利特看来,侮辱是能使一个人以理性的理由清楚地感受到其自尊受到伤害的所有行为方式与状态。从某种意义上来说,侮辱是以受辱对象的人性为前提的。所谓侮辱行为就在于社会机构不把当事人当人看,不承认当事人也拥有自尊因而是一个行为主体,而是将当事人看成是实现某种目的的手段。因此,侮辱行为实际上就包含着对受辱对象的人类共同体的归属权利的不承认。[③] 从这个意义上来说,由于环境种族主义的存在,美国的有色人种不成比例地承担环境破坏的负担,不但意味着他们被排除在社会之外,而且也意味着他们被全然排除在人类共同体之外,因为环境种族主义侵害了他们作为人的归属性,剥夺了他们作为人的尊严。

第二节　贫穷与环境歧视

在人们的观念中,与那种由于生理特征和体质特征的不同所带来的种族歧视相比较,由贫穷所产生的歧视一直处于相对受忽视的状态。这类现象的产生在一定程

---

① 包茂宏:《美国环境史研究的新进展》,《中国学术》,2002 年第 4 期,第 227 页。
② 所谓结构性暴力,并不是指由暴力引起的冲突和伤害,而是指社会和制度的非正义,例如种族隔离。结构性暴力是以不公正的法律或顽固的习俗为例证的,而它们否认社会中某些群体可以公平得到那些可以得到的社会、经济、政治和/或文化方面的机会。结构性暴力无须包括人身暴力,它被称为暴力是要表明以要求自卫权利去反抗它是正当的。结构性暴力有时与"制度性暴力"这一术语交替使用,但后者被严格地限于法律方面的暴力。制度性暴力常常被用来维护结构性暴力。正如泰西曼在《和平主义和正义战争》中所言,"结构性暴力是一个应更正确地称之为社会非正义的名词"。参见[英]尼古拉斯·布宁、余纪元编著:《西方哲学英汉对照辞典》,北京:人民出版社,2001 年,第 958 页。
③ 甘绍平:《应用伦理学前沿问题研究》,南昌:江西人民出版社,2002 年,第 183 页。

度上同长期以来人们对于贫困的单纯物质性理解有关。^① 事实上，当人们关注与贫穷有关的不正义时，一直存在着这样一种倾向：即主要从物质方面来理解贫穷者所受到的伤害，如物质生活的匮乏和窘困，物品和资源分配的不公，身体受到的伤害，等等。而贫困者所受到的心理、感情和自尊上的伤害，如歧视、排斥等等，往往无论是在发生次序上还是重要性上，都被当作是从属于物质伤害的第二性伤害。这种社会批评的基本逻辑是，只要物质伤害的问题得到解决，精神上的伤害也就迎刃而解。^② 而在环境正义运动大规模出现的 20 世纪 90 年代，社会正义的这一取向发生了重要的变化。越来越多的社会批评者认识到，贫困者所受到的心理、感情，特别是平等尊严上的伤害并不是一种从属性的伤害，而应当单独成为社会正义关注的问题。我们正是在这种思想背景下来讨论对贫穷者的环境歧视问题的。

有大量证据表明，同种族因素一样，贫穷也是招致环境歧视行为的重要因素之一。例如，在英国，许多排出有毒污染物的工厂常常建立在贫困社区，一份对政府关于污染环境的工厂和这些特殊地区的收入情况的资料进行比较的研究表明：家庭平均收入少于 1.5 万英镑的地区有 662 家工厂，而家庭平均收入在 3 万磅以上或者更多的地区仅仅只有 5 家；而且收入越低的地区，工厂越多。^③ 这些污染工厂的存在，不但使贫困者面临生命和健康的威胁，同时也使贫困者不能拥有一种与其他社会成员道德上同等的"相互伙伴的地位"，将贫困者排除在社会共同体之外，使其感觉到被排斥的无尊严感。

我们可以从"洛夫运河"运动的发起人之一洛伊丝·吉布斯（Lois Gibbs），对她作为一个美国普通底层妇女的"美国梦"的破灭的描述中，看到这种歧视性环境污染行为所带来的社会排斥感对贫穷者道德体验的冲击。她说："我带着我的美国梦搬进洛夫运河：拥有一所房子，和丈夫、两个孩子幸福地生活。但是，洛夫运河却回报我以这样的结果：（因为化学污染的泄漏，）我的儿子患上了癫痫，我的女儿也被发现患有一种罕见的血液疾病，几乎因某人曾经的恶行而死去。我从来没有想过自己会成为一

---

① 这一分析思路参见徐贲：《正派社会与不羞辱》，《读书》，2005 年第 1 期，第 150—156 页。
② 徐贲：《正派社会与不羞辱》，同上，第 150 页。
③ 具体而言，在 Teeside 就有 17 家大型工厂，这个地区的平均收入是 6 200 磅，64％的人低于国家的平均水平；在伦敦，超过 90％的污染工厂是建在了收入低于平均水平的贫困地区，在东北部这个数字达到了 80％以上。参见李小云，左停等主编：《环境与贫困：中国实践与国际经验》，北京：社会科学文献出版社，2005 年版，第 143 页。

个活动家或组织者。我是一个家庭主妇，一位母亲，但是就在一瞬间，它事关我的家庭、我的孩子、我的邻居。在这个国家中的每一天，那些因他们家人的健康和福利而沮丧的人们要求正义。……贫穷的家庭拼命努力去打破贫困的模式，以给他们的孩子一个奋斗的机会：他们承受着最大的不平等。"①我们知道，自尊的首要意义在于：我属于某一种人，我理应被当作这样一种人对待；自尊因此包含着一种关于"我们"的归属感。自尊的"我们"的范围可小可大，但都要求不排斥、不羞辱。② 而吉布斯却显然由于经济上的贫困被排斥在实现那个被认为是每个美国人都拥有的生活梦想之外。

以上主要是基于社会经济状况的环境歧视在国家层面的情形，而在国际层面，这种歧视的情况更为复杂。虽然，国际上不存在国家内部"法律承认"的一些前提，也不存在那样紧密的共同体关系；但是，第三世界国家穷人在下面将要论述的两种力量的共同作用下，面临的却是生命、健康、发展这些人的最基本权利的被剥夺。

首先是以发达国家及跨国公司所代表的全球化的经济力量。发达国家及跨国公司凭借其经济实力，使贫穷国家和地区成为污染企业和有毒废弃物的集散地。从污染工业的转移来看，据资料显示，日本60％以上的高污染产业已经转移到东南亚和拉丁美洲，美国39％的肮脏工业转移到了第三世界；而在我国20世纪90年代初建立的外商投资企业中，29％属于污染密集型产业。1984年发生在印度博帕尔市的农药厂重大毒气泄漏事故及之后的大量媒体报道，可以作为我们分析这种环境歧视的经典案例。③

博帕尔农药厂是美国联合碳化物公司于1969年建造起来的，用于生产西维因、滴灭威等农药。制造这些农药的原料是一种叫做异氰酸甲酯（MIC）的剧毒气体。这种气体只要有极少量短时间停留在空气中，就会使人感到眼睛疼痛；若浓度稍大，就会使人窒息。二战期间德国法西斯正是用这种毒气杀害过大批被关在集中营的犹太人。而在博帕尔农药厂，这种剧毒化合物被冷却成液态后，贮存在一个地下不锈钢储

① Lois Gibbs，"Foreword"，in Richard Hofrichter, ed. *Toxic Struggles*：*The Theory and Practice of Environmental Justice*，(Philadelphia：New Society Publishers，1994)，p. ix.

② 徐贲：《正派社会与不羞辱》，《读书》，2005年第1期，第154页。

③ 该案例的介绍和分析参见 Nicholas Low and Brendan Gleeson, *Justice, Society and Nature*：*An Exploration of Political Ecology*，(London；New York：Routledge，1998)，pp. 124—127.

藏罐里达 45 吨之多。1984 年 12 月 3 日,农药厂的原料储罐由于压力异常而爆裂,大量剧毒物在 2 小时内冲向天空,并迅速覆盖了大部分市区;许多人在睡梦中就离开了人世,而有更多的人被毒气熏呛四处奔逃。博帕尔市顿时变成了一座恐怖之城,除房屋完好无损,到处是人、畜和飞鸟的尸体。仅在 2 天之内就有 3 000 余人丧生,20 多万人受伤需要治疗,孕妇流产、胎儿畸形、肺功能受损者不计其数。

事故发生后的大量分析报道,让我们能够大致了解到发达国家的污染企业在第三世界国家的情形。其一,博帕尔农药厂存在本身,就显示了美国长期在农药使用上的"双重标准"。其生产用来出口的相当一部分农药在美国是未经登记使用、被禁用,或已被注销许可证的。其二,对事故发生原因的分析表明,联合碳化物公司的博帕尔化工厂与美国本土西弗吉尼亚的工厂在环境安全的维护措施水平上存在严重的"双重标准":博帕尔农药厂只有一般的装置;而设在美国本土的工厂除一般装置外,还装有电脑报警系统。美国在印度设厂时不惜以削减安全环保设施来降低成本。其三,博帕尔农药厂建在印度人口稠密的地区,而美国那个同类的工厂却远离人口稠密地区。其四,在事故善后处理上,美国公司和政府也采取了"双重标准"。有报道指出,直到事故发生 20 年后,仍有受害者没有得到应有的赔偿。而诚如绿色和平组织法律总顾问里克·欣德所言:"如果这件事发生在美国本土,毫无疑问,当地社区组织会要求美国环境保护局敦促化学公司出钱清理事故泄漏出的有毒化学物质。这儿发生的一切无非就是(美国公司)利用国家间的差别(而牟利)。"①美国公司和政府逃避承担事故责任的行为,从根本上来说是一种"环境歧视"行为。

而通过再次分析萨默斯在世界银行备忘录中提到的著名观点,我们可以发现,将有毒废弃物从发达国家转移到第三世界国家遵循着同样的用经济来衡量人的生命和健康的污染逻辑。萨默斯认为:"投在损害健康的污染上的费用依赖于因发病率和死亡率的提高而增加的预期收入。这样看来,在这个国家中应当以最低的消费来达到一定的健康损失污染程度。我认为在低收入国家堆置有毒废弃物,其经济上的逻辑是没有错的,我们应当面对这个事实。"②有研究者将萨默斯的这种用经济价值来衡量生命的观点的结构分析如下:第一,损害健康的污染上的费用依赖于因发病率和死

---

① 《印度博帕尔化学泄漏事件 20 周年祭》,《羊城晚报》,2004 年 12 月 3 日,http://www.ycwb.com/gb/content/2004-12/03/content_806706.htm.

② [美]戴维·贾丁斯:《环境伦理学——环境哲学导论》,林官明、杨爱民译,北京大学出版社,2002 年版,第 265 页。

亡率的提高而增加的预期收入;第二,因此即使发病率和死亡率上升,但是预期收入减少的幅度小,那么倾倒污染物在经济上就是正当的(justifiable);第三,在工业化国家倾倒废弃物在经济上是不正当的;第四,而在低收入国家倾倒废弃物在经济上是正当的;第五,因此,在低收入国家倾倒有毒废弃物的经济学是无可挑剔的,我们应该接受。①

按照萨默斯的逻辑推理,其从根本上认为,贫穷的国家与富裕的国家的人其生命在经济价值上是不同的,贫困国家的生命要便宜得多。因其贫穷,这些国家的穷人遭到的是对生命尊严的蔑视:他们作为人的地位没有得到承认,而仅仅被视为避免工业化国家被自己生产带来的有毒废弃物污染的手段。

发达国家歧视第三世界穷人的第二种力量主要来自发达国家的环保主义力量。从环境危机爆发之日起,就有持环境保护主张的西方学者将人口膨胀以及与之相伴随的贫困视为环境破坏的根源。第三世界穷人的存在本身,就被视为环境的巨大威胁,而只有第三世界人口减少才能实现环境问题的根本解决。此类论调可以以加勒特·哈丁(Garrett Hardin)的"救生艇伦理"为例来分析。这一理论用"救生艇"做比喻,世界好比海洋,富国好比海洋中的一艘艘救生艇,四周水面上浮满了因自己国家救生艇已满而落水的第三世界的穷人,随时有淹死的危险。"救生艇伦理"的核心问题是:在此种情形下,救生艇上的乘客该如何做? 哈丁认为,这时有三种可能:一是按基督教教导的"为他人负责",把所有人都拉上船。这样,船会因超载而沉没,每个人都被淹死——"彻底的公正,彻底的灾难"。二是既然这艘船还有 10 个人的剩余承载力,不妨再搭上 10 个人。但这样做会降低安全系数,早晚还是要付出高昂的代价。更重要的是,选择哪 10 个人呢? 是按"先来后到",还是挑最好的或最需要的? 我们如何来区分? 三是不许人上船,保持最保险的安全系数。哈丁知道,许多人反感第三种解决方式,认为是不公正的。但是——如果有人说"我为我的幸运感到有罪",那么回答很简单:下去,把你的位子让出来。这种无私的行为也许满足了有负罪感的人们的良知,却改变不了"救生艇伦理"。而且如此这样下去,良知将在救生艇上泯灭。因

---

① Segun Gbadegesin, "Multinational Corporations, Developed Nations, and Environmental Racism: Toxic Waste, Exploration, and Eco-Catastrophe", in Laura Westra and Bill E. Lawson, eds. *Faces of Environmental Racism: Confronting Issues of Global Justice*, (Lanham, Md. London: Rowman & Littlefield), p. 192.

此,哈丁认为,第三种选择是"救生艇伦理"的必然要求。① "救生艇伦理"是新马尔萨斯主义的代表理论,因其无视第三世界贫穷人口的生存的极右翼立场受到广泛的批评。

但是我们会发现,那些因承认自然拥有权利、具有内在价值而享有盛名的激进的环境保护主义者们,在人口问题上,却也不承认第三世界国家的穷人的基本生存权利。例如,有研究者指出,哈丁"救生艇伦理"中大量落水人群将无处存身这一事实在道德上的困难,恰恰可以借助深层生态主义者的断语来化解:"人类生命和文化的繁荣与人口的大幅度减少不相矛盾。非人类生命的繁荣要求人口减少。"②美国著名的环境哲学家霍尔姆斯·罗尔斯顿Ⅲ(Holmes Rolseon Ⅲ)在讨论保护津巴布韦的黑犀牛时也曾提出类似的观点:"如果事实是犀牛一直在急遽减少,而津巴布韦的人口正在逐渐攀升(在那里,平均每一位已婚的妇女希望拥有六个孩子),那么人们应该将黑犀牛作为优先(保护)的物种,即使这以人的生命为代价。"罗尔斯顿进一步指出,与保护珍稀物种相比,养活(feeding)饥饿的人们并不总是我们最为优先的义务,而且允许最为普通无害且营养不良的人们忍饥挨饿,有时可能是正确的。因为原本生活在自然保护区之内的人们应该寻找其他摆脱饥饿的方法,而不是通过在自然保护区之内发展来缓解贫穷。③ 这一观点流露出的正是漠视贫穷国家人群生存权的倾向。此外,来自发达国家的环境保护力量还对第三世界国家的发展权利表示质疑。1992 年在里约热内卢举行的地球峰会上来自欧洲和北美的工业化国家的环境主义者的观点,从整体上表现了其对第三世界国家所持有的环境歧视态度。他们在峰会上提议,全球环境保护的重点应该在于限制发展和人口增长而保护荒野、雨林和生物多样性的政策,这些政策多数以欠发达国家为目标。而对于发展中国家而言,这样的政策只会加强本就处于弱势的南方国家在面对环境问题时的脆弱性。第三世界国家在发展的同时应该注意环境问题,这种观点本无可厚非。但是,看上去北方国家的环境主义者的逻辑是这样的,"我们的文化带来了环境浩劫,所以我们会拥有舒适的富裕的生活方式。现在我们已经拥有了它,你们不应当寻求相当的生活方式,因为那样会损害

---

① Garret Hardin, "Living on a Lifeboat," in *Bioscience*, Vol 24, (1974), p. 10.

② 陈剑澜:《生态主义及其政治倾向》,《江苏社会科学》,2004 年第 2 期,第 219 页。

③ Holmes Rolston Ⅲ, "Feeding People versus Saving Naure?", in Andrew Light and Holmes Rolston Ⅲ, eds. *Environmental Ethics*:*An Anthology*,(Blackwell Publishing, 2003), pp. 452—453.

剩下的荒野、雨林和生物多样性。与我们自己的经济发展相比我们不必过于看重这些事物，但是你们应当看重"。① 将发展中国家排斥在人类群体之外，在追求自身舒适生活的前提下要求发展中国家牺牲更为基本的生存和发展的权利，表现了一种对发展中国家穷人作为人的基本权利和尊严的蔑视。

---

① [美]戴维·贾丁斯：《环境伦理学——环境哲学导论》，林官明、杨爱民译，北京大学出版社，2002 年版，第 273 页。

第三章　承认独特的环境认同与反对环境理解同质化

　　从环境正义运动的论述中我们可以看到,对独特的环境认同(包括地方性环境知识、独特的环境理解和想象)的承认远远没有实现。现实的情况是,首先,西方在追求经济全球化的同时,也在寻求文化上的同质性,往往给第三、第四世界的地方性知识带来毁灭性的打击。其次,在西方科学和文化的背景之下某些阶层对自然的理解和想象,在以西方环境伦理为主导的主流环境保护思想中被视为唯一"正确"的理解方式;而对那种与人相互联系的环境的含义,对那些作为生活的环境想象和作为生存的自然想象,采取了蔑视的态度。再次,以当代环境伦理为指导的西方主流环境保护实践,又往往以抽象的人与自然的关系为标准,错误地评价和干预在非西方文化背景下人们与自然的相处模式,对后者具有独特性的生存方式本身体现出一种蔑视,从而使一些以保护自然为目的的环保行为,在客观上危害了当地人的生存。

　　在这一节,笔者将就经济全球化、主流环境保护思想以及环境保护实践三种力量对现实世界中存在的不同的环境理解所采取的不承认或扭曲的承认进行分析,从而指出,这种对环境理解差异的蔑视是实现作为承认正义的环境正义的重大障碍。

第一节 经济全球化与地方性环境知识

这种对现实中不同的环境理解的蔑视,首先来自西方经济全球化的强大物质力量。有研究者指出,"世界上三分之二的人口相对贫困,他们依靠生物的多样性以及对当地的知识来谋生"。但是在今天,这些穷人不但面临着环境被破坏的危险,而且作为他们生存的另一个重要基础的"地方性环境知识"也受到了经济全球化的威胁。① 所谓地方性环境知识(local environmental knowledge,LEK),亦可称之为"传统生态知识"(traditional ecological knowledge,TEK)。各种地方性环境知识的共通点是强调该知识与当地生态环境的密切关系。在诸多定义中,F. 伯克斯(F. Berkes)等人的定义最为简明且具分析性,它指出,"地方性环境知识"是一连串知识—实践—信仰的累积体,它由当地人在适应环境的过程中发展而来,并藉文化传承代代相传,是生物(包括人)彼此之间、生物与环境之间的关系。② 具体来说,它包括对动植物与土地的地方性知识、土地与资源的管理系统、支持该管理系统之社会体制以及其背后的信仰及宇宙观等方面。

当前许多批评经济全球化的文本都指出,缺乏对代表着地方文化多样性的地方性环境知识的有效性(validity)的承认,是经济全球化的一个重要问题。施劳斯伯格认为,伴随着经济全球化而来的文化同质化倾向,既造成了地方共同体中文化和社会网络的崩溃,又破坏了地方文化的本质和意义。全球化以发达国家的经济利益为导向,已经开始破坏"我们的自然居住地(habitat)和传统农业,破坏我们几百年来发展起来的其他知识体系,破坏赋予我们目标的文化多样性"。③ 在这里,(环境)不正义部分来自承认的缺乏,以及由此带来的对包括文化与土地之间的联系在内的各种环境认同的破坏。

---

① [印度]范德纳·希瓦:《处于边缘的世界》,[英]威尔·赫顿、安东尼·吉登斯编:《在边缘:全球资本主义生活》,达威、潘剑等. 译,北京:生活·读书·新知三联书店,2003 年版,第 160页。

② F. Berkes,J. Colding and C. Folke,"Rediscovery of traditional ecological knowledge as adaptive management",*Ecological applications*,Vol. 10,(Spring 2000),pp. 1251—1262.

③ David Schlosberg,"Reconceiving Environmental Justice:Global Movement and Political Theories",*Environmental Politics*,Vol. 13 (Fall 2004),p. 524.

首先,经济全球化对地方性环境知识的不承认表现为西方知识产权体系在地方上的应用。具体而言,以世界贸易组织的《与贸易有关的知识产权协议》为代表,只把知识产权看作私人的而非公共的权利。这就排除了一切人们——村庄的农夫们、森林里的部族成员——共同拥有的知识、想法和创新,为西方世界剥夺发展中国家历史上拥有的自然成果创造了前提条件。西方知识产权保护体系通过这种对知识获取的多元化途径的抑制,从来源上否定了传统生态知识的合法性。在此基础上,以西方知识产权保护体系为依托,西方科学家和公司申请了第三世界植物和种子的专利,声称这些植物和种子是自己的创新,完全否认第三世界的农民、民间医师和手工业者才是真正的生物多样性的保护者和利用者,否认这些植物和种子是这些人几个世纪以来集体发明的成果。① 印度学者范德纳·希瓦(Vandana Shiva)认为,这种知识产权协定既不是公众利益与商业利益民主协商的结果,也不是工业化国家和第三世界国家之间民主协商的结果,而是把西方跨国公司的价值观和利益强加到世界多样的社会和文化之上。她援引作为知识产权委员会成员的孟山都公司的詹姆斯·恩雅特(James Enyart)的评价来证明这一点。恩雅特指出:"我向你们描述的事物在关贸总协定中绝对是空前的。工商企业确定了国际贸易中的主要问题,提出了一个解决方案,将其简化成具体建议后,兜售给本国和其他国家的政府。全球的企业和贸易商同时扮演着病人、诊断药师和药剂师的角色。"②因而,希瓦指出:"由于知识产权不承认、不尊重其他物种(species)和文化,因此知识产权是道德、生态和文化暴行。"而且"生物多样性领域里的知识产权行为也充斥着文化中心、种族中心、物种中心(species-centered)的偏见与无知"③。希瓦进而指出,即便就人类的整体福祉而言,《与贸易有关的知识产权协议》所认可的知识产权也只是产生利润的知识与创新,而不包括满足社会需要的知识与创新。这种知识产权认为利润和资本的积累是创造力的唯一目标,社会公益是不被认可的。这种知识产权承认的是一小部分人的优先选择;这种知识产权的全球化将会摧毁而不是鼓励创造力。将人类的知识财富贬低为

---

① [印度]范德纳·希瓦:《处于边缘的世界》,[英]威尔·赫顿、安东尼·吉登斯编:《在边缘:全球资本主义生活》,达威、潘剑等译,北京:生活·读书·新知三联书店,2003年版,第160—161页。
② James Enyart, "A GATT Intellectual Property Code", *Les Nouvelles*, (June 1990), pp. 54—56. 转引自[印度]范德纳·希瓦:《处于边缘的边缘》,同上书,第162页。
③ [印度]范德纳·希瓦:《处于边缘的世界》,同上书,第161页。

私有财产,这只会减弱人类的创造与创新能力,只会将思想的自由交流转化为偷窃和剽窃。① 由此可见,西方知识产权体系对地方性环境知识的侵蚀,也是削弱人类创造性的一种可怕行为。

其次,经济全球化还在其他许多方面威胁和破坏着地方性环境知识和地方文化多样性的生存。以全球食品供应系统及其对地方共同体的影响为例。在过去的几年里,希瓦通过考察指出,在食品多样性和文化多样性之间存在着不可分割的内在联系。许多文化是由它们独特的地方饮食(食谱)所定义的。例如,一些地方的文化以大米为基础,而另一些则建立在小麦或粟类的基础之上。但是食品供应的全球化打击了地方性的生产和市场实践,同时也破坏了环境的地方性理解和地方性文化认同。希瓦举例说,印度不同地区部分是由其食用的烹饪油来定义的,而这些烹饪油又根据地方植物的不同而有所差别。因此,对于希瓦而言,禁止地方食用油的生产,转而进口豆油,是对多样性的地方文化、实践和认同的彻底打击。②

更重要的是食品供应体系全球化所带来的另一个文化不正义,是它破坏了当前地方化的耕作文化,代之以一种单一的、合作化的、机械化的操作规程。例如,在过去,农民保留种子的行为是他们对地球和后代的神圣职责;而地方种子的储存所保存的不仅是生物多样性,还包括文化多样性的基因。但是现在,这种地方种子的储存行为被跨国公司所拥有和控制的种子的单一作物制所取代。在这里,被破坏的不仅仅是谋生手段,而且更是不同地区民族的生活方式和文化的存在方式。因此,希瓦认为,从这个意义上来看,经济全球化是通过破坏地方环境、地方文化以及地方可持续的生活方式来创造经济"发展"和"增长"的。③

需要特别指出的是,经济全球化对地方性环境知识的破坏不仅仅局限在第三世界国家,也不仅仅局限在农业的范围之内。事实上,经济全球化对世界范围内的原住民所拥有的代表了文化多样性的地方性环境知识的破坏更是毁灭性的。

一般而言,原住民泛指在一地居住数代以上,有独特的语言、风俗、习惯,过着与

---

① 〔印度〕范德纳·希瓦:《处于边缘的世界》,〔英〕威尔·赫顿、安东尼·吉登斯编:《在边缘:全球资本主义生活》,达巍、潘剑等译,北京:生活·读书·新知三联书店,2003年版,第161页。
② David Schlosberg, "Reconceiving Environmental Justice: Global Movement and Political Theories", *Enviromental Politics*, Vol. 13 (Fall 2004), p. 525.
③ Ibid.

该国强势族群不同的,且较少使用现代科技的生活方式。① 原住民在过去由于生活方式简单,且大都仰赖当地自然资源维生,他们与周遭环境多能保持和谐的关系,不至于大肆破坏当地生态。而且由于长期与大自然处于互动状态,原住民往往对于当地生态环境有着非常丰富的知识。这些知识包括四时的运行、气候的变化、动物昆虫的习性、植物的药用等等,都保留在他们语言、风俗习惯与生活中。《我们共同的未来》一书就强调原住民能提供现代社会关于森林、山地、旱地等复杂的生态区资源管理的经验。② 我们可以说,世界范围内的原住民是地球上大部分多样性生物的管理者。但是,原住民及其所具有的地方性环境知识在生物多样性的保护和可持续使用中的作用远远没有得到应有的承认。

而且,随着经济全球化范围的扩展和程度的深化,许多原住民旧有的生活方式甚至族群的生存都受到威胁。原住民族群所遭受到的这些威胁不但是严重的人权问题,它也会使得重要的生态知识从此消失,甚至导致全人类宝贵文化遗产的消失。

纵观历史,在过去几个世纪中,地表上非原住民居住与活动的自然环境大都已经被破坏殆尽,唯有原住民传统活动领域内的生态体系得以完整地保留下来。这些生态体系在今天成为全球生物多样性的最后堡垒。《美国国家地理杂志》在1992年完成的一项中美洲原住民与森林的研究,证实了巴拿马卡那(kuna)原住民的观点:有森林的地方就有原住民,有原住民的地方就有森林。同样的,从南美的亚马逊河流域到非洲、东南亚及新几内亚的热带雨林里都居住着原住民部落;而热带雨林正是目前全球生物多样性的最重要区域。换句话说,原住民是全球生物多样性的捍卫者,由于他们的存在,维系自然生态体系的动植物基因库的保存才有可能。而且由于绝大多数原住民都未发展出记录文字,他们对于自然生态的知识并不容易被外人所知悉与流传。③ 因此,当原住民族群逐渐消失时,他们也将带走这些千百年来所累积的宝贵生态知识。

可以说,一旦全球原住民族群被经济全球化的浪潮所吞没,那么他们长期所捍卫

---

① 纪骏杰:《从环境正义观点看原住民的狩猎文化》,提交给"生态教育与原住民狩猎文化研讨会"的论文,台北,1996年1月。
② 世界环境与发展委员会:《我们共同的未来》,王之佳、柯金良等译,长春:吉林人民出版社,1997年版,第14页。
③ 纪骏杰:《从环境正义观点看原住民的狩猎文化》,提交给"生态教育与原住民狩猎文化研讨会"的论文,台北,1996年1月。

的生物多样性（biodiversity）及提供人类社会文化活力的文化多样性（cultural diversity）将随之消失。在这种情况下，呼吁正义就是呼吁承认和保护文化多样性，承认和保护地方环境认同，承认和保护地方认知方式。

第二节　环境伦理与不同的环境想象

第二种对环境理解差异的蔑视以西方环境伦理为主体的主流环境保护论述的环境想象为代表。环境伦理"更强调将道德关系看成是人与自然之间的关系，将伦理对话仅仅看成是人与自然间的对话，而忽视了人与自然间的对话同人与人之间对话的共振现象"[①]。在以西方环境伦理为主体的当代环境伦理的论述中，环境被抽象地定位为自然环境（或称之为生态环境），它包括非人类的生物、非人类的自然物以及由它们共同构成的完整的生态系统。

不可否认，环境伦理对人与自然关系的思考，在环境危机普遍化的基础上看，对于保护环境作出了积极的贡献。令人担忧的是，正如本书在第一编第一章第一节中所述，用"我们"、"人类"等全称名词来言说人与自然的伦理关系，是以西方环境伦理为主体的当代环境伦理论述的一个重要特征。西方环境伦理对环境的理解被赋予了普遍的意义，凭借西方经济全球化的强大物质力量和环境伦理的强大话语权力，对非西方世界人们对环境的理解往往不予承认，并且形成了带有偏见的环境评价体系。在它所指导下的环境实践，正在有意或者无意地伤害弱势群体的基本生存权利，成为环境不正义的一个来源。

在环境伦理被普遍承认为价值"正确"的今天，这些建构起来的、实际也是基于独特的地理和历史文化传统的、只代表一部分人（尤指发达国家、中产以上阶层）利益的关于环境的想象，抹煞了关于环境的其他想象的存在理由和真理诉求。

在接下来的部分，本书将从现代生态学和浪漫主义文化传统两个方面，对当代环境伦理中环境（自然）想象的建构进行尝试性分析，从而指出，当代环境伦理对环境或自然的这种定位并不是绝对客观的，而是西方科学和文化传统对环境（自然）的论述建构的结果，有其历史性、特定性和局限性。它与非西方或非中产阶级对环境的想象

---

① 李培超：《自然的伦理尊严》，南昌：江西人民出版社，2001年版，第122页。

之间在根本上并不存在着所谓科学与愚昧、高尚与低俗的区别,前者应对后者的"本真性"予以应有的承认。

一、"科学之眼":现代生态学与环境伦理的自然想象

环境伦理以现代生态学知识中无人的"自然"概念作诉求的对象。在不同的历史时期里,人们对自然的理解有所不同。这种不同直接来源于该时期人们在认识和改造自然的过程中形成的认知体系。不同的认知体系会为人们描绘出不同的自然图景。例如,在原始人的认知体系中,自然是神秘的、不可预测和捉摸的;而在现代人的认知体系中,自然则被认为完全处于人类的掌控之中。

总之,从历时的角度来看,不同时期的认知体系使人们对自然形成了不同的理解和想象。而构成以西方环境伦理为主体的当代环境伦理关于自然的理解和想象基础的,是现代生态学透过"科学之眼"对自然的认知。

生态学是 1886 年由德国生物学家 E. 海克尔创立的一门学科。生态学这个词的德文 ökologie 是由希腊语 oicos(房子、住所)派生而来,因此生态学可以被看作是研究生物住所的学问。海克尔将之定义为有机体及其环境之间相互联系的科学。[1] 在生态学产生之初,它的研究主要集中在个体生物及物种与其生存环境的生物学关系之上。20 世纪 30 年代以后,生态学将研究领域拓展到了生物群落(生物共同体),并提出了"食物链"、"生态位"等概念。1935 年,英国生态学家坦勒斯提出了"生态系统"的概念,明确地将有机体与它们生存的环境视为一个不可分割的自然整体。"生态系统"概念的提出标志着现代生态学——新生态学的诞生,此后,以生态系统形式展现的自然就成为现代生态学研究的主要对象。

具体来说,现代生态学强调生态系统的整体性和多样性,并且认为,作为生态系统基本单位的生物群落——生物共同体之间存在着互利共生的可能。现代生态学的"食物链金字塔"概念则表达了一种物种间的相互依存关系,它确定了食物链最短、最简单的有机体的大量存在才是生态系统的结构基础,并指出,不是人类而是复杂多样的生命形式从根本上使整个生物共同体保持稳定。此外,现代生态学通过生态位的概念指出,任何物种都在生物群落中占据特定的位置,它们并不是为了有助于或妨碍

---

[1] 佘正荣:《生态智慧论》,北京:中国社会科学出版社,1996 年版,第 36 页。

人类而存在的,而只是履行其在环境中的"角色"而已。

通过现代生态学的这些论述,一个以科学知识为基础,具有生态观念的"科学之眼"被确立了,并被公认为是一种科学地认识世界的方式。"在科学的论述之中,我们相信了一种'纯净的凝视'的客观性与中立性,也因为这样的'纯净',使得科学的凝视得以建立对'真实'的权威性,并压抑了其他的'杂音'与想象,形成了一种'沉默'的状态,而科学的凝视则成了唯一观看世界的'正确'方式。"①

透过"科学之眼"的凝视,人们确立了对周围环境的现代认识,看到了一幅与以往迥然相异的自然图景。当代环境伦理正是建立在这种对于自然的现代生态学想象之上。最早将生态学中"有机"整体的自然想象运用于环境伦理建构的是利奥波德。他将自然比喻为由不同的生命器官组成的机能性整体,指出:"至少把土壤、高山、河流、大气等地球的各个组成部分,看成地球的各个器官、器官的零部件或动作协调的器官整体,其中每一部分都有确定的功能。"②他使用了生物共同体的概念并将之扩展至"包括土壤、水、植物和动物,或者把它们概括起来:大地"。他认为,"大地并不仅仅是土壤,而是能量在土壤、植物和动物所构成的循环中流动的源泉。食物链是引导能量向上的通道,死亡和衰败则使它回到土壤。……能量向上流动的速度和特点取决于植物和动物共同体的复杂结构。……没有这种复杂性,正常的循环就可能不存在"。③ 可以说,利奥波德正是透过现代生态学的"科学之眼"完成了对自然的想象,并以此为基础确立了大地共同体的范畴,由此建构了一种维护自然整体性和完美秩序的"大地伦理学"。而与无人的自然相对应的就是作为类共同体的人,这样,以生态学作为认知基础的西方环境伦理关注的中心问题就是人与环境的关系问题,"生态问题的普遍性特征在客观上要求生态伦理学应当具有普遍性的价值关怀,即要真正体现出'类'道德要求",从而认为环境伦理必然会内在地包含"不同国家和民族的独特生存方式和价值评价机制",形成有偏见的价值评价体系。

而从"环境正义"承认差异的视角来看,这种基于科学理性的自然观更多地反映

---

① 〔法〕米歇尔·福柯:《临床医学的诞生》,转引自连志展编:《谁之自然? 由多元文化的观点来反思生态保育运动:以花莲地区为例》,花莲师范学院多元文化研究所硕士论文,1999 年,第 21 页。

② 〔美〕奥尔多·莱奥波尔德:《西南地区自然保护的基本原理》。转引自佘正荣:《生态智慧论》,北京:中国社会科学出版社,1996 年,第 42 页。原书将"利奥波德"译为"莱奥波尔德"。

③ 〔美〕奥尔多·利奥波德:《沙乡年鉴》,侯文蕙译,长春:吉林人民出版社,1997 年版,第 204 页。

的是一种西方对自然(环境)的认识。事实上,正如人们对自然的理解在不同的历史阶段会有所差异一样,人们对自然的理解也存在着文化和空间上的差异。根据历史学家 B.D. 林奇的考察,虽然同为美国人,拉丁裔美国人的环境观与盎格鲁—美国人的环境观有着非常大的不同:拉丁裔美国人的自然景观中包括人,而且是可以再生产的;可盎格鲁美国人认为人与环境是分离的,人可以支配自然。① 而一个当代美国白人中产者和一个非洲土著人对自然的理解更不可能相同。事实上,那些以西方环境伦理为主体的当代环境伦理所反对的将人与自然二元对立的机械世界观和价值观,或许从未在土著居民的观念中出现过。对于后者而言,"他们往往将自己置于自然的秩序之中,在这种自然的秩序里,所有的生命是相互联系并且相互独立的。这种自然秩序的根本在于互惠的概念:如果你关爱大地以及大地上的生命,那么它也将给予你同样的关爱"②。

从作为承认正义的环境正义的视角来看,环境伦理以现代生态学知识中无人的"自然"概念作诉求的对象,将纯然的自然看作是对于环境的客观的、唯一正确的想象,实际上是对现实中存在的不同文化中"非理性"的人对自然的不同想象的蔑视,是对现实中存在的一些社会条件文化下与人和谐存在的自然的蔑视。这实际上是一种从权利上对其他自然想象的禁止。这种以抽象、疏离的"自然"来代替不同社会文化中具体的、活生生的"自然"的方式,可能正是当今环境问题的真正症结所在。

二、寻归荒野:西方浪漫主义文化传统与环境伦理的自然想象

除了现代生态学之外,浪漫主义的文化传统是影响当代环境伦理的自然想象的另一个重要因素。浪漫主义是对启蒙运动以来在西方思想中占主导地位的理性主义和经验主义的一种反动。它自 18 世纪末在欧洲大陆生成之后,在西方思想界迅速蔓延,成为一场浩大的思想运动。作为一种人文主义思潮,浪漫主义思想力图与那种主张以改造和征服自然来体现人的主体性的古典人文主义划清界限,反对工业文明带来的人与自然的对立和敌视,主张逃离工业文明所缔造的功利化、机械化的生存世

---

① 包茂宏:《美国环境史研究的新进展》,《中国学术》,2002 年第 4 期,第 226 页。
② Henrietta Fourmile, "Indigenous peoples, the conservation of traditional ecological knowledge, and global governance", in Nicholas Low, ed. *Global Ethics and Environment*, (London; New York: Routledge, 1999), p. 219.

界。浪漫主义强调人的直觉和与自然之间的共鸣,认为"人的精神生活应以人的本真情感为出发点,以自己的灵性作为感受世界的根据,追求人与自然的契合交感"①。所以,在浪漫主义者眼中,充满活力和整体性的自然成为与工业文明相对立的质朴世界的象征,成为诗意人生的象征,成为他们执意追求的道德理想的象征。美国先验主义文学家爱默生认为,人们对大自然的审美,不仅可以是"以简单地直觉观看自然的形体"而产生的美,而且更是从人们的理智活动出发来发现和探究自然之美,以及大自然通过与道德的关联而产生的完美无缺的美。②

反过来审视以西方环境伦理为主体的当代环境伦理,我们不难发现,西方浪漫主义思想中对自然的想象,以及它所体现出来的超验主义的精神气质,渗透在其思想和论述之中。

此外,浪漫主义思想与美国的拓荒历史相结合,使美国拓荒者的后代——白人中产阶级——产生了对于自然的一种独特的"想象",即荒野"想象"。

在当代环境伦理中,荒野是一个极具特色的概念。它既指真实的受人类干扰最小或未受干扰的纯然的自然,也是美国白人中产阶级所追求的一种精神的象征。最先提出荒野价值的美国思想家梭罗认为,荒野中蕴藏着一种尚未被唤醒的生机与活力。对于他而言,"希望与未来不在草坪和耕地中,也不在城镇中,而在那不受人类影响的、颤抖着的沼泽里",所以他主张"在荒野中,保留着一个世界"。③ 而污染严重、物欲横流的现代西方社会以及由此给人们造成的精神上的荒原客观上强化了人们对自然的荒野想象。"每当文明之光以一种破坏性的阴影笼罩着你时……走向荒野。工作程序的枯燥乏味,市场上的你争我抢,险恶都市里的尔虞我诈,只会成为一种记忆……荒野会把你拥入怀抱。它会给你注入新鲜的血液;它会把你由一个弱者变成一个强人……不久,你便会用一种平静的心态来关注这世界。"④所以,在这些种种想象中,"'荒野'虽然是个名词,却起到了一种形容词的作用。在特定的地点,它会在某人的心中产生一种心境或情感"。⑤

罗尔斯顿在论证哲学为何要走向荒野时,将自己对环境的想象进行了如下划分:"有三类环境——城市、农村与荒野,提供了三种人类的追求——文化、农业与自然。

---

① 高亮华:《人文主义视野中的技术》,北京:中国社会科学出版社,1996 年版,第 35 页。
② [美]R. W. 爱默生,《自然沉思录》,傅凡译,上海社会科学院出版社,1993 版,第 4 页。
③ 转引自程虹:《寻归荒野》,北京:生活·读书·新知三联书店,2001 年版,第 119 页。
④ 程虹:《寻归荒野》,北京:生活·读书·新知三联书店,2001 年版,第 139 页。
⑤ 同上书,第 28 页。

所有三种追求都是我们的使命,是我们应该从事的;而且所有三种环境也都是我们的福祉所必须的。"很显然,在他看来,荒野与当代环境伦理所要保护的自然之间是紧密相连的。罗尔斯顿还认为,"城市环境"是我们的"生境",是文化的人类生活得以实现的地方;"乡村环境"则是指被人工驯化、用于支撑人类生活的自然,是"人类在生产活动中与自然遭遇的地方",是"人与自然共生的地方"。这两者都是人类所需要的,但是,"我们现在最缺少的环境就是荒野"。① 这都反映了当代环境伦理对自然的界定。

总之,无论是在浪漫主义文化传统中,还是在美国人的荒野文化之中,自然都被看作是与人类、与社会截然不同的存在,而原始的、充满野性和生命力的自然才是它们共同的追求。

但是,从"环境正义"的视角来看,自然(环境)对于处于弱势的国家、地区和群体来说,首先意味着生活和生存。而当代环境伦理由于受到浪漫主义文化传统对自然想象的重要影响,实际上是置身于环境之外的,它所表现出的过分追求意境高远而脱离现实的特点,对作为生活和生存的环境想象采取了蔑视的态度,具有了某种"中产阶级的偏见"②。塞拉俱乐部的创始人之一、被称为"国家公园之父"的约翰·缪尔(John Muir)就曾在文字中流露出这样的蔑视和偏见:"这是个由最常见的羊齿植物创造出的仙境⋯⋯只不过在头顶上撑起了一片叶子,就摒弃了尘世的挂念,取而代之的是心中涌现的自由、美丽与安宁⋯⋯然而就在同一天,我看到一名牧羊人穿过最优美的羊齿森林,但却丝毫没有流露任何情感,就像它的羊群一样。"③缪尔在山里扮演的是由羊的主人赋予的监督牧羊人的角色,而牧羊人则是下阶层的白人、中国人和印第安人,他们对自然的看法显然没有受到缪尔的尊重和承认。来自城市的写作者缪尔赞叹自然的美,而每天生活其中的牧羊人却只求在自然中生存,"自然"只是他们日常生活中的环境而已。

三、作为生活的环境和作为生存的环境的分析

从上述分析我们可以看到,现代生态学是以一种超然的态度,一种客观化的、科

---

① [美]霍尔姆斯·罗尔斯顿 Ⅲ:《哲学走向荒野》,刘耳、叶平译,吉林人民出版社,2000 年版,第 41—43 页。

② 候文蕙:《雨雪霏霏话杨柳》,《读书》,2001 年第 6 期,第 11 页。

③ 转引自连志展编:《谁之自然? 由多元文化的观点来反思生态保育运动:以花莲地区为例》,花莲:花莲师范学院多元文化研究所,1999 年,第 17 页。

学的姿态排除了其他自然想象的可能,将人们对自然的想象凝固化;浪漫主义文化则是以一种超验的态度和直观的方式,剥离了自然与生活、生存之间的联系,将自然看作是某种精神追求的象征,在客观上贬低和丑化了那些出于现实生活和生存的需要对于自然的现实理解。而无论是超然的想象还是超验的想象,都不能真实全面地反映各种文化、不同人群对自然的不同理解。而且任何关于自然(环境)的想象都是基于某一地理位置、某一文化传统的想象。"如果没有地理上的支撑点,就无法拥有精神上的支撑点。"①所以,梭罗对于自然的想象是基于瓦尔登湖展开的,美国对于荒野的想象则是基于它的独特历史展开的。

事实上,在现实世界中,无论从地理分布上还是从文化传统上,除了当代环境伦理所承认的作为精神追求的自然以外,还存在着作为生活的环境和作为生存的环境。

在1991年召开的第一次美国全国有色人种环境领导高峰会上,大会的组织者之一、著名的环境正义者黛安娜·阿尔斯顿就阐述了与西方主流环境伦理论述不同的环境观:"我们眼中的环境是与整个社会的种族的和经济的正义交织在一起的。……在我们看来,环境就是我们生活、我们工作和我们玩耍的地方。环境为我们提供发表评论我们时代各种问题的讲坛。军事和防御政策的问题、宗教自由、文化生存、能源的可持续开发、我们城市的未来、运输、住房、土地和主权、自决权、就业……"②这一见解反映了生活在美国下层的,尤其是那些相对贫困的有色人种社区群体对于环境的想象。相对于保护野生动物、森林、荒野等属于白人文化传统中的自然事务而言,他们更注意城市社区的生活健康和卫生条件。因为对于他们而言,环境在某种程度上就意味着生活自身的全部。

第三、第四世界的原住民也具有与当代主流环境伦理不同的自然想象。他们认为:"土地和森林对于我们来说不只是一种经济资源。对于我们来说,它们是生命本身,对于我们的社区有一种整体的、精神的价值。它们是我们作为濒危人群的社会、文化、精神、经济和政治生存的基础。"③他们的生产方式是与自然紧密联系的,自然往往是他们取得生活必须品的直接场所,因此,自然是这些土著人赖以生存的"居所"。一方面正因为如此,他们与自然是一体的、和谐的,并不存在西方白人中产阶级

① 程虹:《寻归荒野》,北京:生活·读书·新知三联书店,2001年版,第15页。
② 侯文蕙:《雨雪霏霏话杨柳》,《读书》,2001年第6期,第7页。
③ Charter of Indigenous-Tribal Peoples of the Tropical Forests, February 15, 1992.

经历过的人与自然的所谓对立;另一方面他们如果被剥夺了这种生产方式,等待他们的将是生存的危机。

基于以上的理由,环境正义"不仅把环境问题和社会问题联系起来,而且还将它与社会政治交织在一起",包含了一个广阔的范围,关注不同主体对环境认识的不同和需要的不同。

因此,从作为承认正义的环境正义的视角来看,当代环境伦理的自然观因其是建构性的,因而有其固有的狭隘性,只代表了一些人的利益和追求。这种关于环境的想象,却往往在当今主流的环境保护论述中被赋予了普遍的意义,并且正在忽视、掩盖和同化非西方世界存在的对于环境的独特想象。抽象地谈论环境伦理自然想象的普遍性,否认和无视西方以外的对环境的理解,在客观上是西方环境伦理领域的知识分子拒绝承认非西方社会可以或应该具有独立的理解环境的方式,并具备捍卫这种理解方式的集体意志的表现。在黑格尔的意义上,这是一种"自我"对"他者"的根本性的不承认。

总之,在现实生活中,并不存在绝对客观的、统一的对自然(环境)的理解。以西方环境伦理为主体的主流环境保护论述视野中的纯然的"自然",实际上是强调超然的现代生态学和强调超验的西方浪漫主义文化传统,以及一些西方社会文化因素共同建构的结果。主张承认环境理解差异的环境正义要求摒弃西方中心主义的视角和特定的社会阶层的偏见,承认不同阶层、不同地域、不同文化传统下人们在环境想象上的差异,从而将其也纳入到环境保护理论的视野之中。

第三节　主流环境保护行动与地方性环境实践

如果说主流环境保护思想的环境想象还更多地表现为对不同的环境想象在观念上的蔑视的话,那么由这种思想所指导的环境保护实践却对地方性环境实践带来了现实的破坏和伤害。下面,笔者将通过对两个案例的分析,指出主流环境保护行动因其没有认识到地方性环境实践自身的独特性,而是以自己的环境价值观为主导,认为自己的环境意识是正确的、先进的,从而形成错误的评价并采取了不恰当的干预行为,这在某种程度上体现了主流环境保护主义者的"文化帝国主义"心态,其推广环境保护主义的方式,在一定程度上侵害了某些地区、某些人群的基本生存权利,并同时破坏了当地的环境和谐。

一、人与自然分离的保护

【案例一】

绿色和平组织(Green Peace)是当今最大的国际环境运动组织。它正式创立于1971年,早期的活动重心主要集中于保护大气不受核武器所泄漏的放射性物质的污染。20世纪60年代晚期,由一部反映拉布拉多地区捕猎海豹业的纪录片引发的抗议运动,吸引了绿色和平组织对海洋哺乳动物(特别是鲸和海豹)的权利的关怀。许多加拿大人和美国人纷纷谴责影片中记录的对于可爱而没有防卫能力的海豹的残酷行为。绿色和平组织成员相信,动物应"获得生存权",所以他们开始作为海豹的代言人四处奔走疾呼,并且通过获取更多人对海豹的同情,对各国政府施加影响,呼吁"废除"捕猎海豹业。1983年,鉴于绿色和平组织长达七年的施压,新成立的欧洲议会立法禁止幼海豹皮在欧洲出售。

但是,就在绿色和平组织的成员为这一结果欢呼雀跃的同时,他们却没有想到,这一法令在避免对海豹的任何杀戮行为的同时,也急遽地改变了加拿大巴芬岛上十万爱斯基摩人(因纽特人)的生活。长久以来,海豹对于爱斯基摩人正如从前野牛对于北美印第安人一样,是他们的食物和基本生活的经济来源。在禁售海豹皮后的几年,加拿大北极圈内经济衰敝,社会福利金支出激增,小小的克莱德里弗村,就有近半数人不得不靠救济金过活。社会问题更是层出不穷,许多人沉迷于酒精和毒品,罪案和家庭暴力倍增;绝望导致自杀人数增加,其中大多数是年轻男性。在禁令以前的十一年里,有四十七名自杀者,而在此后同样长的时期内则增至一百五十二名。我们可以说,绿色和平组织在保护海豹的同时,危及了爱斯基摩人的生存。①

绿色和平组织在一定程度上代表了西方环境保护实践的主流趋向。而在这个因

---

① 本案例根据以下两部分内容编写而成。具体参见刘笑敢:《老子哲学与生态问题——关于印尼森林大火与爱斯基摩社区的实例分析》,陈鼓应、冯达文主编:《道家与道家:道家卷》,广州:广东人民出版社,2001年版,第150页;雷毅:《生态伦理学》,西安:陕西人民教育出版社,2000年版,第313—318页。

保护自然而对当地人造成严重危害的极端的例子里,绿色和平组织的行为实际上反映了,以当代环境伦理为伦理基础的西方主流环境保护实践因为不承认地方性环境实践中存在有人与自然大体和谐的生活方式,从而表现出的一种人与自然分离的保护主义倾向。

从"环境正义"的视角来看,这种倾向的出现首先应该归因于主流环境保护论述中对自然的那种超然的、超验的想象。正是基于这种想象,西方主流环境保护实践将荒野、野生动物等无人的纯然自然作为保护的对象,他们主张保护大型的哺乳动物,也为热带雨林数量的减少而忿忿不平、八方呼吁。然而,他们却对在这些环境中与自然和谐共处的人们的处境置若罔闻。为了能够获取更多人的同情,形成更大的社会舆论,绿色和平组织成员可以说是使用了一切可以想到的方法:他们用直升机拍摄了小海豹被当着其忧伤母亲的面活活剥皮的过程,以激起人们对海豹的同情;他们请来著名的电影演员与海豹合影,以强化人们对海豹作为一个可爱的野生动物的认知。结果,海豹得到了保护,而正如案例中所展示的,处于主流文化边缘、几乎没有力量发出声音维护自己生存权利的爱斯基摩人就成为了废除捕猎海豹业的最大牺牲者。

爱斯基摩人猎杀海豹只是为了基本生存,而并非为了牟取暴利或炫耀浪费。事实上,爱斯基摩人长期以来一直与海豹以及整个北极圈内的自然环境处于一种大体上和谐的状态,直到加拿大政府支持在这里进行石油开采,又涌来大批的捕猎者,北极圈内千百年来冰雪覆盖的平静才被打破。大片的油田侵占了海豹的栖息地,使海豹的生存空间锐减;外来捕猎者依靠现代化手段对海豹进行的大规模捕杀,使海豹的数量出现前所未有的急遽下降。这一切不但使海豹这一物种的存在受到威胁,而且也威胁着与海豹息息相关的爱斯基摩人的生存。在这种情况下,绿色和平组织单纯从保护海豹的意愿出发、不加区别地反对一切形式的捕杀行为,这种保护运动及其后果对于爱斯基摩人的打击是毁灭性的。甚至可以说,绿色和平组织借由保护海豹的名义在客观上与那些破坏北极圈自然和谐的石油开发商和外来捕猎者一起,将爱斯基摩人打压到受压迫的底层——尽管这一结果并非出自他们的最初意愿。所以,当海豹皮"禁售令"的严重后果逐渐显现的时候,绿色和平组织人员毕卡维不得不对爱斯基摩人承认:"你们有权批评我们,甚至生我们的气,但这场运动对你们的冲击是我们事先没有想到的。"①

主流环境保护思想将认识论中人与自然二元对立的思维方式看作是今天环境问题的根源之一,因为二元对立的逻辑导致了人对自然的剥削,人对自然的征服欲望。可是,爱斯基摩人的案例让我们不禁要问,以环境伦理为伦理基础的当代主流环境保护实践不承认特定环境中存在的人与自然的一体性,片面强调保护自然而无视该环境中人的基本生存需要,这种先将人与自然分离,然后再进行保护的方式,是否同样落入了二元对立的既有思维框架之中呢?

这些环境保护主义者显然不承认,除了与自然保持疏离之外,世界上许多地方还存在着另外一种与自然和谐相处、相互利用的模式。在这种模式中,人们并不是超越于自然之上,或者是以自然为征服对象,而是与自然一起工作、一起生存;人和自然环境的关系是一种彼此认同、相互照应的互动关系,而非简单的相互对立。

人类学学者英格尔德(Tim Ingold)为解决这种人与自然二元对立的认识论困境,尝试提出新的观点,希望打破人与自然、文化与自然之间的对立。英格尔德认为,应该以与人有相互关系的"环境"(environment),代替与人无关的、客观中立的"自然"(nature)。按照传统的二元对立的思想,外在的自然是一个不断改变的混沌(chaos)。在这样的流动不定的混沌之中,经过人类的兴趣及认知的选择,我们才建构了一个固定的世界,自然的事物才对我们产生意义。英格尔德批判了这种文化建构论的说法,他认为自然环境并非混沌而无意义,就像动物世界不会因为没有文化而失序一样;人类的文化是来自环境所能给予(affordance),人类的行动组成了环境的样貌,而环境也同时建构出人的行动,因此,环境就是这样一个过去不断相互组成的历史的体现,而文化则是在这样的过程中产生出来用以沟通、诠释的结果,是人和环境互动的结果,而不是人和环境互动的前提。所以,如果我们能够看清人和环境的互动是直接来自人和环境的关系,而不是透过文化的中介,则人和环境的关系就不再是文化与自然的对立,而是人类行动能力和环境所能给予的能力之间的一种辩证的关系,一种相互制造的关系。②

---

① 转引自刘笑敢:《老子之自然与全球伦理》,转引自"中国学术城":http://xueshu. newyouth. beida-online. com/data/data. php3? db=xueshu&id=laozhizhi。

② Tim Ingold, "Culture and Perception of the Environment", in Elisabeth Croll and David Parkin, eds. *Bush Base*: *Forest farm*: *Culture*, *Environment and Development*, (New York: Routledge, 1992).

二、人与自然分离的评价

【案例二】

在非洲的肯尼亚,有一个著名的游牧民族叫马赛人(Maasai)。马赛人以身材高大、骁勇善战而闻名于东部非洲。然而,19世纪末英国人殖民统治东非地区之后,便强占了许多马赛人的土地,并试图改变他们的生活。由于英国人认为定居的生活方式较为文明,因而希望将游牧的马赛人能逐渐强制定居在一个地方。此外,英国人也认为,游牧的马赛人对东非大草原上的野生动物具有很大的威胁性,因而划定了国家公园与动物保护区,并禁止马赛人进入。

事实上,马赛人从来就不是大草原上野生动物的"终结者"。马赛人的游牧生活正是适应东非大草原的干湿两季之特性,而且藉由季节性迁移的手段,马赛人不但顺应大自然的节律(而非改变大自然),而且对当地资源做最有效且可持续的利用。此外,马赛人长期以来以他们所饲养的牛肉、牛奶为主食,对于四周的野生动物很少杀害,反倒是由于他们的存在,动物们得到了相当大的保护。英国殖民者对于上述马赛人与其周遭自然环境和谐相处的特色并不了解,又不加以研究,便贸然采取了许多不当的措施,因而造成了许多严重的后果:包括迫使马赛人与野生动物争夺草原和水资源,引发人与动物的敌对关系,引来了动物保护区内的盗猎者;甚至曾有马赛人故意杀害犀牛、大象等,以泄心头忿怒的行为。①

这个案例实际上涉及在西方主流环境保护的框架中,对土著居民的狩猎文化等非西方文化情境下独特的生存方式的评价问题。

如果从作为承认正义的环境正义的角度进行分析,那么不难发现,案例中英国人对马赛人的评价,至少反映出他们固有的三种心态。

首先,是与自然疏离的心态。本案例中,作为殖民者来到东非大草原的英国人很显然并不需要通过在大草原捕食来满足自己基本生存的需要,所以他们对大草原以及野生动物的想象,既表达了一种对自然及其象征意蕴的追求,但在某种程度上更表

---

① 本案例转引自纪骏杰:《从环境正义观点看原住民的狩猎文化》,提交给"生态教育与原住民狩猎文化研讨会"的论文,台北,1996年1月。

现为一种与自然的疏离。正是这种与自然的疏离使他们无法理解马赛人在大草原中的生存模式,武断地认为马赛人对野生动物构成了威胁,而无视马赛人早已成为大草原环境中的一部分的事实。

其次,是文化上的西方中心主义心态。实际上,在本案例中英国人对马赛人"落后"生活方式进行负面评价的背后,流露出一种西方人对于西方文化所持有的心理优越感。基于这种优越感,英国人按照自身的文化模式和心理想象,企图使马赛人屈从于他们的文化解释模式,为马赛人重新进行生活上的定位,却没有意识到,大草原环境所需要的正是马赛人那样的游牧生活方式。马赛人通过这种生存方式,不仅保障了自己的基本生存,而且与大草原,与周围的野生动物做到了和谐共处。事实证明,反倒是英国人为马赛人强行设计的生活方式,不仅危及了马赛人的基本生存,而且导致了一些马赛人对环境的恶意破坏。

最后,是生态殖民主义心态。所谓"生态殖民主义",是指过去的西方殖民统治者在划定保护区时,完全根据自己的意愿,如保护自己感兴趣的猎物,而对所涉及的当地社区的影响根本不加以考虑。案例发生的 19 世纪,正是所谓"仁慈主义"思潮在英美盛行的时期,而保护野生动物恰恰是这种前环境伦理思潮的主流,所以在英国人的心目中,野生动物是不能也不应该因为任何理由而被狩猎、捕杀的;因此,他们为了满足自己的道德追求而野蛮地剥夺了马赛人赖以生存的、与野生动物一体共存的权利,造成了马赛人生活难以维系,同时也使当地生态和谐遭到破坏的双重恶果。

通过对以上三种心态的分析,可以看出,案例中英国人不承认马赛人对其生活环境的理解方式,对其生存方式表示出极大的蔑视,带有极大的偏见和霸权色彩。而事实证明,英国人强迫马赛人过定居的生活,划定大批国家公园和动物保护区,将马赛人和野生动物分离开来,这样的举动才是破坏当地大草原原本和谐状态的真正原因,这不仅危及马赛人的基本生存,而且破坏了当地生态平衡,甚至迫使马赛人为了生存不得不走向与野生动物相互敌对的极端,造成对自然生态的更大破坏。

事实上,今天西方的许多环境保护主义者仍持有上述的几种心态,拒绝给予土著人的生活方式以应有的承认和尊重,从而在环境保护评价上走入误区。例如,世界野生动物基金会曾发起过一次拯救马达加斯加热带雨林圆尾狐猴、马达加斯加的蛇、鹰和其他濒临灭绝的物种家园的运动。该组织的募捐广告在印有这些动物的醒目图案下面附有这样的文字:人类"相对而言是马达加斯加新来的移民,但是,甚至以最原始的工具——斧与火,他已经对他所依赖的栖息地和自然资源带来了劫掠"。这份广告简洁扼要地概括了环境保护主义者对赤道雨林所持的观点,这一观点认为,环境的敌人是生活在森林中的猎人和农夫,后者对自己的和我们的利益过于短视。正是这种观念(或者偏见)使得该运动通过驱赶这些地区的原住民,蔑视他们的过去或未来的方式来设立保护区公园。① 而所有这些都是在保护全球生物多样性遗产的名义下进行的。

同上一个案例一样,这些野生动物的保护者们没有意识到,世界上许多地方还存在着另外一种与自然和谐相处、相互利用的模式。他们也没有意识到,不同生存方式之间的差异主要是文化、生态上的差异,而非"先进"与"落后"的差异,或者说不完全是"先进"与"落后"的差异。而且"所谓落后地区、发展中国家长期形成的传统自有其合乎当地当时条件的诸多因素和原因,是那里的各种情况和条件长期相互作用、相互磨合而达到的自然的和谐,是值得珍惜和保护的",所以"没有足够的理由和条件是不应该轻易改变,特别是不应该急遽改变的"。②

利奥波德曾经说过:"当一个事物有助于保护生物共同体的和谐、稳定和美丽的时候,它就是正确的,当它走向反面时,就是错误的。"③用这一标准来对本案例进行再分析,我们会发现,英国人错误地认为马赛人的狩猎行为是对大草原共同体的"和谐、稳定和美丽"的一种巨大的威胁,将马赛人看作是东非大草原这一生物共同体的"他者",但实际上恰恰是英国殖民政府的政策破坏了马赛人与动植物、当地自然环境的和谐相处。对于马赛人、野生动物以及由他们共同组成的大草原共同体而言,英国殖民者才是真正的"他者"和"陌生人"。对于马达加斯加的原住民和动物而言,来自发达国家的野生动物保护者们也是如此。

简言之,在现实生活中,由于地理的、历史的、文化的各种因素的影响,所以存在着不同的人与自然相处的模式。主流环境保护思想及其指导的环境保护实践将所有现存的人与自然的关系都看作是二元对立的,将所有人都看作是自然的他者,将一些本是与自然保持和谐的生存方式评价为对自然的破坏或落后的生存方式,进行人与

---

① 徐天成:《全球环境保护主义的悖论》,《国外社会科学文摘》,2001 年第 5 期,第 70 页。
② 刘笑敢:《老子之无为与生态问题的实例分析——关于古典的诠释与现代运用的一个尝试》,提交给"世界宗教与生态问题专题讨论会"的会议论文,剑桥:哈佛大学世界宗教研究中心,2000 年。
③ [美]奥尔多·利奥波德:《沙乡年鉴》,侯文蕙译,长春:吉林人民出版社,1997 年版,第 213 页。

自然分离的保护，实际上是陷入了一个新的观念误区。承认环境理解差异的环境正义观点主张，要想走出这个误区，环境保护实践就要在保护生物多样性的同时，兼顾人类文化的多样性、人类利益主体的多样性和环境诉求的差异性，在保护生态自然的同时顾及当地人的生存和生活。

结　语

在经济全球化与文化多元化的浪潮中,环境正义问题显得比任何时候都更为紧迫,也更为复杂。无论怎样,环境问题归根结底还是人自身的问题:不但是人的生活意义的问题,也是人类如何共同生存的问题。在当前的环境保护思想中,如果说对环境伦理的思考侧重于解决的是前者,那么环境正义则是希望能够对后一个问题进行思考:面对环境危机,我们应该如何共同生存? 换言之,环境正义问题的提出,意味着我们不能只为当下的个人偏好而生活,而必须思考如何才能与生活在地球上的其他人一起,共同保护我们赖以生存的环境。

笔者认为,对环境正义的研究需要回到对正义本身的理解,需要从正义之缘起寻找理论根源。基于此种认识,本书试图提炼休谟、康德以及黑格尔哲学思想中关于正义的深刻洞见,力求以清晰的方式去丰富这些洞见的意义。也许,本书并不能完成这一艰巨的任务,但是对于我们如何共同生存的思考却需要这种哲学的审思。

在休谟的意义上,正义之所以必要和可能,是因为个人或群体之间有着现实的或潜在的利益冲突。在休谟看来,这种利益冲突是物质资源与利他主义精神的双重匮乏所致。在此种境况中"应运而生"的正义,其最基本的问题就是如何有效地分配有限的物质资源,是一种分配正义。

而现代意义上的环境危机，在一定程度上成为休谟关于有条件正义（分配正义）的学说的注解。环境问题的现实情况是：一方面是人的欲望凭借科技和经济之双翼无限膨胀；另一方面是能够满足人的欲望的有限的环境资源和空间——欲望与欲望满足之间的尖锐矛盾，构成休谟意义上的作为分配正义的环境正义产生的客观"环境"。与此同时，人又不可能完全做到无私无我：每一个人都希望获得尽可能多的环境利益，同时又希望生产和生活所产生的废弃物、环境污染等环境负担尽量地远离自己。当然，自私毕竟并非人性的全部，在休谟看来，在一个更大的社会范围内伴随着自私的还有人的另外一种本性，那就是有限的慷慨。而在环境问题的背景下，推动有限慷慨和自私、贪欲之间达成利益协调与平衡的，是这样一种共同利益感：虽然人们总是希望拥有环境利益，远离环境负担，但是从长期来看，一方面，环境问题确实具有"飞去来器的效应"（乌尔里希·贝克语），那些破坏环境并从中受益的人毕竟迟早会受到环境破坏的报应，而那些环境不可欲物所带来的负面影响或通过累积效应或通过时间积累，也迟早会对那些最初远离它们的人们（或其后代）产生影响；另一方面，环境可持续对于其他人的福利和存在也和人们自己的福利和存在一样，是不可或缺的条件，且其他人对环境利益和负担也会抱有和自己同样的喜恶心理。因此，人们唯有达成正义规则，才能达成长远的更大的利益。这构成了休谟意义上的作为分配正义的环境正义的主观环境。在上述客观和主观两种条件的作用下形成的环境正义，其主要作用是分配环境利益和环境负担，是一种分配正义。

　　在第二编，本书根据对"在哪些人中间进行分配"、"分配什么"和"如何分配"三个问题的回答，将"作为分配正义的环境正义"分解为环境正义的共同体、环境正义的分配对象和环境正义的分配原则三个层面。本书指出，在这三个层面构成的基本架构中，又有三个相互关联的问题影响着人们对环境正义之分配正义维度的理解：环境正义问题在分配正义理论中是怎样呈现的？分配正义理论在理解和解决环境正义问题时具有哪些可能性和局限性？（环境）正义研究者又针对这些局限性做了哪些主要的阐释与解答？

　　就正义共同体而言，本书指出，当前被普遍接受的国内环境正义与全球环境正义、代内环境正义与代际环境正义的划分，所关涉的正是环境正义共同体沿空间和时间维度的扩展，即一种完全意义上的环境正义不但要思考环境利益和负担在一个国家之内成员之间的分配；而且要思考其在不同国家及其公民之间、当代人与后代人之间的分配。环境正义的这种扩展共同体的要求，对于自现代以来主要将国家视为不言自明的正义共同体边界的分配正义理论而言，无疑是一个巨大的挑战。作为结果，全球环境正义理论和代际环境正义理论虽然的确存在着各种可能，却也受到了各种局限。

就分配对象而言，环境正义分配的对象包括环境善物与环境恶物，以及作为其影响的环境利益与环境负担。本书首先指出，与一般分配正义理论主要强调善物和利益的分配不同，环境正义运动的一个重要意义，就在于它将对"恶物"的分配在正面的意义上真正纳入到分配正义的领域之中。环境恶物给人们的生产、生活带来危险和干扰，因而为人们所不欲。而后，本书又指出，与那些可以在个人之间进行分配的善物不同，环境善物所具有的公共物品属性使得它很难被纳入到分配正义理论所列出的分配对象的清单。本书分别考察了环境善物成为约翰·罗尔斯和戴维·米勒两位政治哲学家之正义理论的分配对象的可能性及其限度。

分配原则问题无疑是任何分配正义理论中最为复杂的问题，而罗尔斯、罗伯特·诺齐克、迈克尔·沃尔泽、米勒等当代重要正义理论家从不同角度提出的分配正义理论，更从普遍主义和特殊主义两种不同路径将这一问题的复杂性予以全面呈现。本书指出，大部分普遍主义正义理论因为没有将环境的可持续性视为构建理论的"内括性"信息（阿玛蒂亚·森意义上的），故而缺少对环境正义问题的现实解释力度；环境正义研究者更倾向于从特殊主义正义理论中寻找如何分配的理论资源。

在对作为分配正义的环境正义的讨论中，一些学者尝试通过对现有分配正义理论提出重新理解、诠释甚至扩展，在其原有理论框架内对环境正义问题作出解答。例如，德里克·贝尔对罗尔斯正义理论、安德鲁·多布森对沃尔泽正义理论的重新诠释。也有学者尝试提出全新的环境正义理论，以此来消解已有分配正义框架解释环境正义问题的困难。彼得·温茨是这类少数研究者的代表。

当然，环境正义的意蕴并未止步于分配正义。本书通过梳理康德—黑格尔的正义思想传统指出，仅从利益的角度来理解正义是远远不够的，至少在对人性的理解上并不充分。正如康德所认为的，人作为一个有尊严、有人格的有限的理性存在物，个人的行为准则必须遵从"人是目的"这一绝对命令。这样，正义作为权利，正如德语中recht 一词所表明的那样，也并不是基于一种有条件的道德情感，而是由道德义务发展而来，它就必然涉及一个人对另一个人的外在的和实践的关系。黑格尔则在康德的意义上拓展了正义的内涵。黑格尔指出，自我意识只有在另一个自我意识中才能获得满足，而正义作为一种普遍的自我意识，并不关涉自我与外物之关系，而仅仅关涉这一个自我与另一个自我的相互承认，因而其中要涉及的，乃是人之无条件的高贵尊严。因此，与休谟对正义之缘起的解释不同，从黑格尔的无条件正义的"道德心理学"来看，正义是一种相互承认的道德命令：人必然被承认，也必须给予他人以承认。这种必然性是人自身所固有的，它凸显了生命的尊严和价值，表现为一种承认正义；反之，没有予以与自己一样的平等主体以应有的承认，即承认的缺乏，是对这一主体生命尊严和价值的贬低，会产生不正义。

本书借用黑格尔承认理论在当代的重要承继者——加拿大哲学家查尔斯·泰勒和德国哲学家阿克塞尔·霍耐特对承认正义思想的阐发，指出当个体和群体在环境不正义情境下感到自身的尊严和价值没有得到应有的承认或被扭曲的承认时，也会被激起对于正义的渴望。在这里，承认的缺乏所产生的被蔑视的道德体验，是这些个体和群体提出环境正义诉求的重要动机。环境正义同时（有时甚至首先）是一个承认正义的问题。

在第三编，本书指出，现有的对于人与人之间相互承认关系的划分，可以被大致归结为承认平等尊严、反对环境歧视（作为尊重的承认）和承认环境认同、反对环境理解同质化（作为重视的承认）：前者强调尊重人们的平等尊严，后者强调重视个体或民族的在环境认同方面的独特性和差异。

对于作为承认正义的环境正义而言，承认平等尊严是最基本的原则。但是在现实情境中，当所有的社会（从地方、国家到全球层次）都倾向于把环境负担最大限度地加之于处于不利地位的人群——穷人、有色人种以及发展中国家，而把环境利益最大限度地给予处于有利地位的人群——富人、白种人和发达国家时，除体现出分配上的不公平之外，还显示出富人、白种人和发达国家的人们对穷人、有色人种和发展中国家的人们作为人的尊严的蔑视。我们将这种由于某种道德上的任意性特征而出现的环境不正义现象称之为"环境歧视"。"环境歧视"显然是对承认正义所要求的"尊重平等尊严"的道德命令的违背。这种环境歧视或者在种族特征的基础之上呈现，或者在社会经济因素的基础之上呈现；但无论呈现形式为何，从承认正义的角度来看，它都否定了这些特定群体的同等权利和同等道德地位，将其排斥到社会乃至人类共同体之外，剥夺了其作为人的尊严，是一种严重的环境不正义。

重视差异认同是承认正义的第二种类型，其在环境正义中主要体现为承认其他群体和文化对自身生存环境的独特理解。但这种"承认独特的环境认同"远远没有实现：首先，经济全球化所带来的文化同质性的要求，对第三、第四世界的地方性环境知识带来毁灭性的打击。其次,西方科学和文化的背景之下某些阶层对自然的理解和想象,在以西方环境伦理为主导的主流环境保护思想中被视为唯一"正确"的理解方式,而对那种与人相互联系的环境的含义,对那些作为生活的环境想象和作为生存的自然想象,采取了蔑视的态度。再次,以当代环境伦理为指导的西方主流环境保护实践,又往往以抽象的人与自然的关系为标准,错误地评价和干预在非西方文化背景下人们与自然的相处模式,对后者具有独特性的生存方式本身体现出一种蔑视,从而使一些以保护自然为目的的环保行为,在客观上危害了当地人的生存;这些对现实存在的理解环境的不同方式采取了不承认或扭曲地承认的态度和行为,对第三、第四世界人们生存方式的独特性和忠实自己文化的本真性理想造成了巨大破坏,是实现作为承认正义的环境正义的重大障碍。

需要指出的是,本书结合正义之缘起而对"作为分配正义的环境正义"和"作为承认正义的环境正义"所进行的区分,主要是出于环境正义问题分析的需要。具体而言,一方面,大部分环境正义研究者仅仅注重环境正义的分配维度而忽视其所具有的承认内涵,这使得强调作为承认正义的环境正义成为必要;另一方面,思想史上确实存在着的两种分别从分配和承认来理解正义的思想传统,为我们从承认正义的角度理解环境正义提供了理论可能。但是,在现实中,对环境正义的两个向度的理解并不是截然二分的,人们在追求环境正义的运动或实践中在何种程度上服从分配正义的逻辑,又在何种程度上服从承认正义的逻辑,仍主要是个经验问题,需要我们在具体的情境中具体分析解答;但是,无论持何种逻辑,我们应该既考虑行为本身的后果,也要考虑忽略自己行为的后果。因为人类不仅要对自己的所作所为承担义务,也应该对我们本可以阻止而未加阻止的事情负有责任。

也许柏拉图所描绘的那种正义社会的理想到现在似乎也并未付诸实践,康德的绝对命令同样也没有获得理性、道德和自主的人的普遍接受并内化为指导人们行动的一般法则。但我们仍有理由相信,只要我们摒弃狭隘的自我与地域意识,去共同追寻一种有意义的生活,我们就一定能从正义的环境达到环境的正义。

附　录

环境正义的基本原则

1991 年 10 月,美国"第一次全国有色人种环境领导高峰会"通过了《环境正义的基本原则》,该原则共包括十七项条文如下:

环境正义肯定地球母亲的神圣性,肯定生态的调和及所有物种间的依存性,肯定它们免遭生态摧残的权利。

环境正义要求公共政策应该建立在所有民族都相互尊重和在所有民族之间都讲求公正的基础之上,应该避免任何形式的歧视或偏见。

环境正义要求我们基于为人类和其他所有物种保留一个可持续的地球的考量,符合道义地、均衡地、负责任地使用土地和可再生资源。

环境正义呼吁保障人们普遍免受核能试验、提取、生产和有毒或危险废物处理的危害,免受毒气和核试验的危害,这些危害侵犯了人们拥有清洁空气、土壤和食品的基本权利。

环境正义肯定所有民族在政治、经济、文化和环境的自决上有基本的权利。

环境正义要求停止生产一切有毒产品、有害废料和放射性物质，上述产品过去和目前的一切生产者都必须严格地负起责任来清理有毒物质，以及防止其扩散。

环境正义要求人们都有平等地参与决策的各个过程的权利，这些过程包括需求评估、计划、贯彻、执行和评价。

环境正义强调所有工人都享有要求安全、健康的工作环境的权利，同时它也强调那些在家工作的人有免于环境危害的权利。

环境正义保护环境不公正事件中的受害者有要求得到全部赔偿和环境改善以及提供良好的医疗服务的权利。

环境正义将环境不公正事件中的政府行为看作是对国际法、国际人权宣言和联合国种族灭绝公约（convention of genocide）惯例的粗暴践踏。

环境正义必须承认土著民族通过条约、协议、合同、契约等与美国政府建立的法律及自然关系来保障他们的自主权和自决权。

环境正义主张我们需要在城市和农村实施生态政策来清洁和再造城市和农村，以使其同自然保持平衡；尊重所有社区的文化完整性，提供公平取得各种资源的途径。

环境正义要求严格贯彻知情同意的原则，要求停止对有色人种进行生殖、医疗以及疫苗接种方面的试验。

环境正义反对跨国企业毁灭性的经营活动。

环境正义反对军事占领，反对对土地、民族、文化和其他生命形式的压迫和剥削。

环境正义提倡基于我们的经验和多样的文化视角，对当代人和后代人进行强调社会和环境主题的教育。

环境正义要求我们个人做出各自的消费选择，以消耗最少的地球资源及制造最少的废物为原则；要求我们为了当代人和后代人，有意识地挑战和重新安排我们的生活方式以确保自然界的健康。

参 考 文 献

中文参考文献

[1] 阿克塞尔·霍耐特. 为承认而斗争[M]. 胡继华,译. 上海:上海人民出版社,2005.

[2] 阿克塞尔·霍耐特. 承认与正义——多元正义理论纲要[J]. 胡大平,陈良斌,译. 学海 2009(3):80—87.

[3] 阿兰·图海纳. 我们能否共同生存[M]. 狄玉明,李平沤,译. 北京:商务印书馆,2003.

[4] 阿马蒂亚·森. 以自由看待发展[M]. 任赜、于真,译. 北京:中国人民大学出版社,2002.

[5] 艾尔弗雷·W. 克罗斯比. 生态扩张主义:欧洲 900—1900 年的生态扩张[M]. 许友民,许学征,译. 沈阳:辽宁教育出版社,2001.

[6] 艾伦·杜宁. 多少算够——消费社会与地球的未来[M]. 毕聿,译. 长春:吉林人民出版社,1997.

[7] 埃里克·波斯纳,戴维·韦斯巴赫. 气候变化的正义[M]. 李智、张键,译. 北京:社会科学文献出版社,2011.

[8] 埃米尔·涂尔干. 社会分工论[M]. 渠东,译. 北京:生活·读书·新知三联书店,2000.

[9] 安德鲁·多布森. 绿色政治思想[M]. 郇庆治,译. 济南:山东大学出版社,2005.

[10] 安东尼·吉登斯. 现代性与自我认同:现代晚期的自我与社会[M]. 赵旭东,方文,译. 北京:生活·读书·新知三联书店,1998.

[11] 安东尼·吉登斯. 现代性的后果[M]. 田禾,译. 南京:译林出版社,2000.

[12] 奥尔多·利奥波德. 沙乡年鉴[M]. 侯文蕙,译. 长春:吉林人民出版社,1997.

[13] 保罗·利科.承认的过程[M].汪堂家,李之喆,译.北京:中国人民大学出版社,2011.

[14] 彼得·辛格.一个世界——全球化伦理[M].应奇,杨立峰,译.北京:东方出版社,2005.

[15] 博登海默.法理学:法律哲学与法律方法[M].邓正来,译.北京:中国政法大学出版社,1998.

[16] 布莱恩·巴里.正义诸理论[M].孙晓春,曹海军,译.长春:吉林出版社,2004.

[17] 查尔斯·贝兹.政治理论与国际关系[M].丛占修,译.上海:上海译文出版社,2012.

[18] 查尔斯·哈珀.环境与社会——环境问题中的人文视野[M].肖晨阳等,译.天津:天津人民出版社,1998.

[19] 查尔斯·琼斯.全球正义:捍卫世界主义[M].李丽丽,译.重庆:重庆出版社,2014.

[20] 查尔斯·泰勒.承认的政治(上)[J].董之林,陈燕谷,译.天涯,1997(6):49—58.

[21] 查尔斯·泰勒.承认的政治(下)[J].董之林,陈燕谷,译.天涯,1998(1):148—156.

[22] 查尔斯·泰勒.自我的根源:现代认同的形成[M].韩震等,译.南京:译林出版社,2001.

[23] 陈鼓应、冯达文.道家与道教:道家卷[C].广州:广东人民出版社,2001.

[24] 陈剑澜.生态主义及其政治倾向[J].江苏社会科学,2004(2):217—219.

[25] 陈俊.我们彼此亏欠什么:论全球气候正义[J].哲学研究,2012(7):78—85.

[26] 程虹.寻归荒野[M].北京:生活·读书·新知三联书店,2001.

[27] 慈继伟.正义的两面[M].北京:生活·读书·新知三联书店,2001.

[28] Dale Jamieson.环境主义的核心[J].王小文,译.南京林业大学学报:人文社会科学版,2005(1):5—10.

[29] 大卫·雷·格里芬.后现代精神[M].王成兵,译.北京:中央编译出版社,1998.

[30] 戴维·贾丁斯.环境伦理学——环境哲学导论[M].林官明,杨爱民,译.北京:北京大学出版社,2002.

[31] 戴维·米勒.社会正义原则[M].应奇,译.南京:江苏人民出版社,2001.

[32] 戴维·米勒.反对全球平等主义[G]//徐向东.全球正义.杭州:浙江大学出版

社,2011:210—229.

[33] 戴维·米勒.民族责任与全球正义[M].杨通进,李广博,译.重庆:重庆出版社,2014.

[34] 丹尼尔·A.科尔曼.生态政治:建设一个绿色社会[M].梅俊杰,译.上海:上海译文出版社,2002.

[35] 饭岛伸子.环境社会学[M].包智明,译.北京:社会科学文献出版社,1999.

[36] 弗雷德里克·杰姆逊,三好将夫.全球化的文化[M].马丁,译.南京:南京大学出版社,2002.

[37] 甘绍平.应用伦理学前沿问题研究[M].南昌:江西人民出版社,2002.

[38] 高亮华.人文主义视野中的技术[M].北京:中国社会科学出版社,1996.

[39] 高全喜.休谟的政治哲学[M].北京:北京大学出版社,2004.

[40] 高全喜.论相互承认的法权[M].北京:北京大学出版社,2004.

[41] 宫本宪一.环境经济学[M].朴玉,译.北京:生活·读书·新知三联书店,2004.

[42] 顾肃.自由主义基本理念[M].北京:中央编译局出版社,2003.

[43] 郭夏娟.为正义而辩:女性主义与罗尔斯[M].北京:人民出版社,2004.

[44] H.萨克塞.生态哲学[M].文韬,佩云,译.北京:东方出版社,1991.

[45] 韩立新.自由主义和地球的有限性[J].清华大学学报:哲学社会科学版,2004(2):36—41.

[46] 韩立新.环境问题上的代内正义原则[J].江汉大学学报:人文科学版,2004,23(5):21—27.

[47] 韩立新.环境价值论[M].昆明:云南人民出版社,2005.

[48] 何怀宏.生态伦理——精神资源与哲学基础[G].保定:河北大学出版社,2002.

[49] 赫尔曼·E.戴利,肯尼思·N.汤森编.珍惜地球:经济学、生态学、伦理学[M].马杰等,译.北京:商务印书馆,2001.

[50] 黑格尔.精神现象学:上、下卷[M],贺麟等,译.北京:商务印书馆,1983.

[51] 黑格尔.法哲学原理[M].范扬,张企泰,译.北京:商务印书馆,1996.

[52] 黑格尔.哲学科学全书纲要[M].薛华,译.上海:上海人民出版社,2002.

[53] 亨利·西季威克.伦理学方法[M].廖申白,译.北京:中国社会科学出版社,1997.

[54] 洪大用.社会变迁与环境问题——当代中国环境问题的社会学阐释[M].北京:

首都师范大学出版社,2001.

[55] 洪大用. 当代中国环境公平问题的三种表现[J]. 江苏社会科学,2001(3):
39—43.

[56] 洪大用. 环境公平:环境问题的社会学视点[J]. 浙江学刊,2001(4):67—73.

[57] 侯文蕙. 征服的挽歌:美国环境意识的变迁[M]. 北京:东方出版社,1995.

[58] 侯文蕙. 20世纪90年代的美国环境保护运动和环境保护主义[J]. 世界历史,
2000(6):12—14.

[59] 侯文蕙. 雨雪霏霏看杨柳[J]. 环境导报,2001(6),3—12.

[60] 胡继华. 霍内特:在冲突中建构社会理论的规范[J]. 国外理论动态,2005(10):
41—44.

[61] 黄之栋,黄瑞祺. 环境正义论争:一种科学史的视角——环境正义面面观之一
[J]. 鄱阳湖学刊,2010(4):27—42.

[62] 黄之栋,黄瑞祺. 环境正义的"正解":一个形而下的探究途径[J]. 鄱阳湖学刊,
2012(1):80—91.

[63] 霍尔姆斯·罗尔斯顿Ⅲ. 哲学走向荒野[M]. 刘耳,叶平,译. 长春:吉林人民出
版社,2000.

[64] J. M. 布劳特. 殖民者的世界模式:地理传播主义和欧洲中心主义史观[M]. 谭
荣根,译. 北京:社会科学文献出版社,2002.

[65] 纪骏杰,王俊秀. 环境正义:原住民与国家公园冲突的分析[C]//台湾社会学研
究的回顾与前瞻论文集. 台中:东海大学社会系,1995.

[66] 纪骏杰. 从环境正义观点看原住民的狩猎文化[C]//生态教育与原住民狩猎文
化研讨会论文集. 台北:出版者不详,1996.

[67] 纪骏杰. 环境正义:环境社会学的规范性关怀[C]//第一届环境价值观与环境教
育学术研讨会论文集. 台南:成功大学台湾文化研究中心,1996.

[68] 纪骏杰. 我们没有共同的未来:西方主流"环保"关怀的政治经济学[J]. 台湾社
会研究季刊,1998,31(9):141—168.

[69] 雷毅. 生态伦理学[M]. 西安:陕西人民教育出版社,2000.

[70] 雷毅. 环境伦理与国际公正[J]. 道德与文明,2000(1):24—27.

[71] 雷毅. 深层生态学思想研究[M]. 北京:清华大学出版社,2001.

[72] 李培超. 论生态伦理学的基本原则[J]. 湖南师范大学社会科学学报,1999(5):

25—31.

[73] 李培超. 自然的伦理尊严[M]. 南昌:江西人民出版社,2001.

[74] 李培超. 环境伦理中的代内正义[M]//卢风,刘湘溶. 现代发展观与环境伦理. 保定:河北大学出版社,2004:181—190.

[75] 李培超. 环境伦理学的正义向度[J]. 道德与文明,2005(5):19—22.

[76] 李小云,左停,等. 环境与贫困:中国实践与国际经验[M]. 北京:社会科学文献出版社,2005.

[77] 联合国教科文组织. 世界文化报告2000——文化的多样性、冲突与多元共存[G]. 关世杰,等译,北京:北京大学出版社,2002.

[78] 连志展. 谁之自然:由多元文化的观点来反思生态保育运动:以花莲地区为例[D]. 花莲:花莲师范学院多元文化研究所,1999.

[79] 凌海衡. 走向承认斗争的批判理论——法兰克福学派第三代领导人阿克塞尔·霍内特理论解析[J]. 国外理论动态,2004(5):40—45.

[80] 刘湘溶,曾建平. 作为生态伦理的正义观[J]. 吉首大学学报:社会科学版,2000(3):1—7.

[81] 刘笑敢. 老子之自然与无为概念新诠[J]. 中国社会科学,1996(6):136—149.

[82] 刘笑敢. 老子之无为与生态问题的实例分析——关于古典的诠释与现代运用的一个尝试[C]//世界宗教与生态问题专题讨论会论文集. 剑桥:哈佛大学世界宗教研究中心,2000.

[83] 卢风. 自然的主体性和人的主体性[J]. 湖南师范大学社会科学学报,2000,29(2):16—23.

[84] 卢风,刘湘溶. 现代发展观与环境伦理[M]. 保定:河北大学出版社,2004.

[85] 卢梭. 论人类不平等的起源和基础[M]. 李常山,译. 北京:商务印书馆,1997.

[86] 罗伯特·古丁. 对于同胞,特殊之处何在?[G]//徐向东. 全球正义. 杭州:浙江大学出版社,2011:265—288.

[87] 罗伯特·诺齐克. 无政府、国家与乌托邦[M]. 何怀宏等,译. 北京:中国社会科学出版社,1991.

[88] 罗纳德·德沃金. 至上的美德:平等的理论与实践[M]. 冯克利,译. 南京:江苏人民出版社,2003.

[89] 马晶. 环境正义的法哲学原理[D]. 长春:吉林大学法学院,2005年.

［90］迈克尔·J.桑德尔.自由主义与正义的局限[M].万俊人等,译.南京:译林出版社,2001.

［91］迈克尔·沃尔泽.正义诸领域:为多元主义与平等一辩[M].褚松燕,译.南京:译林出版社,2002.

［92］曼纽尔·卡斯特.认同的力量[M].夏铸九,黄丽玲,译.北京:社会科学文献出版社,2003.

［93］梅雪芹.环境史学与环境问题[M].北京:人民出版社,2004.

［94］孟樊.后现代的认同政治[M].台北:扬智文化事业股份有限公司,2001.

［95］米歇尔·福柯.临床医学的诞生[M].刘北成,译.南京:译林出版社,2001.

［96］纳什.大自然的权利[M].杨通进,译.青岛:青岛出版社,1999.

［97］南茜·弗雷泽,阿克塞尔·霍耐特.再分配,还是承认?——一个政治哲学对话[M].周穗明,译.上海:上海人民出版社,2009.

［98］尼古拉斯·布宁,余纪元编著.西方哲学英汉对照辞典[M].北京:人民出版社,2001.

［99］钱永祥.动情的理性:政治哲学作为道德实践[M].台北:联经出版社,2014.

［100］R. W. 爱默生.自然沉思录[M].傅凡,译.上海:上海社会科学院出版社,1993.

［101］佘正荣.生态智慧论[M].北京:中国社会科学出版社,1996.

［102］佘正荣.环境伦理学中的道德客体与正义取向[J].现代哲学,2003(4):47—54.

［103］石元康.当代西方自由主义理论[M].上海:上海三联书店,2000.

［104］世界环境与发展委员会.我们共同的未来[M].王之佳,柯金良等,译.长春:吉林人民出版社,1997.

［105］托克维尔.论美国的民主[M].董果良,译.北京:商务印书馆,1989.

［106］万俊人.现代西方伦理学史:下[M].北京:北京大学出版社,1992.

［107］万俊人.比照与透析:中西伦理学的现代视野[M].广州:广东人民出版社,1998.

［108］万俊人.寻求普世伦理[M].北京:商务印书馆,2001.

［109］万俊人.现代性的伦理话语[M].哈尔滨:黑龙江人民出版社,2002.

［110］汪晖,陈燕谷.文化与公共性[G].北京:生活·读书·新知三联书店,1998.

［111］王凤才.蔑视与反抗:霍耐特承认理论与法兰克福学派批判理论的"政治伦理

转向"[M].重庆:重庆出版社,2008.

[112] 王俊秀. 全球变迁与变迁全球:环境社会学的视野[M].台北:巨流图书公司,1999.

[113] 王诺. 欧美生态文学[M].北京:北京大学出版社,2003.

[114] 王诺."生态整体主义"辨[J].读书,2004(2):25—31.

[115] 王正平. 发展中国家环境权利和义务的伦理辩护[J].哲学研究,1995(6):37—45.

[116] 王正平. 环境哲学:环境伦理的跨学科研究[M].上海:上海人民出版社,2004.

[117] 王正平. 社会生态学的环境哲学理念及其启示[J].上海师范大学学报:哲学社会科学版,2004(6):1—8.

[118] 威尔·赫顿,安东尼·吉登斯. 在边缘:全球资本主义生活[M].达巍,潘剑等,译.北京:生活·读书·新知三联书店,2003.

[119] 威尔·金里卡. 当代政治哲学:上、下[M].刘莘,译.上海:上海三联书店,2004.

[120] 威尔·金里卡. 少数的权利:民族主义、多元文化主义和公民[M].邓红风,译.上海:上海译文出版社,2005.

[121] 文同爱,李寅铨. 环境公平、环境效率及其与可持续发展的关系[J].中国人口资源与环境,2003,13(4):13—17.

[122] 乌尔里希·贝克,安东尼·吉登斯. 自反性现代化:现代社会秩序中的政治、传统与美学[M].赵文书,译.北京:商务印书馆,2001.

[123] 乌尔里希·贝克. 风险社会[M].何博闻,译.南京:译林出版社,2004.

[124] 萧高彦,苏文流. 多元主义[G].台北:中山人文社会科学研究所,1998.

[125] 休谟. 人性论:上、下[M].关文运,译.北京:商务印书馆,1991.

[126] 休谟. 道德原理探究[M].王淑芹,译.北京:中国社会科学出版社,1999.

[127] 徐贲. 正派社会与不羞辱[J].读书,2005(1):150—156.

[128] 徐嵩龄. 环境伦理学进展:评论与阐释[G].北京:社会科学文献出版社,1999.

[129] 徐向东. 全球正义[G].杭州:浙江大学出版社,2011.

[130] 亚历克斯·卡利尼克斯. 平等[M].徐朝友,译.南京:江苏人民出版社,2003.

[131] 岩佐茂. 环境的思想[M].韩立新等,译.北京:中央编译出版社,1997.

[132] 杨通进. 走向深层的环保[M].成都:四川人民出版社,2000.

[133] 杨通进. 论正义的环境——兼论代际正义的环境[J]. 哲学研究,2006(6):
       100—107.

[134] 杨通进. 罗尔斯代际正义理论与其一般正义论的矛盾与冲突[J]. 哲学动态,
       2006(8):57—63.

[135] 杨通进. 全球环境正义及其可能性[J]. 天津社会科学,2008(5):18—26.

[136] 姚大志. 现代之后:20 世纪晚期西方哲学[M]. 北京:东方出版社,2000.

[137] 伊曼努尔·康德. 实践理性批判[M]. 韩水法,译. 北京:商务印书馆,1999.

[138] 伊曼努尔·康德. 道德形而上学原理[M]. 苗力田,译. 上海:上海人民出版
       社,2005.

[139] 伊曼努尔·康德. 法的形而上学原理:权利的科学[M]. 沈叔平,译. 北京:商务
       印书馆,2005.

[140] 尹绍亭. 人与森林——生态人类学视野中的刀耕火种[M]. 昆明:云南教育出
       版社,2000.

[141] 俞可平. 社群主义[M]. 北京:中国社会科学出版社,2005.

[142] 约翰·罗尔斯. 正义论[M]. 何怀宏等,译. 北京:中国社会科学出版社,1988.

[143] 约翰·罗尔斯. 政治自由主义[M]. 万俊人,译. 南京:译林出版社,2000.

[144] 约翰·罗尔斯. 作为公平的正义——正义新论[M]. 姚大志,译. 上海:上海三
       联书店,2002.

[145] 约翰·罗尔斯等. 政治自由主义:批评与辩护[M]. 万俊人,译. 广州:广东人民
       出版社,2003.

[146] 约翰·罗尔斯. 万民法[M]. 张晓辉等,译. 长春:吉林人民出版社,2011.

[147] 约翰·洛克. 政府论两篇[M]. 赵伯英,译. 西安:陕西人民出版社,2004.

[148] 曾建平,彭立威. 环境正义:发展中国家的观点[J]. 哲学动态,2004(6):27—30.

[149] 詹姆斯·奥康纳. 自然的理由——生态学马克思主义研究[M]. 唐正东,臧佩
       洪,译. 南京:南京大学出版社,2003.

英文参考文献

[1] AGYEMAN J. Constructing Environmental (In) justice: Transatlantic Tales
      [J]. Environmental Policy, 2002,11(3):31—53.

[2] AGYEMAN J, BULLARD R D, EVANS B. Just Sustainabilities: Development in

an Unequal World [M]. Cambridge, Mass.: MIT Press, 2003.

[3] ANAND R. International Environmental Justice: a North-South Dimension [M]. Aldershot, Hants; Burlington, VT: Ashgate, 2004.

[4] ANDERSON D L, ANDERSON A. B., et al. Environmental Equity: The Demographics of Dumping Demography [J]. 1994,31(2):229—248.

[5] ATHANASIOU T. Divided Planet: the Ecology of Rich and Poor [M]. Athens: University of Georgia Press, 1998.

[6] BARRY B. Circumstances of Justice and Future Generations [M]// SIKORA R I, BARRY B. Obligations to Future Generation, Philadelphia: Temple University Press, 1978:204—248.

[7] BARRY B. Sustainable and Intergenerational Justice [M]// DOBSON A. Fairness and Futurity: Essays on Environmental Sustainability and Social Justice. Oxford: Oxford University Press, 1999:93—117.

[8] BEEN V. Locally Undesirable Land Uses in Minority Neighborhoods: Disproportionate Siting or Market Dynamics? [J]. The Yale Law Journal, 1994,103(6):1383—1422.

[9] BELL D. Environmental Refugees: What Rights? Which Duties? [J]. Res Publica, 2004,10:135—152.

[10] BELL D. Environmental Justice and Rawls' Difference Principle [J]. Environmental Ethics, 2004,26(3):287—306.

[11] BELL D. Justice and the Politics of Climate Change [M]//LEVER-TRACY C. Routledge Handbook of Climate Change and Society, London: Routledge, 2010:423—441.

[12] BEITZ C. Bounded Morality: Justice and the State in World Politics [J]. International Organization, 1997,33(2):151.

[13] BENTON T. Natural Relations: Ecology, Animal Rights and Social Justice [M]. London: Verso Press, 1993.

[14] BERKES F, COLDING J, FOLKE C. Rediscovery of Traditional Ecological Knowledge as Adaptive Management [J]. Ecological applications, 2000, 10 (1):1251—1262.

[15] BOWEN W M. Environmental Justice Through Research-Based Decision-Making [M]. New York: Garland Pub, 2001.

[16] BRETTING J, PRINDEVILLE D M. Environmental Justice and the Role of Indigenous Women Organizing Their Communities [M]// CAMACHO D. Environmental Injustices, Political Struggles: Race, Class, and the Environment. Durham: Duke University Press, 1998.

[17] BUNYAN B. Environmental Justice: Issues, Policies, and Solutions [M]. Washington: Island Press, 1995.

[18] BUNYAN B, MOHAI P. Race and the Incidence of Environmental Hazards: A Time for Discourse [M]. Boulder: Westview Press, 1992.

[19] BULLARD R D. Invisible Houston: The Black Experience in Boom and Bust [M]. Texas: Texas A & M University Press, 1987.

[20] BULLARD R D. Dumping in Dixie: Race, Class, and Environmental Quality [M]. Boulder: Westview Press, 1990.

[21] BULLARD R D. Confronting Environmental Racism: Voices from the Grassroots [M]. Boston: South End Press, 1993.

[22] BULLARD R D. Unequal Protection: Environmental Justice and Communities of Color [M]. San Francisco: Sierra Club Books, 1994.

[23] BULLARD R D. Environmental Justice Challenges at Home and Abroad [M]// NICHOLAS L. Global Ethics and Environment. London; New York: Routledge, 1999:33—46.

[24] CAMACHO D E. Environmental Injustice, Political Struggle: Race, Class, and the Environment [M]. Durham: Duke University Press, 1998.

[25] CANEY S. Cosmopolitan Justice, Responsibility, and Global Climate Change [J]. Leiden Journal of International Law, 2005(4),18:747—775.

[26] CANEY S. Human Rights, Responsibilities, and Climate Change [M]// BEITZ C, GOODIN R. Global Basic Rights. Oxford: Oxford University Press, 2009.

[27] CAPEK S. The Environmental Justice Frame: A Conceptual Discussion and an Application [J]. Social Problems, 1993,40(1):5—24.

[28] CHAVIS B Jr. Forward [M]//BULLARD R. Confronting Environmental Racism: Voices from the Grassroots. Boston: South End Press, 1993.

[29] COLE L W, FOSTER S R. From the Ground up: Environmental Racism and the Rise of the Environmental Justice Movement [M]. New York: New York University Press, 2001.

[30] CONCA K, DABELKO G D. Green Planet Blues: Environmental Politics from Stockholm to Kyoto [M]. Boulder: Westview Press, 1998.

[31] COOPER D, PALMER J. Just Environments: Intergenerational, International, and Interspecies Issues [M]. London; New York: Routledge, 1995.

[32] CROLL E, PARKIN D. Bush Base, Forest farm: Culture, Environment and Development [M]. New York: Routledge, 1992.

[33] DE-SHALIT A. Why Posterity Matters: Environmental Policies and Future Generations [M]. London: Routledge, 1995.

[34] DOBSON A. Justice and the Environment: Conceptions of Environmental Sustainability and Theories of Distributive Justice [M]. Oxford: Oxford University Press, 1998.

[35] DOBSON A. Fairness and Futurity: Essays on Environmental Sustainability and Social Justice [M]. Oxford: Oxford University Press, 1999.

[36] DOWIE M. Losing Ground: American Environmentalism at the Close of the Twentieth Century [M]. Cambridge: MIT Press, 1995.

[37] DRYZEK J S. The Politics of the Earth: Environmental Discourses [M]. Oxford; New York: Oxford University Press, 1997.

[38] EDWARDS B. With Liberty and Environmental Justice for All: The Emergence and Challenge of Grassroots Environmentalism in the United States [M]// TAYLOR B. Ecological Resistance Movements. Albany: SUNY Press, 1995.

[39] FRASER N. Social Justice in the Age of Identity Politics: Redistribution, Recognition, and Participation [M]// The Tanner Lectures on Human Values 19. Salt Lake City: University of Utah Press, 1998.

[40] FREUDENBERG N, STEINSAPIR C. Not in Our Backyards: The

Grassroots Environmental Movement [M]// DUNLAP R E, MERTIG A G. American Environmentalism: The U. S. Environmental Movement 1970—1990. Philadelphia: Taylor & Francis, 1992.

[41] FIGUEROA R M. Debating the Paradigms of Justice: The Bivalence of Environmental Justice [D]. Department of Philosophy in University of Colorado, 1999.

[42] GOLDMAN B A. Goldman, Benjamin A. What is the Future of Environmental Justice [J]. Antipode, 1996,28(2):122—141.

[43] GOTTLIEB R. The Transcendence of Justice and the Justice of Transcendence: Mysticism, Deep Ecology, and Political Life [J]. Journal of the American Academy of Religion, 1999,67(1):149—166.

[44] GOTTLIEB R. Environmentalism Unbound: Exploring New Pathways for Change [M]. Cambridge, Mass. : MIT Press, 2001.

[45] GRIM J. Cultural Identity, Authenticity, and Community Survival: The Politics of Recognition in the Study of Native American Religions [J]. American Indian Quarterly, 1996,20(3—4):353—78.

[46] GUHA R. Radical American Environmentalism and Wilderness Preservation: A Third World Critique [M]// BRENNAN A. The Ethics of the Environment. Aldershot, Hants: Dartmouth, 1995:239—251.

[47] GUHA R. Environmentalism: a Global History [M]. New York: Longman, 2000.

[48] HARTLEY T W. Environmental Justice: An Environmental Civil Rights Value Acceptable to All World Views [J]. Environmental Ethics, 1995,17(3): 277—289.

[49] HARVEY D. Justice, Nature, and the Geography of Difference [M]. Cambridge: Blackwell Publishers, 1996.

[50] HOFRICHTER R. Toxic Struggles: The Theory and Practice of Environmental Justice [M]. Philadelphia: New Society Publishers, 1994.

[51] HONNETH A. The Struggle for Recognition: The Moral Grammar of Social Conflicts [M]. Cambridge, Mass. : MIT Press, 1995.

[52] HONNETH A. Integrity and Disrespect: Principles of Morality Based on the Theory of Recognition [J]. Political Theory, 1992,20:187—201.

[53] JAMIESON D. Global Environmental Justice [M]// JAMIESON D. Morality's Progress: Essays on Humans, Other Animals, and the Rest of Nature. Oxford: Clarendon Press, 2002:296—307.

[54] KAY J. Indian Lands Targeted for Waste Disposal Sites [N]. San Francisco Examiner, 1991, April 10.

[55] KRAUSS C. Women of Color on the Front Line [M]// BULLARD R D. Unequal Protection: Environmental Justice and Communities of Color. San Francisco: Sierra Club, 1994.

[56] LIGHT A, DE-SHALIT A. Moral and Political Reasoning in Environmental Practice [M]. Cambridge, Mass. : MIT Press, 2003.

[57] LIGHT A, ROLSTON H. Environmental Ethics: An Anthology [M]. Oxford: Blackwell Publishing, 2003.

[58] LIU FENG. Environmental Justice Analysis: Theories, Methods, and Practice [M]. Boca Raton: Lewis Publishers, 2001.

[59] LOW N. Global Ethics and Environment [M]. London; New York: Routledge, 1999.

[60] LOW N, GLEESON B. Justice, Society and Nature: An Exploration of Political Ecology [M]. London; New York: Routledge, 1998.

[61] LUPER-FOY S. International Justice and the Environment [M]// COOPER D E, PALMER J A. Just Environments: Intergenerational, International, and Interspecies Issues. London: Routledge, 1995.

[62] MANNING R. Environmental Ethics and John Rawls' Theory of Justice [J]. Environmental Ethics, 1981,3(3):155—166.

[63] MARTINEZ-ALIER J. Distributional Obstacles to International Environmental Policy: The Failures at Rio and the Prospects after Rio [J]. Environmental Values, 1993,2(2):97—124.

[64] MARTINEZ-ALIER J. The Environmentalism of the Poor: a Study of Ecological Conflicts and Valuation [M]. Cheltenham; Northhampton:

Edward Elgar, 2002.

[65] MILLER D, WARLZER M. Pluralism, Justice and Equality [M]. Oxford: Oxford University Press, 1995.

[66] MILLER D. Social Justice and Environmental Goods [M]// DOBSON A. Fairness and Futurity: Essays on Environmental Sustainability and Social Justice. Oxford: Oxford University Press, 1999:151—172.

[67] NIELSEN K. Global Justice, Capitalism and the Third World [M]// ATTFIELD R, WILKINS B. International Justice and the Third World. London: Routledge, 1995.

[68] MILLS C W. Black Trash[M]// WESTRA L, LAWSON B E. Faces of Environmental Racism: Confronting Issues of Global Justice. Lanham: Rowman & Littlefield Publishers, 2001:79—91.

[69] NEWTON D E. Environmental justice: a reference handbook [M]. Santa Barbara, Calif. : ABC-CLIO, 1996.

[70] NORTON B. Environmental Ethics and the Rights of Future Generations [J]. Environmental Ethics, 1982,4(4):320.

[71] NOVOTNY P. Where We Live, Work, and Play: the Environmental Justice Movement and the Struggle for a New Environmentalism [M]. Westport, Conn. : Praeger, 2000.

[72] OELSCHLAEGER M. Postmodern Environmental Ethics[M]. New York: State University of New York Press, 1995.

[73] OKEREKE CHUKWUMERIJE Global Justice and Neoliberal Environmental Governance: Ethics, Sustainable Development and International Co-operation [M]. London; New York: Routledge, 2008.

[74] POJMAN L P. Environmental Ethics: Readings in Theory and Application [M]. London: Jones and Bartlertt, 1994.

[75] POLIDO L. Environmentalism and Social Justice: Two Chicano Struggles in the Southwest [M]. Tucson: University of Arizona Press, 1996.

[76] SCHLOSBERG D. Environmental Justice and the New Pluralism: the Challenge of Difference for Environmentalism [M]. Oxford; New York:

Oxford University Press, 1999.

[77] SCHLOSBERG D. The Justice of Environmental Justice: Reconciling Equity, Recognition, and Participation in a Political Movement [M]// LIGHT A, DE-SHALIT. Moral and Political Reasoning in Environmental Practice. Cambridge, Mass. : MIT Press, 2003:77—106.

[78] SCHLOSBERG D. Reconceiving Environmental Justice: Global Movements and Political Theories [J]. Environmental Politics, 2004,13(3):517—540.

[79] SHRADER-FRECHETTE K S. Environmental Justice: Creating Equality, Reclaiming Democracy [M]. Oxford; New York: Oxford University Press, 2002.

[80] SHUE H. Global Environment and International Inequality [J]. International Affairs, 1999,75(3):531—545.

[81] SIMON R L. Troubled Waters: Global Justice and Ocean Recourses [C]. REASON T. Earthbound. Temple University, 1984:179—213.

[82] SINGER B A. An Extension of Rawls's Theory of Justice to Environmental Ethics [J]. Environmental Ethics, 1988,10(3):217—232.

[83] SZASZ A. Ecopupulism: Toxic Waste and the Movement for Environmental Justice [M]. Minneapolis: University of Minnesota Press, 1994.

[84] TALIAFERRO C. The Environmental Ethics of an Ideal Observer [J]. Environmental Ethics, 1988,10(3):233—250.

[85] THERO D P. Rawls and Environmental Ethics: A Critical Examination of the Literature [J]. Environmental Ethics, 1995,17(1):93—106.

[86] THOMPSON S. The Political Theory of Recognition: A Critical Introduction [M]. Cambridge: Polity Press, 2006.

[87] United Church of Christ Commission for Racial Justice (UCCCRJ). Toxic Wastes and Race in the United States: A National Report on the Racial and Socio-Economic Characteristics of Communities with Hazardous Waste Sites [M]. New York: United Church of Christ , 1987.

[88] United States Environmental Protection Agency (EPA). Environmental Equity: Reducing Risk for All Communities [M]. Washington, D. C. :

Government Printing Office, 1992.

[89] United Sates General Accounting Office (GAO). Siting of Hazardous Waste Landfills and their Correlation with Racial and Economic Status of Surrounding Communities [M]. U. S. General Accounting Office, 1983.

[90] VISGILIO G R, WHITELAW D M. Our Backyard: A Quest for Environmental Justice [M]. Lanham: Rowman & Littlefield Publishers, 2003.

[91] WENZ P S. Just Garbage [M]// WESTRA L, LAWSON B E. Faces of Environmental Racism: Confronting Issues of Global Justice. Lanham, Md. London: Rowman & Littlefield, 1995:57—71.

[92] WENZ P S. Environmental Justice [M]. Albany: State University of New York Press, 1998.

[93] WENZ P S. Environmental Ethics Today [M]. Oxford; New York: Oxford University Press, 2001.

[94] WESTRA L, LAWSON B E. Faces of Environmental Racism: Confronting Issues of Global Justice [M]. Lanham, Md. London: Rowman & Littlefield, 1995.

[95] WISSENBURG M. The Idea of Nature and the Nature of Distributive Justice [M]// DOBSON A, LUCARDIE P. The Politics of Nature: Explorations in Green Political Theory. London; New York: Routledge, 1993:3—20.

[96] YOUNG I M. Justice and the Politics of Difference [M]. Princeton: Princeton University Press, 1990.

图书在版编目(CIP)数据

环境正义的双重维度:分配与承认/王韬洋著. —上海:华东师范大学出版社,2015.10

华东师大新世纪学术基金

ISBN 978 - 7 - 5675 - 4269 - 3

Ⅰ.①环⋯ Ⅱ.①王⋯ Ⅲ.①环境科学-伦理学-研究 Ⅳ.①B82-058

中国版本图书馆 CIP 数据核字(2015)第 258159 号

华东师范大学新世纪学术著作出版基金资助出版

环境正义的双重维度:分配与承认

著　者	王韬洋
组稿编辑	孔繁荣
项目编辑	夏　玮
审读编辑	夏　玮
装帧设计	高　山

出版发行	华东师范大学出版社
社　址	上海市中山北路 3663 号　邮编 200062
网　址	www.ecnupress.com.cn
电　话	021 - 60821666　行政传真 021 - 62572105
客服电话	021 - 62865537　门市(邮购)电话 021 - 62869887
地　址	上海市中山北路 3663 号华东师范大学校内先锋路口
网　店	http://hdsdcbs.tmall.com

印 刷 者	常熟高专印刷有限公司
开　本	787×1092　16 开
印　张	14.5
字　数	244 千字
版　次	2015 年 11 月第一版
印　次	2015 年 11 月第一次
印　数	1150
书　号	ISBN 978 - 7 - 5675 - 4269 - 3/B・981
定　价	39.00 元

出版人　王　焰